JN206873

入門講座

4WD車の研究

庄野欣司

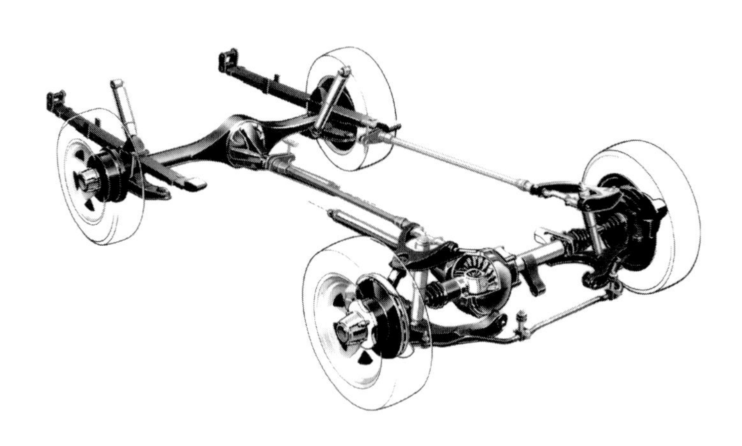

グランプリ出版

復刊の経緯

本書は，1993年に小社が初版発行した『入門講座　4WD車の研究』の復刻版です。

刊行から25年以上が経過しているため，最新の電子制御4WD等に関する記述はありません。しかし4WDの基礎理論とその構造・特性など，普遍的な要素が網羅されており，これらは近年の潮流である自動運転などの技術にもつながるものと考えております。本書のように四輪駆動の基礎から解説した内容の本は類書も少なく，自動車技術を学ぶ現代の学生の皆様や若い技術者の皆様，さらには自動車技術に関心をもつすべての方々に，技術理解のための入門書としてぜひ読んでいただきたい，貴重な一冊と判断しました。

編集部では，上記のような理由から，本書の復刊を決意いたしました。

編集にあたっては，初版刊行前に惜しくも故人となられた著者・庄野欣司先生のご遺族様，また「おわりに――著者にかわって」と題して初版のあとがきをご執筆いただいた東京大学教授(当時)の木村好次先生に，復刊の意図をお伝えするべくご連絡を試みました。しかし刊行から25年以上が経過しており，社内では現在のご連絡先がわからず，その後もさまざまな手を尽くしましたが，まことに残念ながら，ご連絡をとることはかないませんでした。

本書をご覧いただいた皆様のなかで，お心当たりの方がおられましたら，ぜひ編集部までご一報くださいますよう，お願い申し上げます。また今回の復刊にあたり，一部内容の訂正や修正を加えている箇所がありますことを，ご了承ください。

2019年 4 月

グランプリ出版　編集部

はじめに

日本の4WDは，1970年代中頃までは，都会からスキー場にでかけるスキーヤーやクロスカントリー走行を楽しむ一部のオフローダー，あるいは積雪地帯で生活四駆として利用する人たちなど，ごく限られた需要のなかで普及してきた。だが70年代後半に入って，4WDのもつ優れた悪路走破性だけでなく安全性も注目されるようになり，豊かなレクリエーショナル・カーライフをもたらす都会派感覚のニューファッションとしてユーザーが増えはじめた。

現在では一般乗用車はもちろん軽自動車から商用車にいたるまで，ほとんど全ての自動車に4WD仕様車があり，ファッションの時代からファンクション（機能）の時代へとキーワードも変わって，4WDは自動車を構成する重要なメカニズムのひとつとして定着している。

ところでその4WDだが，よく知られているように，これは英語のフォー・ホイール・ドライブの頭文字をとった略語で，ようは四輪駆動ということであり，古くからある後輪駆動やファミリーカーに多い前輪駆動などの２本のタイヤを駆動するシステムに対して，４本のタイヤを駆動するという，話としては実に単純明快なシステムである。

今まで二輪駆動車を運転していたドライバーが，四輪駆動車のステアリングを握っても，普通に走っていると特に違和感はない。いざ4WDと張り切ってハンドルを握ると，拍子抜けするぐらいである。ところが，舗装路から外れて少しぬかるんだ道に入ったり，雨の降りしきる舗装路を走ると，そのフィーリングの違いがはっきりとわかるはずだ。安心感がまるでちがうのである。特に悪路を走るチャンスでもあれば，4WDの有り難さが一層よくわかるであろう。

この違いは一体どこから，どうして，どのようにしてくるものなのか。

この本では，4WDのメカニズムやシステムをくわしく解説することによって，この疑問にわかりやすくお答えしようとつとめた。

本書の出版にあたっては，内外の自動車及び関連部品のメーカーやデーラーの方々から多数の資料を提供いただいた。ここに厚くお礼を申し上げたい。

4WD車の研究

目次

協　　力：梶川　利征

イラスト：安田　雅章

　　　　：古岡　修一

第1章

4WDはどういうシステムか

(1) 4WDの普及と多様化

エンジンの動力で自動車を走らせるのに，4本の車輪全部に動力を伝えて駆動させるのはごく自然な考え方である。その証拠に，四輪駆動車は自動車の歴史とともに昔から存在していて，最新の発明でもなんでもない。

ところが何故か実際に世の中に普及したのは，前の2本だけ(前輪駆動)あるいは後の2本だけ(後輪駆動)で走るという半端な？自動車であった。

半端な自動車でも見慣れてしまえば，それがあたり前になる。自動車といえば二輪駆動というのが世の中の常識になった。ただし，自動車の前の方に積まれたエンジンで，わざわざ遠い所にある後輪を回すという不思議な構造の後輪駆動車が普通だったのが，前にあるエンジンで前輪を回す前輪駆動車の方が多くなるという，大きい変化はあったけれど。

そして，自然でまともと思われる四輪駆動車は，特殊な用途に使われる自動車で，素人の手には負えない特別の乗り物として自動車社会のマイノリティであった。

それがある時期から急速に普及し始め，現在の爆発的な4WDブームに至っている。とりわけ日本の4WDブームはすごい。乗用車だろうがトラックだろうが軽自動車だろうが，ほとんどの車種に4WD車バージョンが用意されている。

クロスカントリー用の本格四駆から，雪国の日常生活用の軽自動車やファミリーカー，

図1-1　三菱・ブラボー

4WDワンボックスの軽自動車は，特に農山村で活躍している。

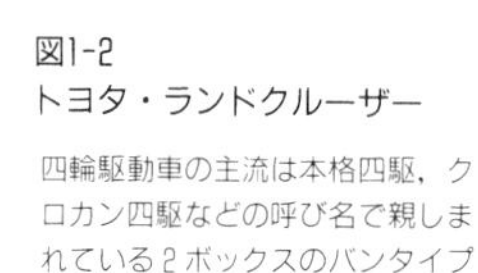

図1-2
トヨタ・ランドクルーザー

四輪駆動車の主流は本格四駆，クロカン四駆などの呼び名で親しまれている2ボックスのバンタイプの自動車である。

ワンボックスカー，高性能のスポーツカー，レース/ラリー車にいたるまで，あらゆるジャンルに4WD車がある。それまで一握りのベテランしか扱えなかった4WD車が，だれでも簡単に手に入り，四輪駆動であることすら意識せずに運転することができるようになった。

もともと日本には規模の大きな砂漠や荒れ地がなく，オフロード車のニーズはない。レジャーといっても納得のいくほど走れる場所もない。だからオフロード走行の伝統もないという，ないない尽くしの日本に，どうしてこのように4WDが普及したのだろうか。

理由はいろいろ考えられるが，1970年代後半から自動車の用途が徐々に多様化し，森林の警備/保安や建設業関係などに限られていた4WD車が，レジャー用にも使われるようになってきたこと。また，80年代に入って坂の上り下りが多く，積雪がたまにあるという山の多い地方の軽自動車(特にワンボックスのバンやトラック)に急速に4WDが普及したことなどが挙げられよう。

この市場動向を自動車メーカーが見逃さず，商品体系の充実をはかったことが4WDの普及の原動力となった。また，日本では新しい技術を盛り込まないと自動車が売れないという土壌も見逃すことができない。特に80年代後半の，ユーザーの上級車指向の動きに乗った新型車の開発競争において，目玉となる新技術のひとつにこのシステムがとりあげられたことも，4WDが普及した有力な理由である。

(2) 4WDの技術的な側面

四輪駆動の考え方も大きく変わってきている。

もともと四輪駆動には名前のとおり駆動＝トラクションだけに注目し，二輪駆動では走ることができない場所を，遊んでいる残りの2輪も駆動に参画させて走破する（オフロード4WD）か，強大なパワーをなるべく多くのタイヤに分散する（競技用4WD）といった，走ることにのみ注目する発想が強かった。

最近の高性能4WD車ではそれだけでなく，エンジンのパワー，横加速度，ブレーキ力などと関連付けて，駆動トルクを四つの車輪にどのように配分するかを，自動的にあるいは運転者の意思に応じて総合制御し，自動車の走る，曲がる，止まるという性能をも狙い通り実現することを目的とするようになってきた。

四輪駆動に関連した自動車技術はまだまだ進展を続けそうで楽しみである。

ところで，4WDは原理的には一見簡単そうであるのに，どうして実用化に手間取ったのだろうか。

4WD車のメカニズムは大変わかりにくい。どうしてこれほど種類が多いのだろう。そ

図1-3　ベンツ・ゲレンデヴァーゲン

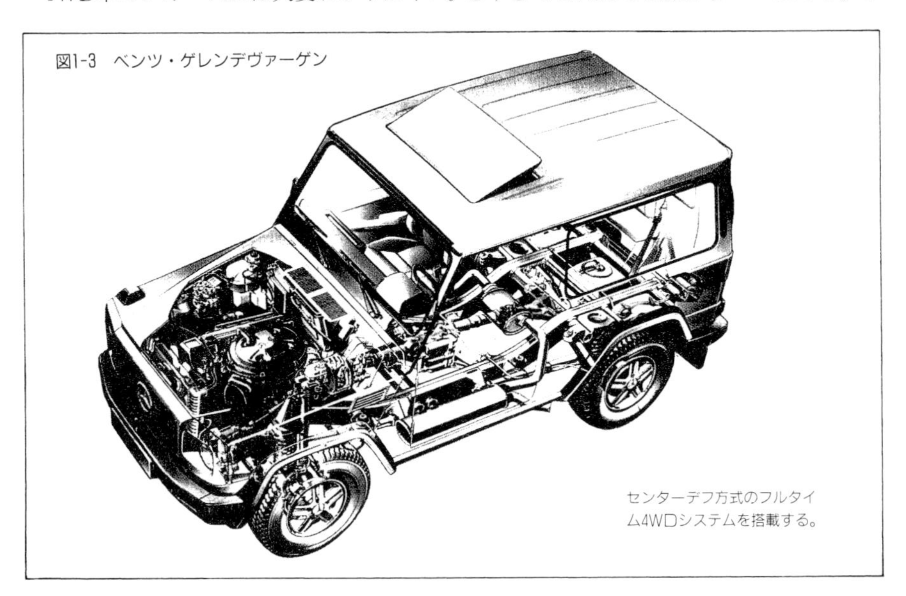

センターデフ方式のフルタイム4WDシステムを搭載する。

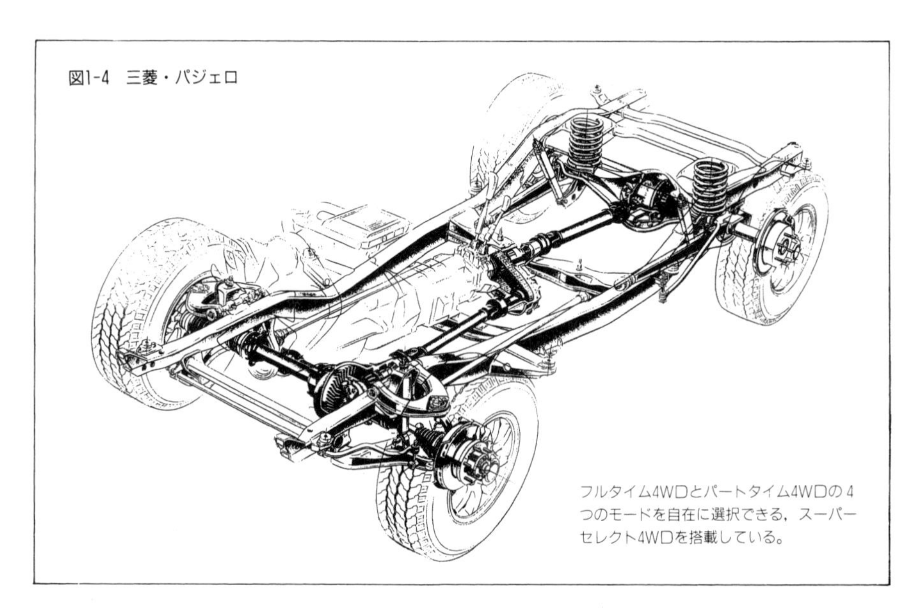

図1-4　三菱・パジェロ

フルタイム4WDとパートタイム4WDの4つのモードを自在に選択できる，スーパーセレクト4WDを搭載している。

れにやたらに専門用語が出てきていつも煙に巻かれてしまうのはくやしい。

この本では4WD車のメカニズムについて興味をお持ちの方のために技術的な面に重点を置き，メカニズムや理屈の面白さを中心にこうした疑問に答える形で説明しようと思う。

(3) 4WDを構成する部品の配置

まず本題に入る前に，4WDが基本的にどのようなシステムなのかという全体像をざっと見ておこう。

四輪駆動車の配置は，エンジンで発生しトランスミッションに伝えられた動力をトランスファーという装置で前後に分けるところまでがまずひとつひとつになっている。次にこの動力をプロペラシャフトで前後のデフに伝え，それぞれのデフにつながれたドライブシャフトが4つのタイヤを回すという仕組みである。

もう少しくわしく見ると，動力はまずトランスミッション(変速機)に伝えられて回転速度が調整され，トランスファーに伝達される。トランスファーは前輪と後輪に動力を分ける装置で，FRベース車ではトランスミッションのすぐ後ろに付いているのが普通だが，FFベース車では同じケースの中に納められているのが一般的である。

このトランスファーに，すぐあとに述べる差動装置(ディファレンシャル，略してデフ)としての働きがある場合，トランスファーと呼ばずにセンターデフと呼ぶことが多い。

図1-5　4WDを構成するコンポーネンツのレイアウト

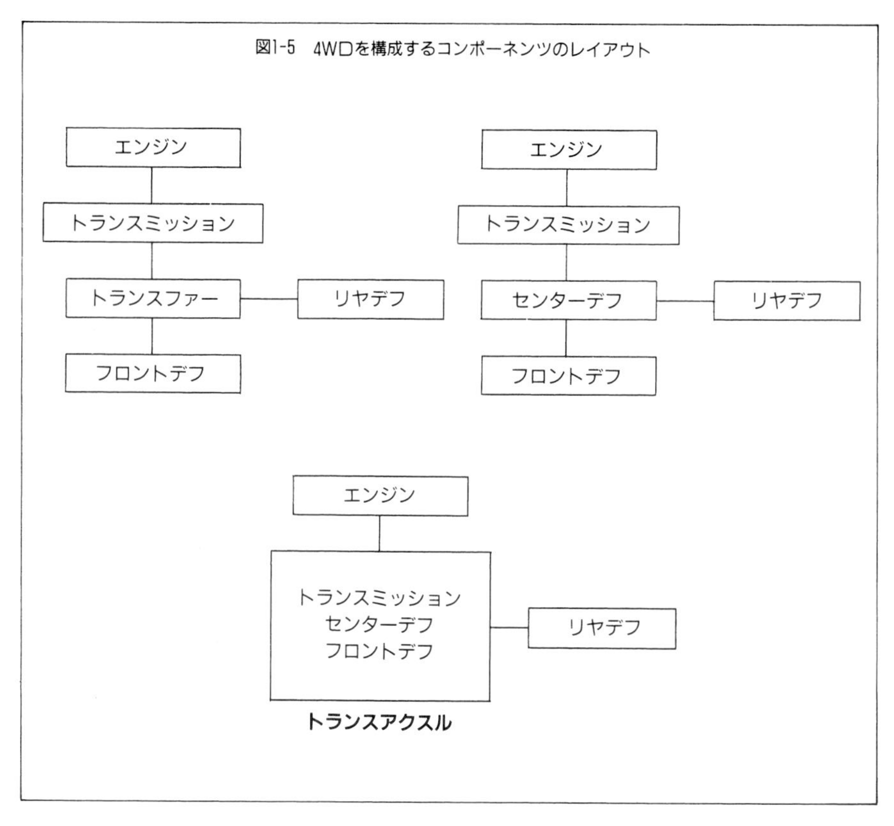

これは機構上この装置が前輪と後輪の中央(センター)にあって，デフとして作動するからである。

また，現在乗用車の大部分を占めるFF車では，トランスミッションからの動力を最終的に減速し，トルクを大きくするファイナルギヤが，センターデフに取り付けられているのが普通で，このようにトランスミッションとファイナルギヤを同じケースに組み込んだ装置はトランスアクスルと呼ばれる。

4WDのメカをわかりにくくしている原因のひとつは，このように同じような装置に似たようで違った名前が付いていて，ややこしいからだが，これは今さらどうしようもなく，慣れるしかない。わからなくなったら図１-５を見直していただきたい。

いずれにしても，このように前後に振り分けられたエンジンの動力は，トランスミッションから遠い場合にはプロペラシャフトを通じて，近い場合にはシャフトやギヤを介して前後のデフに伝えられる。この動力はデフによって左右に分けられ，それぞれのドライブシャフトをへて最終的にタイヤを回すわけである。

⑷ デフの働き

デフは英語のディファレンシャルギヤを略したもので，差動装置と訳されている。

先の説明に何回も出てきたことからもわかるように，デフは4WDのかなめとなる装置である。この働きがのみこめれば，4WDのメカは半分わかったといってもいい。

装置は極めて簡単で，２つの軸をつなぎ，それらの軸が違った速さで回転しても無理がかからないようにするもので，そのもとになる仕掛けは1825年にフランスで発明されている。

4WDで４輪を駆動するには全ての車輪がつながっていなくてはならない。全ての車輪がメカニカルにつながっていれば，自動車が進むときには全ての車輪が同じだけ進まなくてはならない。まっすぐ進んでいるぶんには何の差し支えもないが，問題はカーブを曲がるときである。

ライセンスをとるとき，実技に入ると教習所の先生からまず教えられるのが内輪差である。道なりに曲がるようにハンドルを切ると，内側の後輪が近まわりをするから余裕をもって回れと教わる。よく考えれば前後だけでなく左右のタイヤが進む距離もちがう。

そこで4WDでは基本的に前軸と後軸に左右のタイヤの回転差を調整するデフを，前後軸の間に前後のタイヤの回転差を調整するデフを置く必要があるわけである。

本書を読み進める上で，この程度わかっていただいておけば問題ないと思うが，不安な方は第９章の差動装置の項を先に読んでいただいてもいい。いずれにしても4WDはデフが中心となるメカなので，これから後の説明や他の本で四輪駆動システムを見る場合，デフがどうなっているかをまず調べてみると話がわかりやすい。

図1-6　FR車の後車軸のまん中に置かれたディファレンシャルギヤ

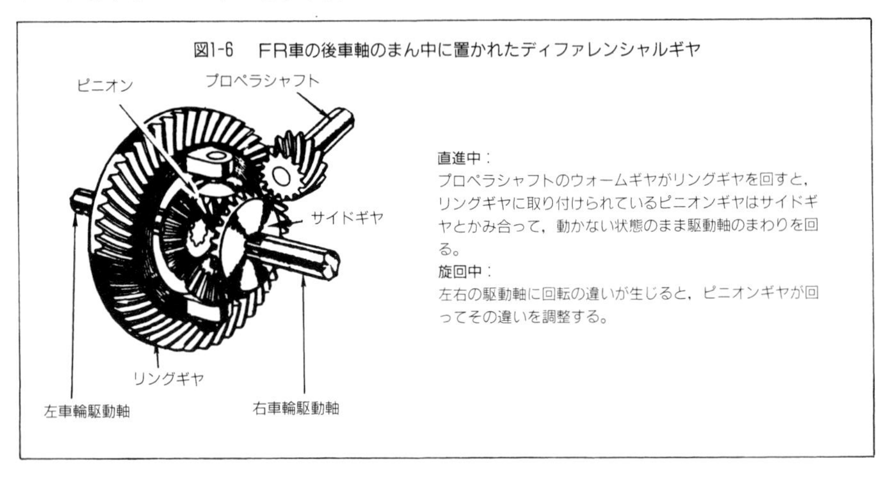

直進中：
プロペラシャフトのウォームギヤがリングギヤを回すと，リングギヤに取り付けられているピニオンギヤはサイドギヤとかみ合って，動かない状態のまま駆動軸のまわりを回る。

旋回中：
左右の駆動軸に回転の違いが生じると，ピニオンギヤが回ってその違いを調整する。

(5) 駆動トルクと駆動力

最後にもうひとつ駆動トルクと駆動力について説明しておく。

実は，四輪駆動車のメカニズムについての説明を読んでいて，話をわかりにくくする元凶が，肝心かなめの駆動という言葉の使われ方であることが意外に多い。この本だけでなく他の本でも，4WDについて書かれた文章で，特にしばしば出てくる駆動トルクと駆動力という用語が何を意味しているかを，しっかりと見極めないと話がわかりにくいので気をつけよう。

この本では，駆動トルクあるいは単にトルクというのはエンジンで発生した動力のことで，トランスミッションから最終的にドライブシャフトに伝えられ，車輪を回そうとする力のことをいっている。

また駆動力というのは，タイヤが路面を蹴って前進しようとする力のことをいう。

なぜこのような区別が必要かを図１－７で説明しよう。図は左右の後輪とデフを示しており，Ａは左右のタイヤが同じ状態の路面に，Ｂは左側のタイヤがぬかるみにはまった状態を示している。

今Ａの状態でエンジンから100の駆動トルクが伝えられたとしよう。この場合デフは

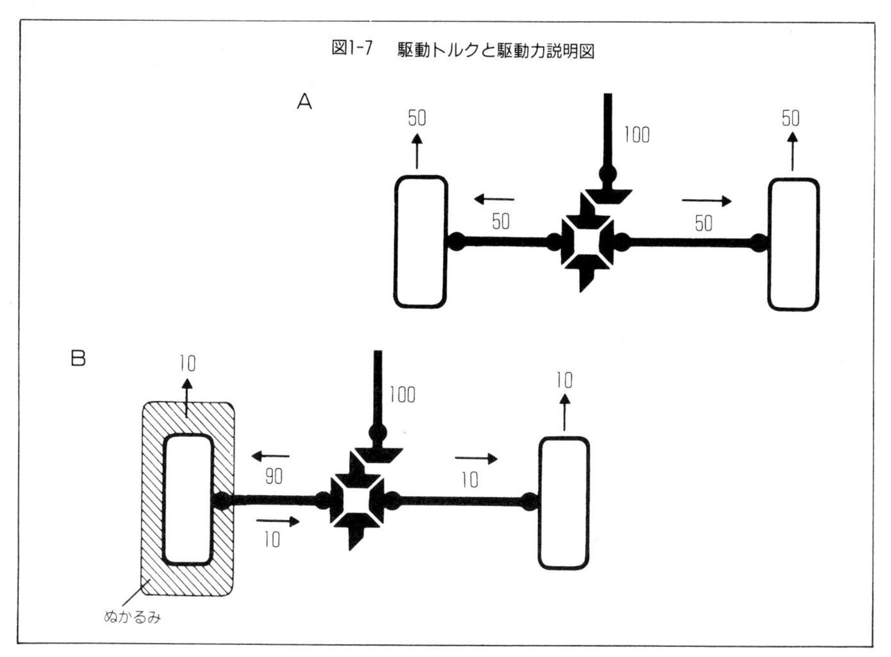

図1-7　駆動トルクと駆動力説明図

左右に50ずつ同じだけ駆動トルクを配分し，タイヤも左右同じ50ずつの駆動力を発生する。

次にBの状態で同じくエンジンから100の駆動トルクが伝えられたとする。デフは左右に50ずつ同じだけ駆動トルクを配分するのだが，このとき左側のタイヤが空転してしまい，10だけの駆動力しか発生しないとする。そうすると，デフには常に左右同じだけ駆動力が働くという性質によって，右側タイヤには10の駆動力しか発生しない。

エンジンから100の駆動トルクが来ているのに，左と右を合わせて20の駆動力しか発生しないとなると，あとの80の駆動トルクは一体どこに行ったのか。いうまでもなくこの駆動トルクは左側のぬかるみを一所懸命に掘り下げる力に使われているのである。

第2章

4WDはどのように進化してきたか

4WD車とは，一口に言うと「エンジンの動力を4つの車輪に伝えるメカニズムを持ち，その車輪で駆動して走行することができる自動車」と，じつに単純明快である。

ところが，そのメカニズムは見かけほど簡単ではなく，解決のむつかしい問題点をたくさん含んでいる。四輪駆動は自動車の歴史のはじめ頃から試みられてきたが，技術的な問題がおおむね解決され，広く使われるようになったのはごく最近のことである。

4WD車の歴史は変化に富んでいる。4WDに求められる性能と，これに応えるテクノロジーが影響しあって，ある時は妥協し，ある時は技術上のブレークスルーによって進化してきた。

4WDというと，オフロードでも走れることを目的にしたクロスカントリー用の自動車から始まっている。やがて速く走ることを目的としたレースやラリー用の自動車でさま

図2-1　三菱・RVR

図2-2　クライスラー・ジープ　チェロキー

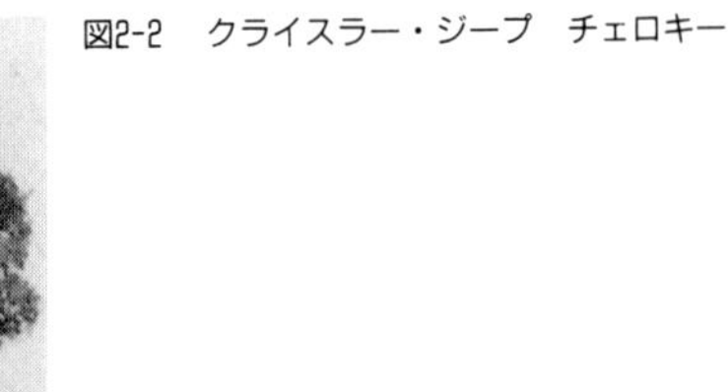

図2-3
トヨタ・マスターエース　サーフ

ざまな試みがなされた。いずれも特殊な自動車である。

技術的な問題点が少しずつ解決されていくと，実用車にも4WDが拡大して行った。そして今や4WDというと，走りを追求し実現するための最新のメカニズムとしてとらえられるようになった。

このような4WDの歴史を大雑把にたどってみよう。

(1) 馬車のように走れる自動車

4WD車はガソリン自動車の百年余の歴史の最初の頃から考えられ試みられてきた。正確にいうともっと昔，蒸気自動車の時代に蒸気エンジン付き四輪駆動車が存在していたという。

そんな大昔にどうして4WDがあったのだろう。走るのがやっとという時代である。決

図2-4　電気自動車の4WD第１号

有名なポルシェ博士が若い頃つくったもの。

図2-5　馬車の車輪は馬にひかれてころがるだけだが，自動車の車輪は自身が路面を蹴って進まなくてはならない。このため１輪でもぬかるみに入ると脱出がたいへんであった。

してお遊びや趣味ではなかったはずだ。4WDが真剣に考えられた理由は，その悪路走破能力にあったと思われる。

長い馬車の歴史をもち，このために道路が比較的整備されていた欧米でも，自動車用の道路という観点では未だ不十分であった。特に郊外の道路となると道路とは名ばかりで，今日の整備された道路を基準にすれば，ラフロードかオフロードと言っても過言ではない状態であった。

そのような道路では２輪駆動の自動車はじつに無力で，駆動輪がぬかるみにでも入ろうものなら簡単にスタックしてしまい，脱出は困難を極めた。これに比べると馬車であれば馬に一鞭あてればよいのだから，馬車になれた人々にとって自動車は何ともだらし

図2-6　スパイカー

世界初の4WD車とされているオランダ製のスパイカー。センターデフをもつフルタイム4WDである。

ない乗り物に思えたにちがいない。自動車のことを「ホースレス・キャリッジ＝馬なし馬車」だなんてデタラメだと言われても，しかたがなかった。

そこで，少しでも馬車に近い走り方ができる自動車として四輪駆動が着想され，早くも1900年代の初めの頃から4WD車が製造・販売されている。この頃アメリカで4WD車の発売が多かったのは，当時の道路事情がヨーロッパよりはるかに悪かったからである。

この頃の4WD車の構造は，基本的には現在のものと大体同じである。同じどころか，ほとんどの自動車がセンターデフを持った，本格的なフルタイム方式になっている。

では，最新のセンターデフ付きフルタイム4WD車と同じような性能や信頼性を持っていたのかというと，決してそうではない。新技術！として華々しく登場したものでも，そのルーツを探ってみると数十年前にすでに試みられていたり，製品化されていたりすることはザラである。

このような現象は技術の世界にはたくさんある。昔の人もよくよく考えぬいていることがわかる。しかし同じような物があるからといって，それがウマクいったかどうかは別である。むしろ失敗したからこそ埋もれてしまったのであろう。

また，この頃のフルタイム4WD車には何と，四輪操舵（4WS）を採用しているものも見られる。ただし，今日の4WSと異なり前後の車輪を同じ角度だけちょうど逆位相に操舵する。車輪の回転数は前後で等しくなるからセンターデフが不要で，しかも回転半径は極めて小さくなる。

これらのアイディアの中には確かに優れたものもあったが，それを製品化するとなると話は別である。結局，この頃の4WD車は商品としてはモノにならなかったのである。何しろ2WD車ですらまともには走れなかった時代である。構造が格段に複雑な4WD車がうまく行くはずがない。

うまく行かなかった要素の中で，特にあとあとまで製品化のネックとなったのは，前輪の等速ジョイントであった。

(2) 戦争で開発の進んだオフロード4WD

交通にかかわる技術が飛躍的に発達したのは二度の大戦時であった。1914年から18年にいたる第１次世界大戦で，多数の兵員や大量の武器弾薬をスピーディに輸送するために4WDトラックが使われ，それらの能力や信頼性が馬車をはじめて上回ったのである。

そして，4WD軍用車が本格的に機動部隊の足となって活躍したのは1939年から45年の第２次世界大戦で，このとき64万台も生産されて連合軍を勝利に導いたとさえいわれるジープがとりわけ有名である。

大ヒットする製品によくあることだが，ジープは構造的にはこれといった新機構を採用していたわけではない。それまでに確かめられたごく普通の構造を，使用目的に合わせてバランス良く組み合わせた点が強みであった。

ただし，軍用車であるから構造が簡単で信頼性が高いことが強く求められ，当時は少なかったパートタイム方式が採用された。ジープ以外の軍用車には，デフロック付きのセンターデフ式フルタイムを採用したものもあった。

戦後，ジープの威力を知った多数の人々によるMPV（マルチ・パーパス・ビークル：多目的車）の需要が特にアメリカで急増した。これらの車はオフロード走行だけでなく，キャンピングから荷物運搬，通勤，ショッピングなどさまざまな使われ方をした。戦争で発達したオフロード4WDは，戦後オフロードでの仕事用として，あるいはレジャー用としてひとつのジャンルを形成するようになったのである。

これらはオフロード用でありながら乗用車的な豪華装備を持ち，レクリエーショナル・ビークル（RV）あるいはクロスカントリー用4WD，SUVと呼ばれて幅広く使われ，今日にいたっている。

図2-7　ジープ

第２次世界大戦において，その優れたオフロード走破性で有名になった。図は三菱自動車がライセンス生産を行なったもの。

(3) サーキットでは特性を生かしにくい4WD

オフロード4WDは道なき道を走破することができるように作られたものである。それに対して，舗装路をいかに速く走るかを目的として作られたのがオンロード4WDである。

この分野の4WDにはタイヤの性能が深く関係している。エンジンの動力を路面に伝える２本のタイヤは，路面が濡れていたり凍結したりしている場合にはスリップして，速く走ることができない。また，高出力エンジンを搭載した自動車では，普通の道路でも，２本のタイヤだけではせっかくのパワーを生かすことができない場合がある。駆動するタイヤが２本と４本では大違いであり，４本のタイヤで駆動することの効果は大きい。

1930年代，大きいエンジンを積んだスポーツカーやレーシングカーの分野で，4WDが大々的に試みられた。しかもヨーロッパのGP(グランプリ)や，アメリカのインディというレースの檜舞台でである。これらの4WDはセンターデフを持ったフルタイム方式が多く，ロックシステムが備わったものもあった。

ところが狙いとは裏腹に，速いはずの4WDレーシングカーはどれもあまり良い成績を残すことができなかった。

この時代には自動車自体が未熟であったし，その上に4WDの複雑な，さらに未熟なメカニズムが加わったことがその原因であったと考えられる。4WDテクノロジーのレベルを高めるには，さらなる失敗の経験と開発のエネルギー，それに時間が必要であった。

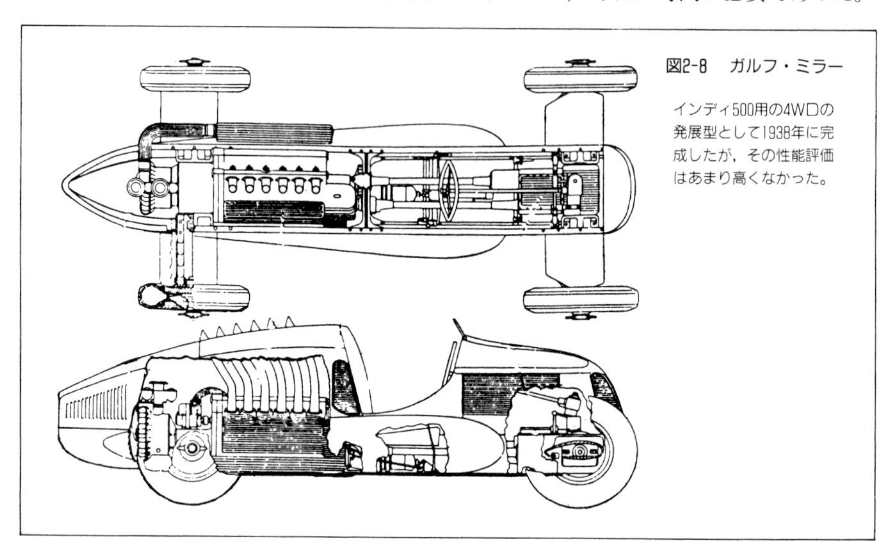

図2-8　ガルフ・ミラー

インディ500用の4WDの発展型として1938年に完成したが，その性能評価はあまり高くなかった。

図2-9　ファーガソンP99

1961年に4WDのF-1マシンとしてつくられたもの。

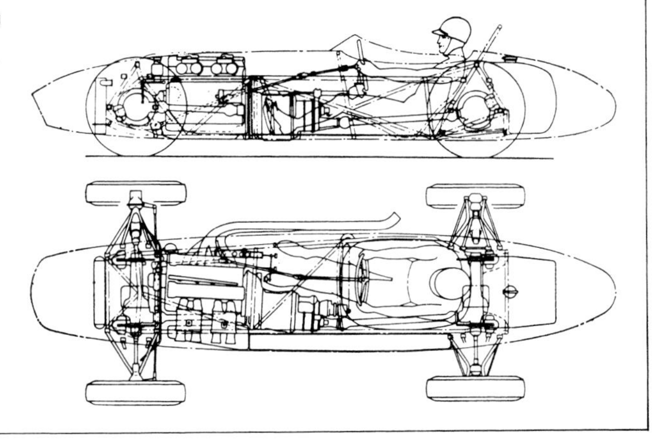

図2-10　ブガッティT53

このブガッティのつくった唯一の4WDレーシングマシンは，300psを発生する5 ℓスーパーチャージャー付きエンジンを搭載したフルタイム4WDだったが，ドライビングが難しく，良い成績を残すことができなかった。

図2-11　チシタリア・ポルシェT360

イタリアのチシタリア社がポルシェに設計を依頼し，自社で製作したもの。加速時のみ4WDとし，タイトコーナーブレーキングが問題となるコーナーでは後輪駆動にするというパートタイム4WDだった。

図2-12 ロータスR63とマトラMS84

4WDマシンとして1967, 68年のインディ500レースに参戦し，快走した。

F-1グランプリで4WDが再登場したのは，エンジンの排気量の規制が1.5から3リッターと一挙に倍になった1966年以降である。この強大なパワーをいかにしてタイヤから路面に伝えるか，その解決策として各チームは競って4WDを採用した。そうすれば2WDではさけることのできないホイールスピンが解決して加速性能が向上し，さらに1輪当たりの駆動力が小さくなることによってタイヤのコーナリング性能の余裕が生じ，コーナーを速く走ることができるはずであった。

ところが，またもや4WDカーはF-1を制することができなかった。4WD化による車両重量の増加，駆動系の伝達損失によるパワーロス，コーナリング特性の変化(たとえば4輪ドリフト走行ができない)による操縦感覚の相違などのデメリットが，4輪を駆動するメリットを帳消しにしてしまったからであった。

その後もF-1の世界で4WDが抹殺されているのは，これ以外のさらに大きな原因として，フォーミュラカー独特の特大タイヤと，そのタイヤの飛躍的な性能向上によるグリップ力の増加や，空力的なボディ形状とウィング付加による強力なダウンフォースによって，2輪のトラクションを増すほうがこれまでのところ4WDよりも有利であることが証明されたからであった。

(4) ラリーで大活躍の4WD

1960年代の4WD－F-1の試みは失敗したが，80年代に入り，ラリーの分野で4WDが大成功をおさめることとなった。

失敗続きの4WDが，ラリー界で急に日の目を見ることになった理由は何か？

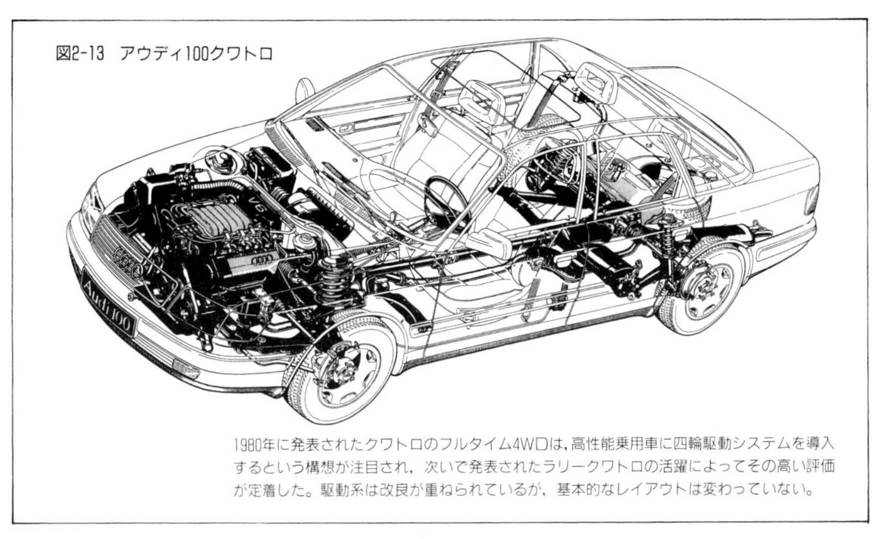

図2-13　アウディ100クワトロ

1980年に発表されたクワトロのフルタイム4WDは，高性能乗用車に四輪駆動システムを導入するという構想が注目され，次いで発表されたラリークワトロの活躍によってその高い評価が定着した。駆動系は改良が重ねられているが，基本的なレイアウトは変わっていない。

図2-14　スバル・レガシィ　RS

図2-15
トヨタ・セリカGT-FOUR　RC

図2-16　三菱・ランサー　エボリューション

図2-17　三菱・パジェロ

まず，ターボエンジンの技術が急速に進歩し，とてつもなく強力なパワーがレギュレーションの範囲内で出せるようになったことが上げられる。このパワーをラリーのあらゆる路面条件――非舗装道路，ダート，ぬかるみ，積雪路，アイスバーン――で２本のタイヤだけで伝えるのは限界をこえた。

F-1とは異なるこのようなラリー特有の条件では，強力なエンジンパワーを４輪に分散できる4WDの効果は絶大で，4WD化による多くのデメリットを補って余りあった。ここへ来て初めて4WDはより速く走るための手段として，有効であることが実証された。

4WDでないとラリーに勝てないとなると，4WD技術の競争が始まる。多くの新技術やレイアウトが試みられ4WDに関する知識が一挙に増えたのもこの頃である。

特にフルタイム構造のセンターデフのスリップ制限機構に，新顔のビスカスカップリングを用いたり，電子制御の油圧多板クラッチを用いて，4WD駆動力の前後の配分を制御することが行われたりした。これらはその後の4WDの実用車への普及と高性能化に，大きな役割を果たした。

⑸ 実用車への普及

ラリーで4WD車が活躍したのと前後して，一般的なオンロード用の乗用車や軽自動車に4WDが急速に普及しはじめた。初めのうちはパートタイム式が多かったが，やがてフルタイム式が大多数を占めるようになった。

4WD車が急増し始めたのは，技術的には次のような理由が考えられる。

まず第一に，4WD化するのが比較的容易なFF（フロントエンジン・フロントドライブ）車が，それまでの大多数を占めていたFR（フロントエンジン・リヤドライブ）車におきかわる形で非常に増えたこと。それにともない，従来からの難物であったフロントの等速ジョイントの品質のよいものが比較的安価に入手できるようになったこと。２つめにビスカスカップリングの商品化によって，扱いやすいフルタイム4WDが製品化できるようになったこと，などがある。

最初は氷雪路や非舗装悪路の多い地方で，マルチパーパスの4WD車に近い（つまりジープのような）乗用車や軽自動車が出現した。言うなれば実用的な生活四駆である。この場合多少扱いにくくても，従来技術の延長で信頼性が高く，コストアップの少ないパートタイム式でも良かった。

次に，降雪が極めてまれな地域でも，まれなゆえに起こる大混乱に対処するための保

図2-18　スバル・レオーネ　エステートバン
1972年９月に発売され，四輪駆動乗用車のルーツとなった。

険として4WD仕様車を買っておくという現象や，アドベンチャー的レジャー(実際に実行するかどうかは別として)のための手段として，4WDの乗用車あるいは派生バン・ワゴンを夢として買っておくという現象が見られ，地域に関係なくむしろ都会で多くの4WDが見られるようになった。

4WDの普及とともに，性能向上や操作性向上のためのさまざまな新技術が生まれた。なかでもビスカスカップリングはフルタイム4WDの実用化に大きく貢献した。

これらの4WDは実用車をベースにしているので，ラリーのように速く走るためというよりは，準オフロードを走破する目的を持ったものであったが，構造的にはほぼ同じものであり，速く走るポテンシャルを持った車であった。

(6) 高性能オンロード4WD

4WDの技術的な問題が解決されて行くにしたがい，強力なエンジンを持つ高性能車やスポーツカーと，エンジンの動力をより多く路面に伝達するポテンシャルを持つ4WDを組み合わせて，高性能な車が次々と出現した。

また，駆動トルクをよりスムーズに，どのような割合ででも４輪に配分することができるようになると，単に駆動性能(トラクション)だけでなく自動車の走行性能全般のレベルアップに4WDが利用されるようになった。

図2-19 日産・スカイラインGT-R

図2-20 トヨタ・セリカGT-FOUR

図2-21　ポルシェ959

二輪駆動の自動車を四輪駆動にすると，コーナリング性能が変化する。タイヤのコーナリング能力がトラクションによって影響を受けるからである。たとえば直線路で加速性能を最大にするための駆動力の前後配分と，曲線路でのそれは異なる。4輪ステアの4WSと組み合わせると，さらに異なってくる。

スリップしやすい氷雪路などで急加速時にタイヤがスピンしないように，トラクション・コントロール・システム(TCS)の普及が進んでいるが，4WDとの組み合わせでさらに高性能のものが得られる可能性がある。

このように，4WDは自動車と路面との唯一の接点であるタイヤのグリップを最大限に活用し，自動車の走行性能を向上させるために，単なる駆動系の一形式としてではなく，全シャシーコンポーネントの総合制御の一要素として扱われるようになってきた。

第3章

4WDに固有の現象

四輪駆動は，二輪駆動に比べると駆動する車輪の数が倍になるだけなのだが，技術的な複雑さと難しさはケタ違いである。四輪駆動の場合，二輪駆動では問題にならないようなことが大きな問題になったり，四輪駆動だけに固有の全く新しい現象が発生したりする。

これらの四輪駆動に関する問題や現象の中で，特に重要なものを挙げるとすれば，以下の4つに集約される。

①タイトコーナーブレーキング現象

②前後輪の干渉

③動力の伝達効率

④駆動系の振動・騒音

これら4つの特徴について順次説明していこう。

(1) タイトコーナーブレーキング現象

パートタイムとフルタイムの基本的な違い

パートタイム4WDとフルタイム4WDの基本的な違いは簡単で，フルタイム式ではエンジンと4つの車輪がドライブトレインを通してつなぎっぱなしになっているのに対して，パートタイム式ではトランスファーの中に設けたドッグクラッチなどで，つないだ

図3-1　パートタイム4WDとフルタイム4WDの違い

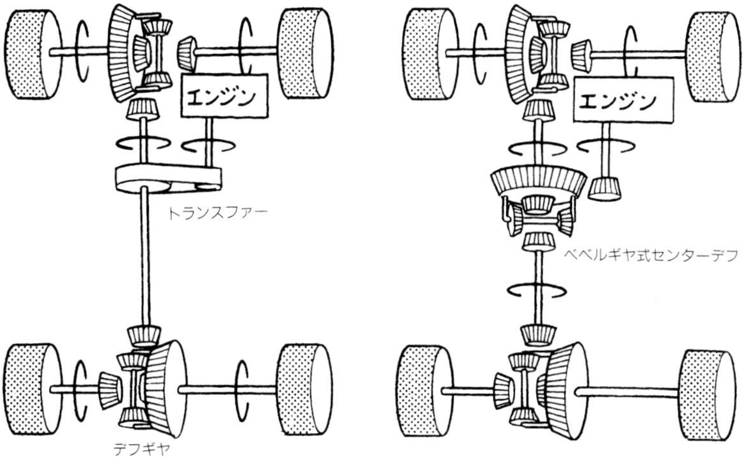

エンジン
トランスファー
デフギヤ
エンジン
ベベルギヤ式センターデフ

パートタイム4WDでは，ドライバーがレバーやスイッチを操作して2WDと4WDの切り換えを行なう。図は，ふだんは後輪の二輪駆動で，ドライバーがレバーやスイッチを操作するとトランスファーの部分で前輪がつながるようになっている例である。

フルタイム4WDでは，センターデフによって常時(フルタイム)前後輪がつながれている。

り切ったりすることができるようになっているというだけのことである。

パートタイム4WD車では，そのときどきの走行状態をドライバーが判断して二輪駆動と四輪駆動の切り換えを行うことが必要なのに対して，フルタイム4WD車の方は何もしなくてよい。

もしあなたが世界で初めて4WD車を作るとすれば，最初に考えつくのは構造が簡単で運転操作が楽な(はずの)フルタイム方式であって，やっかいなパートタイム方式ではないだろう。その証拠には，自動車の歴史において初期の4WDの試作車は，ほとんどがフルタイム式である。

だが，実用化された4WD車はなぜかパートタイム式からであった。エンジンとタイヤを機械的に直結すると，このことによっていくつかのメカニカルなトラブルが発生するのである。

フルタイム4WDの技術的な問題点がほぼ解決され，フルタイム四駆が素人にも容易に扱えるようになったのは最近のことである。

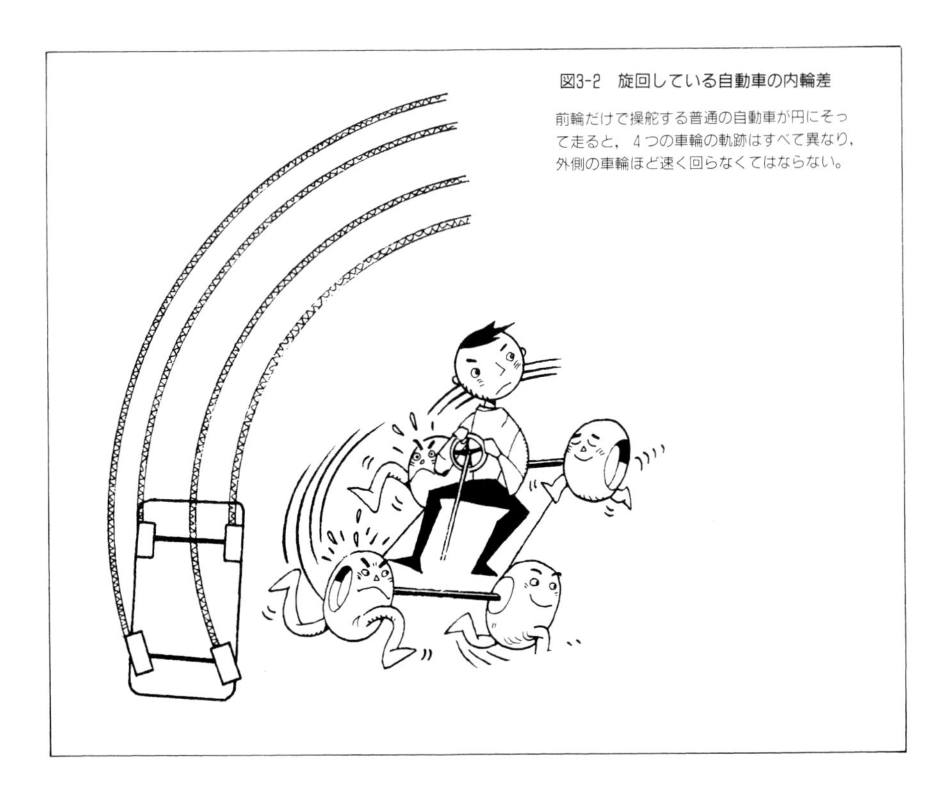

図3-2　旋回している自動車の内輪差

前輪だけで操舵する普通の自動車が円にそって走ると，４つの車輪の軌跡はすべて異なり，外側の車輪ほど速く回らなくてはならない。

きついコーナーがうまく回れない

フルタイム4WDの実用化が遅れた最大の原因は，摩擦係数が高い路面でタイトコーナーブレーキングと呼ばれる不具合現象があって，その解決に思いのほか手こずったためと思われる。

試みにエンジンと４つのタイヤを直結して“フルタイム”4WDとした場合を考えてみよう。この状態で自動車を走らせると，オフロードではあまり問題が起こらないが，オンロードで普通走行をすると非常に走りにくい。なにしろきついカーブがうまく曲がれないのである。

特に乾いたターマック路などの摩擦係数が大きい道路で急カーブを曲がろうとすると，ハンドルが非常に重くなるのと同時に，ブレーキをかけてもいないのにスピードが急に下がって，自動車は勝手に止まってしまう。

これをタイトコーナーブレーキング現象と呼んでいる。タイト(急な，キツイ)コーナー(曲がり角)で起こるブレーキングというわけである。ハンドルを切って急カーブを曲がるたびにこんな不具合が発生したのでは，とても走れたものではない。

なぜ急カーブが曲がれないのか

4WDでタイトコーナーブレーキング現象が起きる理由は，デフのない2WDがカーブをうまく曲がれないのと同じである。

2WDでも4WDでも自動車が旋回しているときには，図3－2のように旋回円の中心から遠い方の車輪は近い方の車輪よりたくさん回らなければならない。したがって自動車をスムーズに走らせるには，左右の車輪の回転数の違いを調整してやることが必要で，左右のアクスルシャフトを直結して一本棒にするのではなく，間にデフ（ディファレンシャル：差動装置）を追加せねばならない。デフがあると左右のタイヤの回転数が異なっていても，同じ大きさのトルクを伝えることができる。

自動車が直進しているときには，4本のタイヤの回転数は全部等しい。ところがカーブを走っている状態では，4本のタイヤの回転数はそれぞれ異なっている。右側の2本のタイヤに着目しても左側の2本のタイヤに着目しても，前のタイヤの方が後ろのタイヤより回転が速い。

その結果，トランスミッションの出力軸の回転をトランスファーで前後のプロペラシャフトに分けて伝えた場合，前側のプロペラシャフトの回転数は後側のプロペラシャフトの回転数より大きくなろうとする。ところが，前後のプロペラシャフトはトランスファーの中でガッチリ直結されているので，異なる回転数になることができない。

できない，といったところで初めからつながっているものをどうすることもできない。ドライブトレインがこわれるのでなければ，結局タイヤと路面のあいだにスリップが生ずることでツジツマが合わされる。

このスリップの向きは前輪と後輪とでは逆になっている。すなわち前輪には速く回ろ

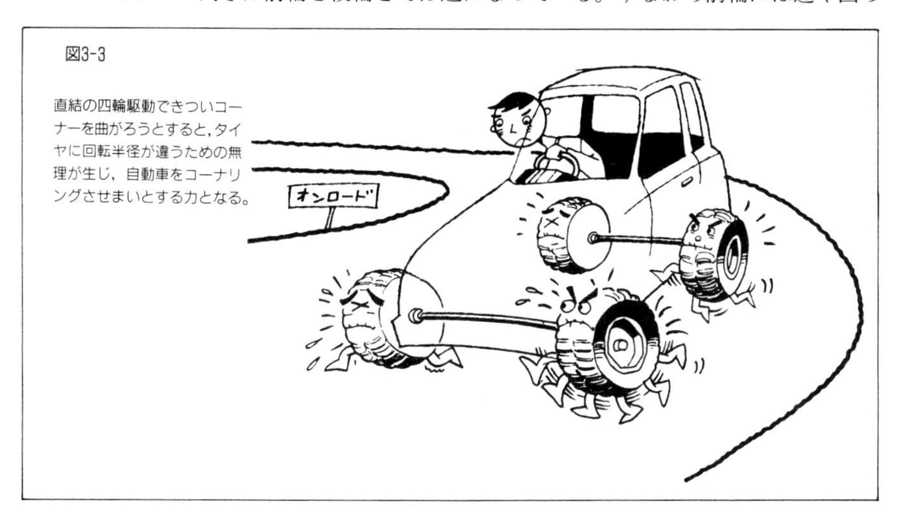

うとするタイヤを遅くするように力がかかり，後輪には遅く回ろうとするタイヤを速くするように力がかかる。これらの力は舗装路面でさえもタイヤをスリップさせるほど大きい。自動車がコーナリングする場合を考えると，曲がろうとする方向と逆方向に働き，自動車をコーナリングさせまいとする力になってしまう。

それにもかかわらずハンドルを切り続けると，タイヤのスリップでエネルギーが失われ，強いブレーキがかかって減速する。この現象は自動車の旋回半径が小さいほど，つまりカーブがタイトであればあるほど顕著になる。

路面の状態による違い

このような不具合は摩擦係数が大きい路面が続く舗装道路(たとえば市街地)で顕著にあらわれる。したがって，このような場所でパートタイム4WD車の四輪駆動ポジションや，センターデフ付きフルタイム4WD車のセンターデフをロックした状態で長時間連続して走行しない方がよい。

この状態で走り続けると，タイトコーナーブレーキングが起きて走りにくいだけでなく，タイヤの摩耗，燃料消費，アクスルシャフトやプロペラシャフト，等速ジョイントなどの損傷等々，いろいろな不具合につながる。

タイトコーナーブレーキングは摩擦係数の高い路面では問題になるが，オフロードのような不整地ではあまり問題にならない。摩擦係数の低い路面では，4つのタイヤが適当にすべって回転数の違いを吸収するので，このような現象は起きようがないのである。

説明するまでもないが，前後ドライブトレイン直結の四輪駆動状態はオフロード走行時に極めて強力な走破力を発揮する。だから，パートタイム4WD車の四輪駆動ポジショ

図3-4

ラフロードのコーナリングでは，四輪が直結となっていても，タイヤが適当にすべることによって，回転速度の違いによるタイトコーナーブレーキング現象は起こらない。

ンや，センターデフ付きフルタイム4WD車のセンターデフがロックされた状態では，前後ドライブトレイン直結の四輪駆動になっており，不整地走行時には強大な走破力を発揮する。これがジープ以来の4WDのイメージを作ってきたものである。

⑵ 前後輪の干渉

前後のドライブトレインの干渉

前後直結のフルタイム4WD車について続けて考察する。

タイトコーナーブレーキングが起きてタイヤがスリップしている時に，ドライブトレインの中ではどのような力が働いているのだろうか。トランスファーから前後にプロペラシャフトがのびているタイプの4WDを考え，前後のプロペラシャフトに着目する。

先に述べたように，自動車が直進しているときには４本のタイヤの回転数は同じだが，旋回しているときには前のタイヤの方が後ろのタイヤより速く回らなくてはならない。

したがって前後輪が直結されていると，前側のプロペラシャフトは前のタイヤによって速く回転しようとしているのに，後側のプロペラシャフトに引っ張られて速く回れない。後のプロペラシャフトは後ろのタイヤによってゆっくり回転しようとしているのに，前のプロペラシャフトに引っ張られて速く回されるという現象が起こる。

なんのことはない，前のタイヤは自動車を前進させようとしているのに，後ろのタイヤがこれを邪魔しているのである。その結果，前輪の前進力と後輪の邪魔力の差で自動

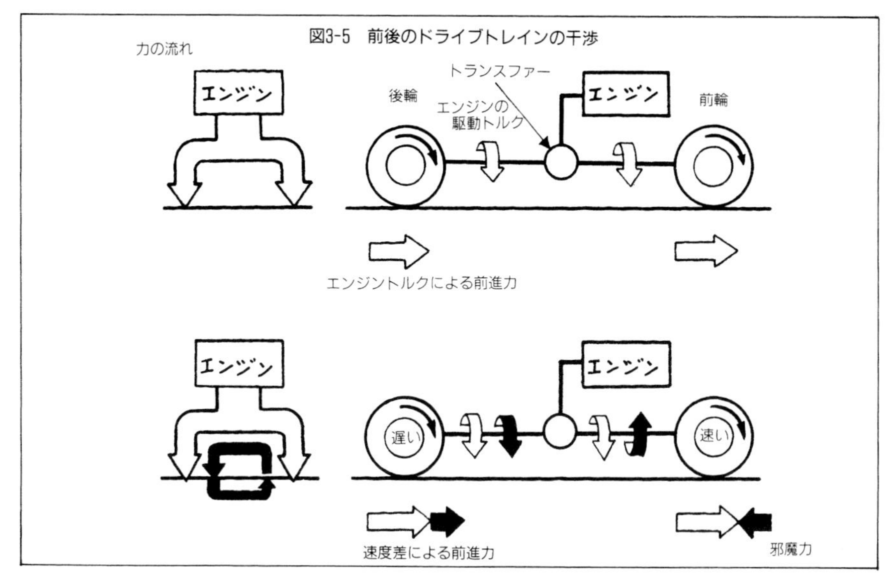

図3-5　前後のドライブトレインの干渉

車が進む。

これらの余計な力は，図３－５のように路面も含めて，循環していると考えることもできる。

四輪駆動というからには，すべてのタイヤが駆動力を発揮しなくてはならないのに，前のドライブトレインと後ろのドライブトレインが協力し合うどころか，互いに干渉して文字通り足の引っ張り合いをしているのである。

タイヤの動半径の違いによる干渉

このような現象はタイトコーナーブレーキングでのみ起きるのではない。たとえば図３－６のように，前のタイヤの動半径が後ろのタイヤの動半径より小さいとしよう。この自動車はたとえ直進時でも前のタイヤの方が後ろのタイヤより速く回ろうとする。その結果，コーナリング中でなくても前後のドライブトレインの干渉が起きる。

タイヤの動半径が異なるケースは，自動車では日常的に起こる。たとえ同じサイズの４つのタイヤを選んで取り付けたつもりでも，空気圧のバラツキや不均一な摩耗のために，タイヤの動半径はタイヤごとに異なっていると思う方が良い。

このように，前後直結のフルタイム4WDは，カーブはもちろん，ちょっとしたことでドライブトレインに無理な力がかかり，タイヤが異常摩耗したり，燃料消費が多くなるなどの不具合が発生する。

図3-6

前後輪でタイヤの直径が違うと，同じだけ進むのに径の大きい方がゆっくり回ろうとし，小さい方が速く回ろうとするので前後のドライブトレインの干渉が起きる。

図3-7

凍結路面ではタイトコーナーブレーキングは発生しないが，コーナリングフォースが小さいので，カーブを速く回ろうとすると飛び出してしまうことになる。

すべりやすい路面でのコーナリング

タイトコーナーブレーキング現象は摩擦係数が大きい路面で発生するが，逆に路面の摩擦係数が小さい氷雪路のようなところでは別な不具合現象が起きる。

路面の凍結したカーブを曲がろうとすると，今度は摩擦係数が小さいのでタイヤが簡単にスリップし，タイトコーナーブレーキングは発生しない。ハンドルも重くならない。ところがスリップしているタイヤでは，遠心力に対抗して踏んばろうとする力（コーナリングフォース）が極端に低下するので，自動車はカーブを曲がることができず，接線方向にまっすぐに突っ込んでしまう。

氷雪路のような路面の摩擦係数の低いところでこそ4WDの威力を発揮できると、張り切って飛ばしていると，カーブでスリップ事故というのでは4WDの価値が半減する。雪道に強い4WDはカーブが苦手，ではすまされない。

余談になるが，クロカン四駆でスキーに行き，雪道になって待ってましたとばかりに後輪駆動から直結の四輪駆動にして，それまでと同じ調子で走るとこの現象をしっかりと体験することができる。ただし，その代償が冷汗だけで済むという保証はない。

ブレーキシステムへの影響

FFにしろFRにしろ2WDの場合には，ドライブトレインは前だけまたは後ろだけにあ

図3-8

四輪直結の状態でブレーキをかけると，ブレーキ配分に関係なく，4つのタイヤに同じ制動力がかかる。

るが，4WDの場合には前後にあり，それらが結合されているためにブレーキに大きな影響がある。

なぜなら，ブレーキは各車輪ごとに取り付けてあるが，システムとしては前の2個と後ろの2個は別になっている。そして，これらのブレーキを作動させる油圧をコントロールすることにより，前のブレーキと後ろのブレーキの効きの比率を，たとえば80：20，あるいは60：40という具合にして自動車がうまく止まれるようになっている。

ところが，4WD車で前後のドライブトレインを直結にすると，前と後ろのブレーキをいっしょくたにしてしまうことになる。効きの大きさを80：20にしようが，60：40にしようが関係ない。

このために4WD車のブレーキシステムは，2WD車とは違った工夫が必要になるのである。

センターデフの働き

タイトコーナーブレーキングや前後ドライブトレインの干渉の不具合を解決するには，すでにお気付きのように前後のプロペラシャフトの中間にデフを入れるとよろしい。そうすれば前後のプロペラシャフトの回転数が異なっていても，その差を吸収してくれるからである。

フルタイム4WD特有のこのデフは，古くからあるFR車ベースの本格四駆の場合，自動車のセンター付近に位置しているためか，あるいは機能的に前後のドライブトレインの中央にあるからか，センターデフと呼ばれている。FF車をベースとした4WDでは自動車の前部にあることが多いが，やはりセンターデフと呼ぶ。

こうして，センターデフ付きフルタイム4WDには元々デフがあるフロントアクスル，

図3-9　センターデフと前後軸のデフ

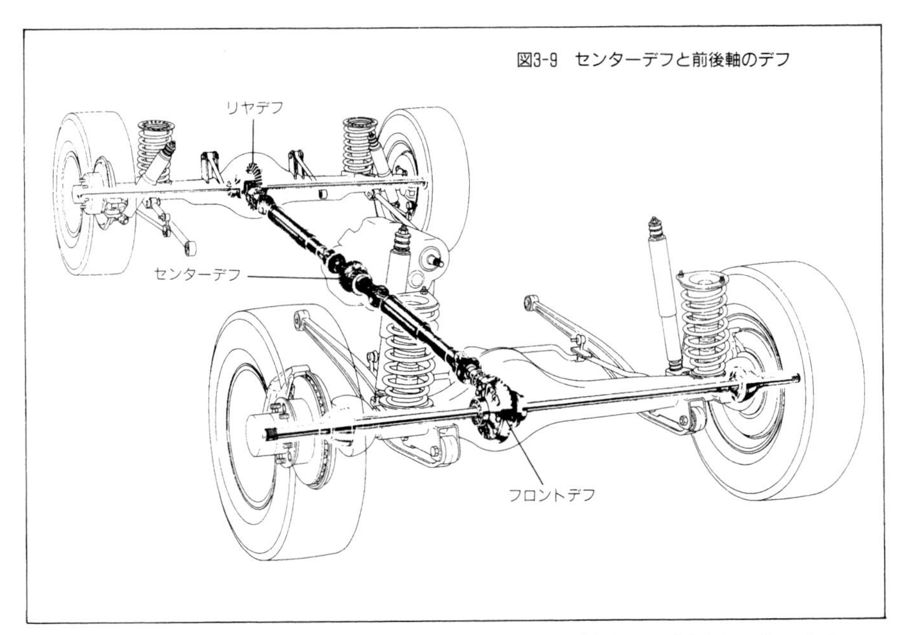

リヤアクスルに加えて，センターデフと3ケ所にデフが付くという賑やかさである。

センターデフの場合にも，アクスルデフと同様に前後に等しくトルクを配分する場合もあるが，遊星ギヤを用いて前と後ろに，ある一定の割合でトルクを配分することも行われる。

この割合を選ぶことによって，その自動車の走りっぷりが変わるので，狙いの性能に応じて配分の値が決められている。

1輪のスリップで自動車が動けない

ところでセンターデフを付ければ，全ての問題がめでたく解決するかというと，そうは問屋がおろさないのである。

四輪駆動車なのだから，たとえ1輪や2輪，場合によっては3輪がスリップしてもまだ1輪は残っているのだから，どうにか走ることができたってよいはずである。

ところが，前後アクスルの他にセンターにもデフがあるフルタイム4WDでは，たった1輪だけがスリップしても，他の3輪までお付き合いして駆動力が激減してしまい，全体の駆動力がほとんどなくなってしまう。天下の四輪駆動車にしては実にみっともないことが起こるのである。せっかくセンターデフでタイトコーナーブレーキングを解決しても何にもならない。

なぜこんなことになってしまうのか。

図3-10

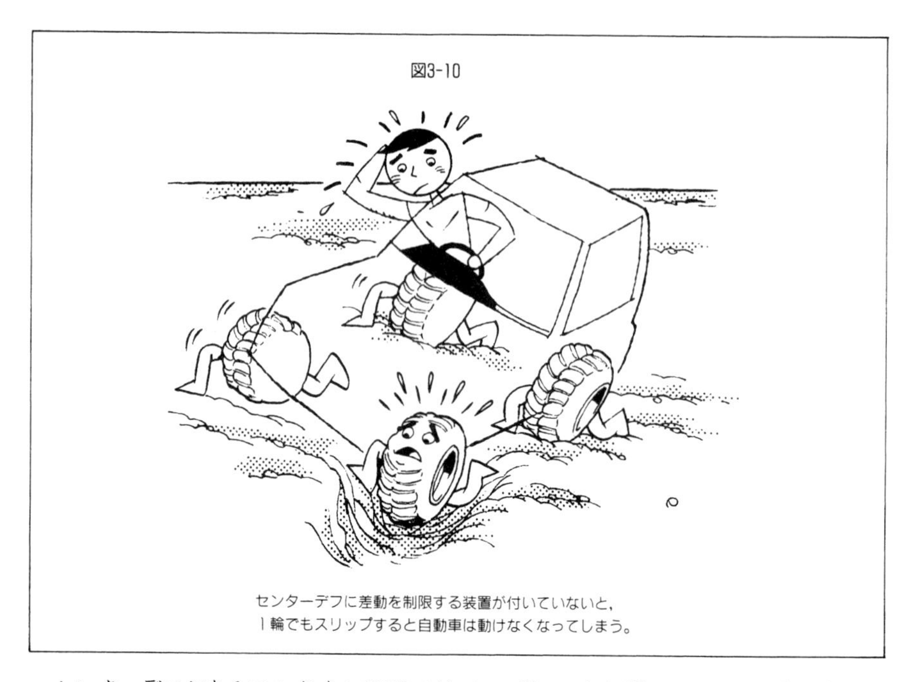

センターデフに差動を制限する装置が付いていないと，
1輪でもスリップすると自動車は動けなくなってしまう。

センターデフがあるフルタイム4WDでは，このデフのおかげでエンジンからのトルクは前後のプロペラシャフトに等しく配分され，さらにアクスルデフによって左右に等しく配分される。その結果4つのタイヤに等しいトルクが伝わる。

もし前輪の右タイヤ1本だけが氷の上に乗ってスリップし，駆動力がゼロになったとしよう。右のタイヤの駆動力がゼロになれば，左タイヤの駆動力もゼロになるので，前輪の左右の駆動力は全部なくなってしまう。その結果フロント・プロペラシャフトの駆動トルクはゼロとなる。

フロント・プロペラシャフトはセンターデフの前側につながっている。デフの前後のトルクは等しいのだから，センターデフの後側につながっているリヤプロペラシャフトのトルクもゼロとなる。したがって，後輪のタイヤは左右とも駆動力がゼロになる。

こうして駆動力は四輪全部のタイヤでゼロになる。つまり，この4WD車は自分の力で走ることができなくなる。たったひとつのタイヤがスリップしただけなのに。

しかも四輪駆動車では1輪スリップという状況は日常的である。アイスバーンに乗らなくても，1輪が凹みに落ちたり，1輪が突起に乗り上げて他のタイヤが浮いたり，コーナリングで1輪が浮いたりしても簡単に起きる。これだけのことで駆動不能になるのでは実用性はゼロである。

(3) 動力の伝達効率

4WD車は燃費が悪い，といわれている。しかしエンジンが発生した動力を２本のタイヤに伝えようが，４本のタイヤに伝えようが，燃料消費にはあまり関係がないように見える。ないどころか，タイヤ２本だけでガンバルよりも４本で分担して駆動する方が，より少ない力を伝えるのだから無理がかからない。エネルギーのロスが少ないので四輪駆動の方が燃料消費は少ないはずである。もちろん直結4WDで前後のドライブトレインが干渉を起こしている場合は別である。

干渉を起こしていないのに燃費が悪い原因は，主としてドライブトレインで発生するエネルギー損失にある。

ドライブトレイン，つまりトランスミッション，トランスファー，プロペラシャフト，ディファレンシャル，ドライブシャフトなどの部品やユニットは，動力を伝えるときにエネルギー損失をともなう。たとえばミッションやデフが熱くなるのは，損失エネルギーが熱に変わるからである。

トランスミッションやデフなどのギヤボックスの中では，ギヤがギヤを押してすべりながら力を伝達している。このとき摩擦によるエネルギー損失が発生する。

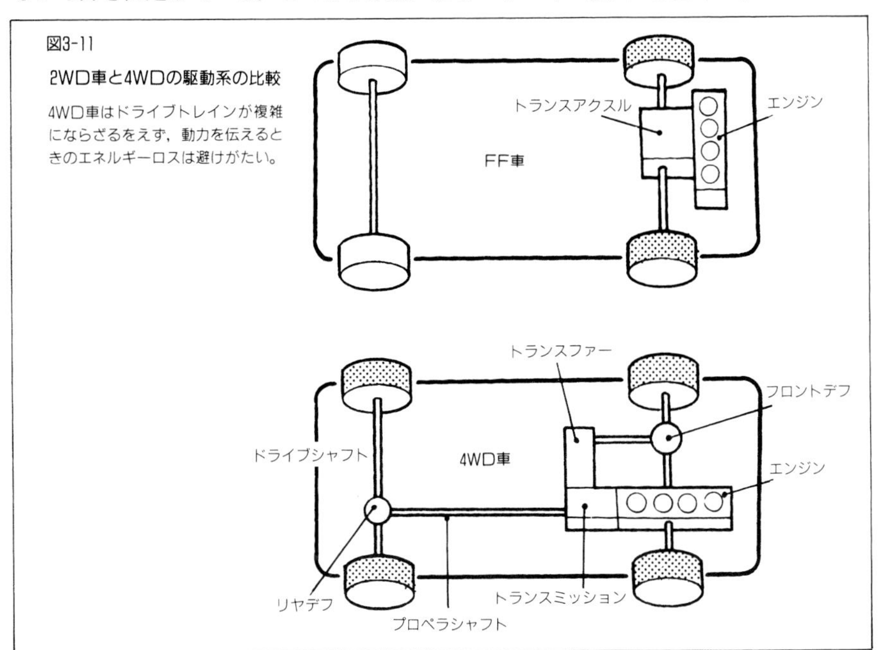

図3-11
2WD車と4WDの駆動系の比較
4WD車はドライブトレインが複雑にならざるをえず，動力を伝えるときのエネルギーロスは避けがたい。

これらのギヤはオイルにどっぷり漬かっていて，オイルをかき混ぜながら潤滑を行っている。かき混ぜるには力がいるのでここでもエネルギー損失が起こるわけである。

また，オイルがギヤボックスから外部に洩れないように，オイルシールがあちこちに使われている。オイルシールはゴムの弾性を利用してシャフトを締めつけている。この摩擦によるエネルギー損失もバカにならない。

ギヤはベアリングで支持されているが，ギヤが正確にかみ合うようにプリロード(予圧)がかかっている場合には，摩擦によるエネルギー損失が大きい。

プロペラシャフトやアクスルシャフトに使われているジョイントでも，ジョイントアングルが大きいとベアリングの摩擦による損失が発生する。

このようなドライブトレインのエネルギー損失はもちろん2WDにもあるが，4WDはドライブトレインが複雑で，多くの部品が使われているので，エネルギー損失はより多くなる。このため，せっかくエンジンで生み出されたエネルギーの一部がタイヤに伝わる前に，途中の経路で消費されてしまう。これらを全部含めると伝達効率は低くなり，エンジンでその分余計にエネルギーを発生させなければならないので，燃料が余分に消費されることになってしまうのである。

(4) 駆動系の振動・騒音

ジョイントで起こる振動・騒音

4WDでは駆動系の振動・騒音が起こりやすい。その原因はいろいろあるが，駆動系に多く使われるジョイント(継ぎ手)の回転ムラによるものがそのひとつである。プロペラシャフトやアクスルシャフトの両端についているジョイントは，何かと振動の原因になりやすい。

ジョイントにもいろいろな形式があるが，最も簡単なフックジョイント，別名カルダンジョイントときたら，これはもう振動・騒音の巣である。フックジョイントは構造は簡単で強度も高い。昔からプロペラシャフトにはよく使われてきた信頼性の高い部品である。しかし基本的にどうにもならない欠点がある。それは「等速回転運動がフック・ジョイントを通ると不等速運動に変わって，ギクシャクしたり振動・騒音の原因になる」という性質である。

入力側が一定の速度で回転しているとき，出力側も一定の速度で回転が伝われば等速であり，出力側が一定の速度の回転にならなければ不等速という。ジョイント角がゼロならもちろん等速であるが，フックジョイントは基本的に不等速なのである。そして，入力軸と出力軸の角度(これをジョイントアングルという)が大きければ大きいほど不等速の程度がひどくなる。なぜ不等速になるのかは第9章で説明する。

図3-12　駆動系のジョイント

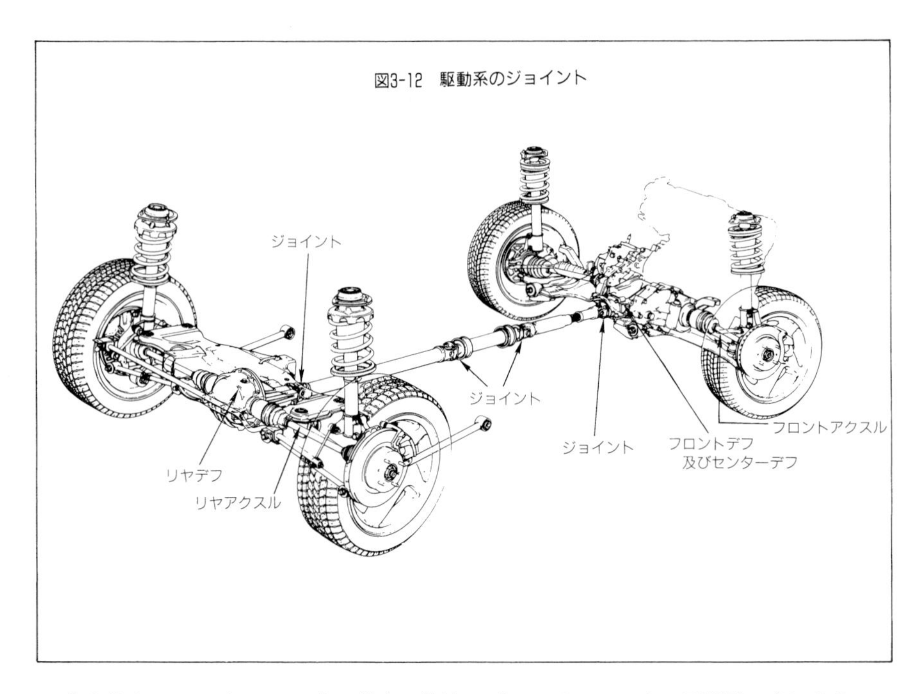

典型的なフルタイム4WD車の場合，前後のプロペラシャフトの両端計4個，左右のフロントアクスルの両端計4個，左右のリヤアクスルの両端計4個，合計で何と12個のジョイントがいる。2WDの場合の約2倍であり，これらのジョイントの不等速トルク伝達によって，さまざまな振動・騒音が発生する。

スラックネスとフローティングノイズ

4WDの騒音・振動の原因となるものは，ジョイントの不等速だけではない。エンジンのガス爆発によるトルク変動，路面からサスペンションを通じて入ってくる振動などもある。これらが騒音・振動をひき起こす力となって，ドライブトレインにさまざまな音を発生させる。

例としてスラックネス(ゆるみ，たるみ)をとりあげる。ドライブトレインの各所にあるクリアランスやバックラッシュ(摩耗や焼きつきを防ぐためのすき間)によって生ずる異音である。一つ一つの場所のクリアランスやバックラッシュは小さくても全体では大きい量になり，これらがノイズ発生源となる。4WDの場合には，ドライブトレインがより複雑なので，2WDよりノイズ発生源が多くなるわけである。

大きいスラックネスがあると，アクセルペダルを急に踏み込んだり離したりするときに大きい音が出ることがある。

また，アクセルをゆるめて惰性で走っているときに，異常な音が連続して出ることがある。この音はガタの部分がエンジンのトルク変動で叩かれて発生するもので，フローティングノイズ(浮動音)と呼ばれている。

これらの音は，それが原因で部品が破損したり機能が損なわれるようなことはないが，著しく自動車の商品性を損なう。

第4章

4WDを生かすシステム

前章で説明したような4WDのドライブトレインに固有の問題点を解決するために，これまでにさまざまなアイディアが出され製品化がなされている。たとえばタイトコーナーブレーキングを防ぐために，パートタイム4WDとして問題をさける方法，ワンウエイクラッチによる方法，ビスカスカップリングによる方法，直結の代わりに摩擦クラッチですべらせて使用する方法などがある。これらはそれぞれ特徴があり，どれが良くてどれが悪いということは一概に言えない。

詳細についてはあとの章で説明するとして，ここでは大雑把にその原理や考え方を紹介しよう。

さて，前章で四輪駆動に固有の問題点としてあげた4つのうち①のタイトコーナーブレーキング現象と②の前後輪の干渉は，要するに4つのホイールが機械的につながれた結果起こる現象であり，この対策としては2つの方法が考えられる。

そのひとつは，必要なときだけドライバーがレバーなり，スイッチなりを入れて，四輪駆動システムを作動させる方法，もうひとつは必要なときに，システムが自動的に四輪駆動になるようにしておく方法である。あらためて言うまでもなく，前者がパートタイム4WDであり，後者がフルタイム4WDである。

③の動力の伝達効率だが，2輪を駆動する2WDと比較して4輪を駆動するためのロスはしかたがないとして，問題は4WD車を2輪で駆動するケースである。したがって，この伝達効率についてはパートタイム4WDとあわせて，第5章の最後で説明することにす

図4-1　いすゞ・ミュー
古典的なパートタイム4WD方式を採用している。

る。④の振動・騒音についてはこの章の最後に説明する。

(1) パートタイム方式でタイヤのスリップをさける

前後輪を機械的に直結すると，エンジンの駆動トルクはタイヤのグリップ力に応じて分配される。したがって4つのタイヤが同じ摩擦係数の路面に乗っている場合，タイヤのグリップ力は同じなので4輪に等しく駆動トルクが伝えられ，タイヤと路面の間には同じ駆動力が発生し，ホイールは同じ速度で回転しようとする。

このために，自動車が曲がるときの前後輪の平均旋回半径の違いや，前後輪の動荷重半径の違いによって，タイヤと路面の間に強制的なスリップが発生するというのが直結四駆の弱点だった。

パートタイム方式は，この4輪を駆動するがゆえに発生するめんどうな問題をさけるために，普通の走行は2WDですませ，4WDが必要なときだけドライバーの判断でみずから操作して直結4WDにするという考え方である。

2輪駆動で問題ない普通走行はタイトコーナーブレーキングがなく，振動・騒音も小さく，燃料消費量も少ない2WDポジションでカバーし，必要なときに限って4WDをセレクトする。この方式の詳細については次章でくわしく説明する。

(2) ワンウエイクラッチでタイトコーナーブレーキングを回避する

ワンウエイクラッチは図4-5のように簡単な構造の部品で，トルクを一方向だけに伝えるメカニズムである。その性質をうまく利用すると，いろいろな技術的問題が解決できる。4WDのタイトコーナーブレーキング対策もそのひとつである。

この装置を採用しているスバル・ドミンゴの場合，後輪にはエンジンからの動力が直接伝えられ，前輪にはワンウエイクラッチを通して伝えられている。ワンウエイクラッチを略図で描くと図4-5のようになる。トルクはエンジンから前輪には伝わるが，逆に前輪からエンジンに伝えることができない。

図4-2　スバル・ドミンゴ

図4-3　スバル・ドミンゴの駆動系

図4-4　ワンウエイクラッチの配置図

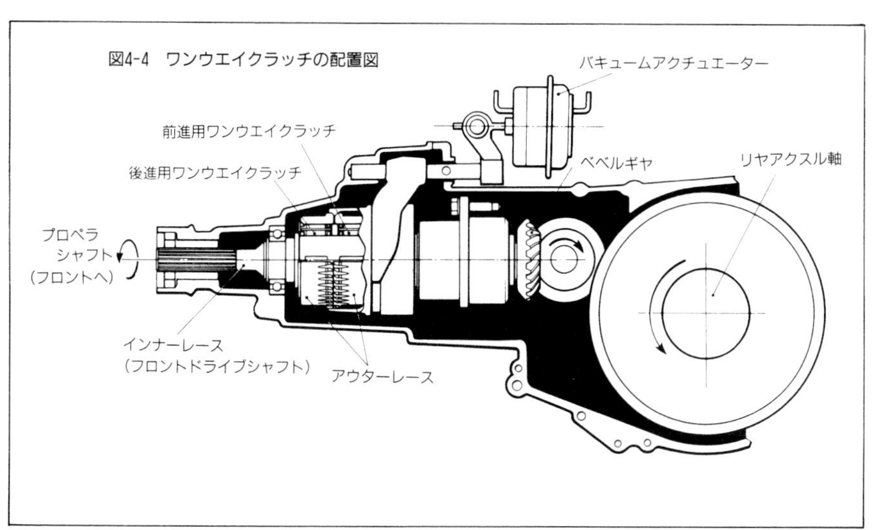

図4-5　ワンウエイクラッチの構造と作動説明図

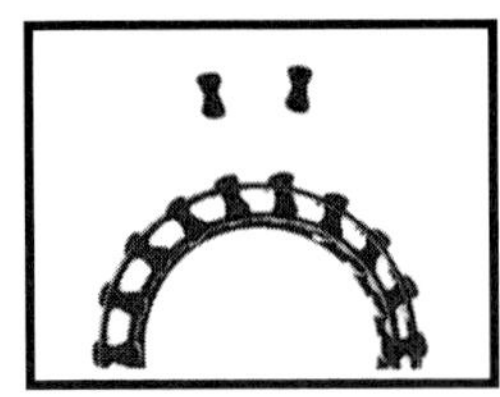

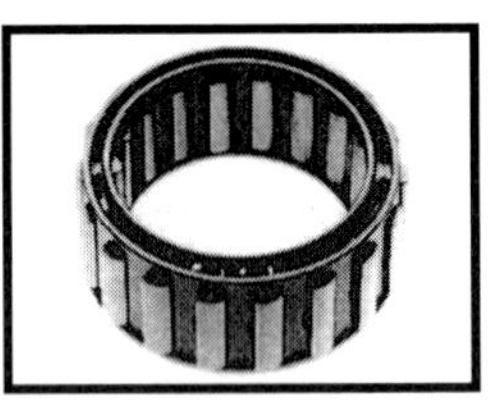

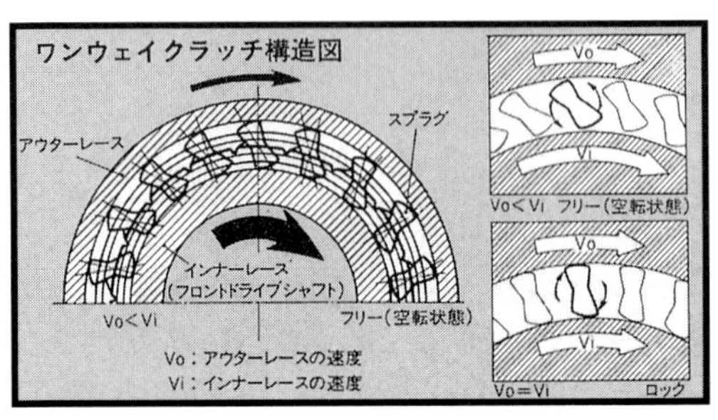

ワンウエイクラッチはアウターレースとインナーレースの間に18個のスプラグが内蔵されており，回転方向によってトルクの伝達が行なわれたり行なわれなかったりするようになっている。

図4-6 ドミンゴのトランスファー内部透視図

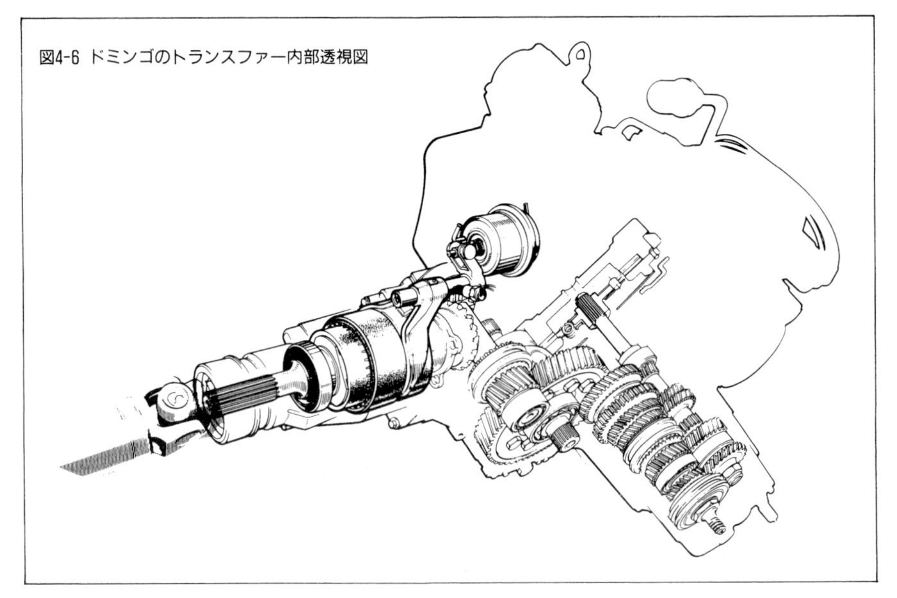

さて，この自動車が直進しているとする。エンジンのトルクは後輪にも前輪にも伝わり，四輪駆動状態である。つまりワンウエイクラッチはあっても無くても同じである。

次に，この自動車のハンドルを切ってコーナリングを始めると，直ちに自動的に後輪駆動の2WD車に変身する。タイトコーナーブレーキングは発生しない。その理由は次のとおりである。

自動車がカーブを曲がると，前輪が後輪より速く回転するから，ワンウエイクラッチが空転する。前輪はエンジンと縁が切れ，後2輪の2WDになる。2WDならタイトコーナーブレーキングが発生しないのはあたり前である。

ところで4WDのタイトコーナーブレーキングを解決することが目的なのに，カーブでは2WDにするというのでは実は答えになっていない。さきほどのパートタイム方式も同じである。いずれにしても，完全な答えが得られないときに次善の策で我慢するやりかたである。だまされたような気持ちになるけれど，これもひとつの実用的な解決方法であろう。

なお，この装置は後退(バック)しながらハンドルを切ると，回転方向が逆になるのでワンウエイクラッチがオンになる。このため，ハンドルを切りながら車庫入れをすると，強烈なブレーキングが起きて，車庫入れどころではなくなる。このために，ミッションをバックに切り換える操作に連動して，逆向きのワンウエイクラッチに切り換わるようになっている。

こうして，運転者は2WDと4WDの切り換えをしなくても，4WDのポジションのままで走ることができる，一見フルタイム4WDが出来上がる。しかしこの自動車，コーナリング中は2WDとしての走り方しかできないことを忘れてはいけない。

⑶ 湿式多板クラッチを駆動トルクのコントロールに使う

センターデフを用いる代わりに，湿式多板クラッチで前後のドライブトレインを結合するものである。

湿式クラッチはAT(オートマチック・トランスミッション)の中に多数使われているものと同様のもので，摩擦材と金属板の摩擦によってトルクを伝える。ATF(AT用のオ

図4-7　センターデフの差動制限を行う湿式多板クラッチ(トヨタ・クラウン)

この湿式多板クラッチはその油圧をリニアソレノイドという電磁弁によって制御され，通常走行の前後30：70からセンターデフのロックまで駆動力配分比率が変化する。

イル)に漬かっている(湿式)ので摩擦熱を発生しても冷却され，また摩耗も少ないという特徴がある。

湿式クラッチは油圧によって作動する。そのための独立したポンプを持つ場合もあるが，ATの場合にはその油圧を流用することが多い。油圧ピストンで摩擦板を押しつけトルクを伝える。

湿式多板クラッチによるトルク伝達は非常に応用範囲が広い。伝わるトルクの大きさが油圧によって変えられ，油圧はコンピューターを使って制御することができるからである。

電子制御なら，エンジン回転数，車両速度，アクセルペダル開度，ステアリング切れ角，前後左右加速度などをセンサーで検知し，どのような条件でどのようなトルクを伝達するかをあらかじめ決めておくことによって，かなり自由に狙いの性能を引き出すことができる。

たとえば，あるステアリング切れ角以上では油圧が上がらないように制限し，クラッチがある決められたトルク以上は伝わらないようにすることで，タイトコーナーブレーキングを出にくくすることができる。

あるいは，コーナリング中(センサーが横加速度を検知)はクラッチ伝達トルクを下げてドリフトができる後二輪駆動とし，直進急加速中(前後加速度またはアクセルペダル開度を検知)は伝達トルクを大きくして，直結4WD状態にしタイヤのスリップを防ぐ，なども比較的容易に実現することができる。

このようにクラッチの結合の強さを油圧制御することによって，前後の駆動トルク(すなわち駆動力配分)を制御する考えは，4WDの可能性を大きく発展させるものである。これについては次の章でくわしく説明する。

(4) 差動制限装置によってデフの弱点をカバーする

前章に述べたように，フルタイム4WDにセンターデフを使っただけでは1輪のスリップによって他輪の駆動不能を起こす。その原因はセンターデフの差動機能にある。差動機能を制限する差動制限装置をセンターデフに付加することによって，このような不具合が起きないようにする。

具体的には，必要な時にデフをデフでなくしてしまうデフロックから，オイルの粘性を使うビスカスカップリング，ウォームギヤの非可逆性を利用するトルセンデフ等，多くのアイディアの商品化がなされてきている。

表4-1　センターデフのロック／フリーをプッシュボタンによって行う例

4WD プッシュボタン	センターデフ コントロールレバー	走行状態
ON	フリー	フルタイム4WD ●オンロード・スポーツ走行時 ●降雨時
ON	ロック	センターデフロック4WD ●ラフロード走行時 ●ぬかるみ・泥ねい地●降雪時
OFF	――	2WD ●オンロード通常走行時

図4-8　ダイハツ・アトレーのデフロック機構を備えたセンターデフ

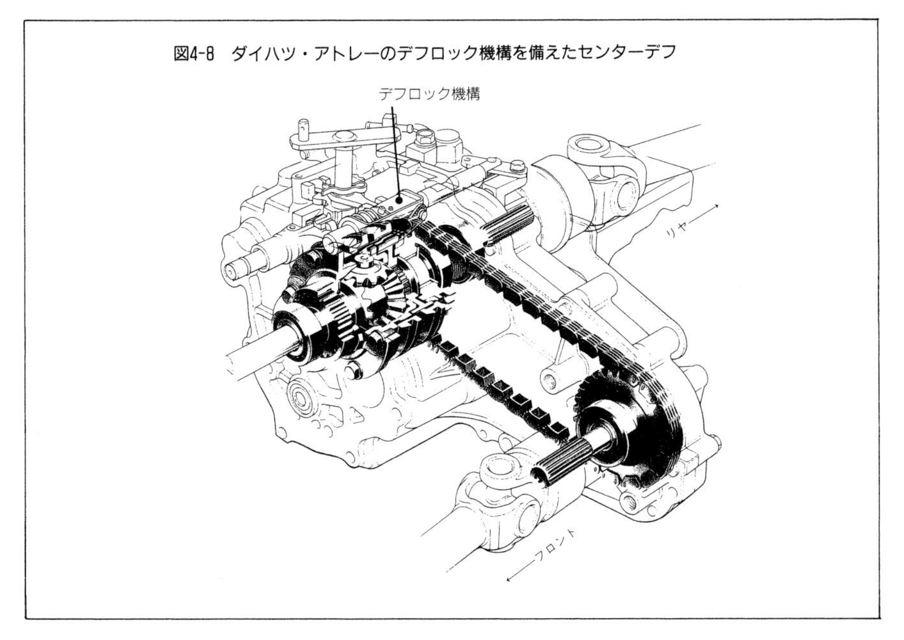

デフをロックする

究極の差動制限は，差動できなくなるように固定してしまうロックである。*

デフの中にロック装置をあらかじめ組み込んでおき，運転席からリモコンで操作する。操作する方法としてケーブルで直接行う方法もあるが，エンジンの吸入負圧や電磁気を使ってスイッチのオン・オフで行うものが多い。

デフロック装置をセンターデフに付けると，１輪が空転してスタックするという事態はさけられる。前後のアクスルデフもロックすれば，３輪がぬかるみにはまっても残る１本のタイヤが路面をしっかりグリップしてくれれば脱出できる。

前後のドライブトレインをビスカスカップリングでつなぐ

シリコンオイルの粘性を利用するビスカス・カップリング・ユニット（VCU＝粘性継手）については第9章でくわしく説明する。

このユニットはいろいろな使われ方をするが，ここで説明するのはセンターデフの代わりに前後のドライブトレインをビスカスカップリングを経由して結合するもので，いわゆるVCU直列配置の場合である。図4-10はFF車をベースとして，後輪へのドライブトレインをビスカスカップリングを通してつないだ4WD車の例である。

ビスカスカップリングはその原理から，入出力軸の相対回転がなければトルクは発生しない。この車は普通にまっすぐ走っている場合には，前後のドライブトレインは同じ回転数だから，ビスカスカップリングにはトルクは発生しない。すなわち，後輪にはト

図4-9　ドライブトレインに使われているビスカスカップリング

図4-10　セルボのビスカスカップリング式フルタイム4WDシステム

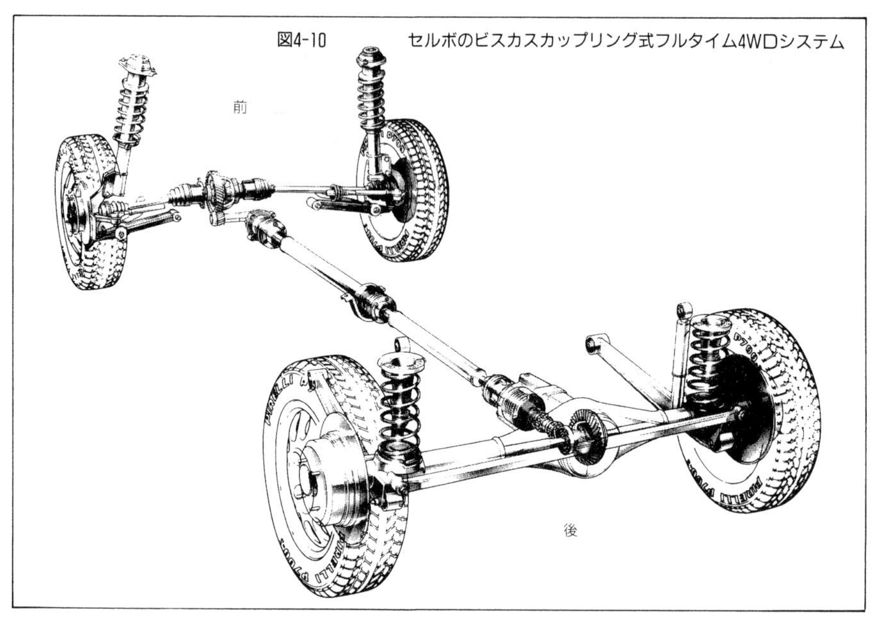

図4-11　スズキ・セルボ

ルクが伝わらない。前輪だけで駆動するフロントドライブ車である。

ところが，前輪がスリップすると，前輪側のドライブトレインが速く回転するため，ビスカスカップリングには粘性によるトルクが発生し自動的に4WD状態になる。

したがってこのビスカスカップリングをセンターデフに使った4WDは，一般にフルタイム4WDと呼ばれているが，正確には常時四駆ではなく通常時二駆で，駆動輪がいったんスリップすると自動的に四輪駆動にサマ変わりする。

イザという時に備えて準備ができている，という意味でスタンバイ4WD，オンデマンド4WDなどと呼ばれている。また，このような作動の仕方から日産ではこのシステムをフルオートフルタイム4WD，ホンダではリアルタイム4WDと呼んでいる。

なお，あとでくわしく説明するが，ハイドロリック・カップリング・ユニット（HCU）を用いたフルタイム4WD（三菱）や，ロータリー・トリブレード・カップリングを用いたフレックス・フルタイム4WD（トヨタ）なども，原理的には前後のドライブトレインの回転数の差を感知して作動するスタンバイ4WDにそれぞれ改良を加えたものである。

四輪駆動方式を分類するとき，エンジンの駆動トルクがどのように各車輪に配分されるかという観点から分類すると，このシステムは前後輪の速度差に応じて駆動トルクが配分されるので，トルク配分可変式ということになる。

トルク配分のことを，英語の〝分割する〟とか〝配分する〟ことを意味するスプリットという言葉を使って，トルクスプリットと呼ぶ。

そこで，この方式は，トルクの配分がタイヤのグリップ力に応じて行われることから，システムが受け身で受動的にトルクを配分するという意味でパッシブ・トルクスプリット方式とも呼ばれる。

このシステムについては第６章のフルタイム4WDの中でくわしく説明する。

センターデフにビスカスカップリングを付ける

シリコンオイルの粘性を利用してスリップを制限するビスカスカップリングを，セン

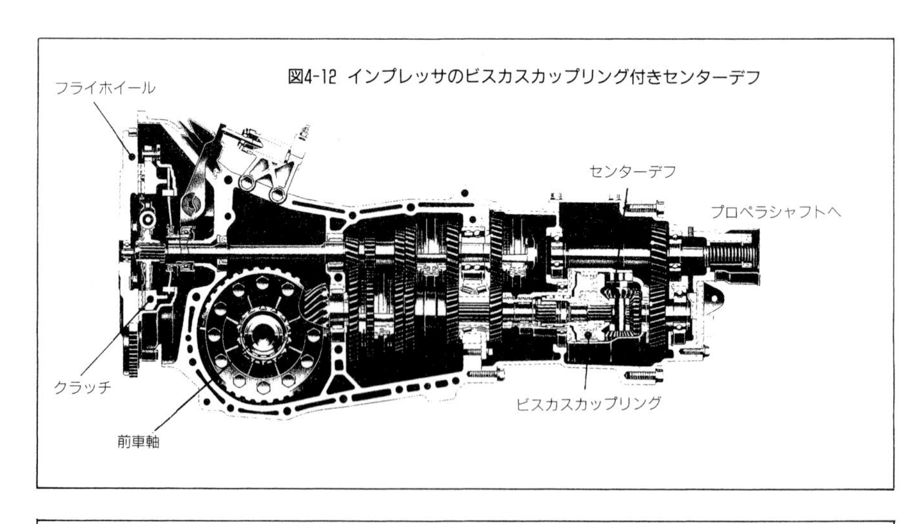

図4-12 インプレッサのビスカスカップリング付きセンターデフ

図4-13 ビスカスカップリング付きセンターデフの内部構造

ビスカスカップリングは，円筒状のハウジングの中に薄い円板をわずかなすき間をおいて並べ，シリコンオイルを満たした構造になっている。円板は1枚おきにハウジングとシャフトにつながれているので，ハウジングの回転とシャフトの回転に違いがあると，シリコンオイルの粘性によってトルクが伝わる。

ターデフに並行(パラレル)に結合するとLSDとして働き，センターデフの差動を制限することができる。

ビスカスカップリングは，回転速度の差が小さい範囲では差動制限力も小さいので，センターデフに用いてもタイトコーナーブレーキングは発生しない。ところが，1輪でもスピンが発生して異常に大きい回転速度の差が生じると，大きい粘性トルクが発生しスピンしていない車輪に伝わるので，失われそうになった駆動力が確保できる。

このため，FF車や4WD車のフロントアクスル用のデフや，4WD車のセンターデフにも適している。摩擦ではなく，シリコンオイルの粘性を利用していて，作動がマイルドであることも好ましい性質である。

前項と同様に，エンジンの駆動トルクがどのように各車輪に配分されるかという観点からこの方式を分類すると，このシステムはデフによって前後の駆動トルクの配分比率

図4-14
スバル・インプレッサ　スポーツワゴン

が決まるので，トルク配分固定式ということになる。

トルク配分固定式には，この場合のようにビスカスカップリングをセンターデフにパラレルに結合する方法と，この項の最初に説明したようにデフをロックしてしまうという方法がある。そこで前者をセンターデフ差動制限式，後者をセンターデフ・ロック式と区別する。

このシステムについても第６章のフルタイム4WDの中でくわしく説明する。

ビスカスカップリングを前後アクスルデフにも使用

ビスカスカップリングをセンターデフに付けても，前後の１輪ずつ，たとえば左側の前後輪が同時にスピンする可能性がある。これを防止するためには，前後のデフにもLSDが必要で，前輪のデフにはビスカスカップリングが適している。後輪用には摩擦式LSDまたはビスカス式LSDが使用される。

自動車が中低速でコーナーを曲がるときは，アクスルのデフにせよセンターデフにせよ，回転速度の差は少ないので粘性による発生トルクは小さい。このため，ビスカスカップリングをフロントアクスルのデフに用いても操縦性への影響は少ない。

差動制限装置にトルセンデフを使う

差動装置にギヤそのものの工夫で差動制限の機能を持つようにしたのが，トルセンデフである。

構造は大変複雑であるが，原理はウォームギヤの性質を巧みに利用したLSDである。トルセンデフはユニットに入ってくるトルクを感知して摩擦トルクを発生する。

摩擦板方式のLSDよりも大きいトルクを発生することができ，トルクが小さいときの摩擦トルクが小さいので，センターデフにも使用できる。

回転数差を感知してトルクを発生するビスカスカップリングよりもレスポンスが良いので，スポーティな自動車のアクスルデフ用に好まれている。

最近は新技術というと，新材料，油圧，コンピューターによる電子制御などが普通になってきている。トルセンデフのようにウォームギヤの非可逆性などという古典的な技術を用いて，メカニズムだけでこのような性能が実現されるのは興味深いことである。

この装置の詳細については第9章で説明する。

(5) 駆動系の振動・騒音を減らす等速ジョイント

前章で4WDの駆動系から発生する振動・騒音の中で，その元凶となりやすいのがジョイントであることを説明し，特にフックジョイントの不等速性を問題とした。

このジョイントの不等速性を解消し，入力側が一定の速度で回転していれば，出力側も一定の速度で回るようにしたのが等速ジョイントである。

いろいろな形式の等速ジョイントが発明され，一部は商品化されたが，決定版はなかなか出現しなかった。プロペラシャフトなどで多数使われるもっともポピュラーなフックジョイントは不等速であるが，振動が出ることを覚悟でフロント・ドライブシャフトに使われたこともある。

フックジョイントを2つ並べたダブルカルダンジョイントは等速ジョイントになるので，複雑でかさばり，コストも高いにもかかわらず使われたこともある。

等速ジョイントの問題は，フロントドライブ車の駆動系の改良が進むことによって解決された。フロントドライブ車の普及と等速ジョイントの品質向上・原価低減が並行して進み，そのおかげで良い品質の等速ジョイントが安く手に入るようになったのである。

そのおかげで，4WD車のドライブトレインにも等速ジョイントが多数使われるようになった。その結果，振動問題が解決されやすくなって，4WD車の普及に一役買ったのである。

等速ジョイントの詳細については第9章で説明する。

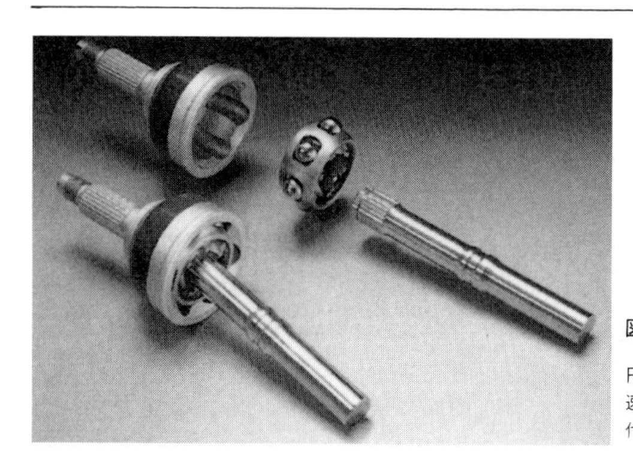

図4-15　ボールフィックスト・ジョイント

FF車や4WD車のフロントアクスルには様々な等速ジョイントが使われるが，このジョイントはその代表的なもの。最大角度約45度まで使用できる。

第5章

パートタイム4WD

前章までに4WDに固有の現象と，これらの現象に対してどのような対策がなされてきたかを説明したが，これらの事実をふまえて，四輪駆動装置が実際の自動車でどのように使われているかを，その形式に注目しながら見ていくことにしよう。

4WDには，四輪駆動と二輪駆動をドライバーがレバーやスイッチを作動させることによって切り換えることのできるパートタイム方式と，常に四輪駆動になっているフルタイム方式とがある。

この章ではまずパートタイム方式について説明する。

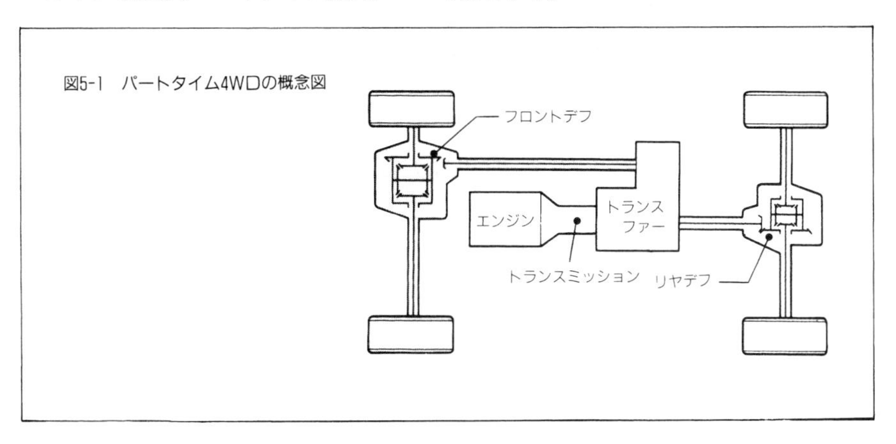

図5-1　パートタイム4WDの概念図

図5-2　トヨタ・ハイラックスサーフ

図5-3　三菱・デリカスターワゴン

図5-4　ベンツ・ウニモグ

(1) パートタイム式4WDの概要

パートタイム4WDは，2WDと4WDが自由に選べるということから，セレクティブ4WDとも呼ばれ，ジープ以来の長い歴史を持ち，比較的最近まで4WDといえばこの方式のことを指していた。相変わらず本格的なオフロード4WD車の主流をなすシステムだが，最近ではワンボックスのRVや商用車，あるいは軽自動車などにも広く使われている。軽自動車の場合には悪路走破性を高める目的よりも，ふだんは燃費のよい2WDで走り，悪路でスタックしそうになったときなど，特別な場合だけ四駆の威力を発揮させる

図5-5　閉断面構造の梯子型フレームをもつダットサントラック

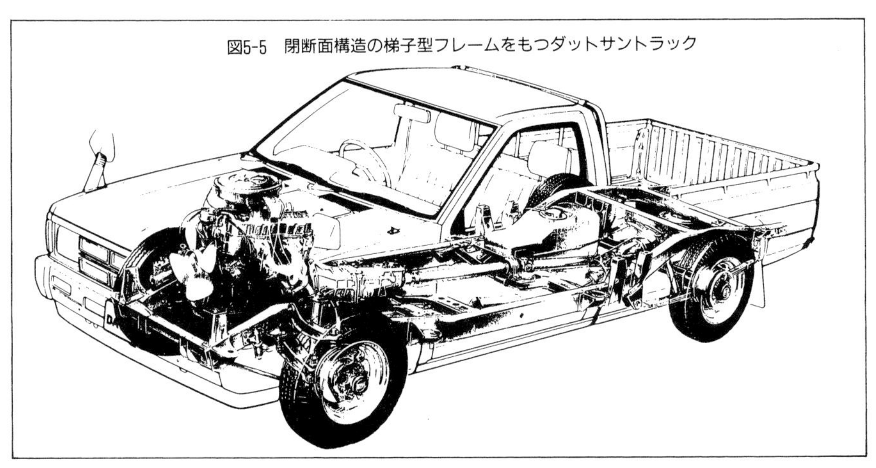

図5-6　日産キャラバンのパートタイム4WD車の駆動系レイアウト

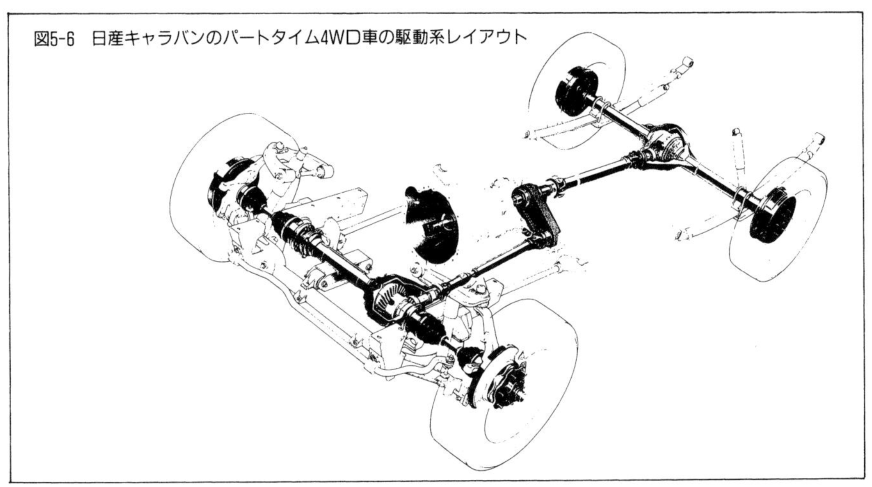

ために採用されている。

フルタイム4WDでも，センターデフに差動制限装置を備えていれば悪路もなんなく走行できるが，悪路走行を前提とした自動車はサスペンションが頑丈で剛性が高く，タイヤもそれなりに丈夫なものが付けられているので，一般にタイヤの接地性が悪い。悪路ではタイヤ間のグリップに違いが生じ，ひんぱんに差動装置が働くので，長時間悪路を走ると差動制限装置にかかる負担が大きい。

このような観点から見れば，やはり悪路走行を中心に考えるとパートタイムで前後直結にし，さらに前後のデフもロックできるようにした自動車が望ましく，たとえ３輪が浮いても残る１輪にエンジンの出力の全てを伝えることができるという万全のシステムであれば，安心してラフロードにアタックできるというものである。

⑵ 機械式クラッチと油圧多板クラッチ

パートタイム四駆の4WDと2WDの切り換えは，レバーやスイッチによって行われるが，図５－７はスズキのジムニーの例で，中央に見えるシフトレバーのすぐ後ろにあるトランスファーレバーが使われる。

一般に本格四駆と呼ばれるオフロードタイプの4WDでは，トランスファーレバーを操作して4WDと2WDの切り換えを行うのが普通で，同時にトランスミッションに一般走行時に使われるハイギヤと，特に駆動力が必要なときに使われるローギヤが準備されていて，その選択も行うようになっている。

図5-7　スズキ・ジムニーのシャシーと駆動系

図5-8　トランスファーレバーでの選択例

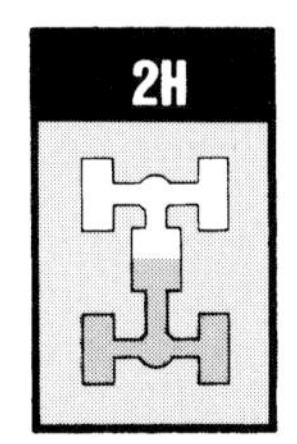

2H（２輪駆動）：前輪は駆動せずに後輪だけが駆動する2WD走行。街中や路面状態のよい一般走行に使用。

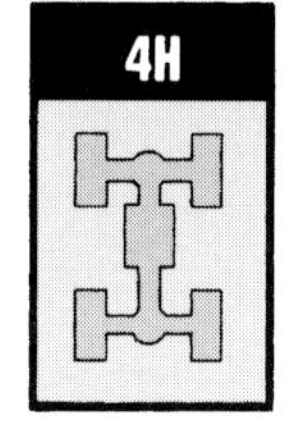

4H（４輪駆動）：いわゆる4WD走行。雨や雪などのすべりやすい路面状況で常に安定した走りができる。

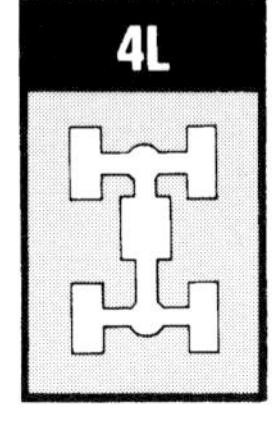

4L（低速４輪駆動）：低速時の4WD走行。悪路や砂地脱出などで，大きな駆動力を発揮。クロスカントリー走行に適したレンジ。

たとえば，一般走行ではハイギヤの2WD，ラフロードではハイギヤの4WD，悪路ではローギヤの4WDといった具合に，１本のレバーを操作して選択するわけである。

乗用車や軽自動車では，切り換えをセレクトレバーで直接行うタイプと，油圧多板クラッチを使って行うタイプとがある。スバルではレオーネに両方のタイプを使っていて，前者をセレクティブ4WD，後者をマルチプレート・トランスファー（MP-T）と呼んでいる。

図５－９はセレクティブ4WDで，切り換えをレバーで行うタイプを示している。アルシオーネ，ドミンゴなどはエンジンの負圧を利用した，バキュームアクチュエーターをスイッチで作動させて切り換えを行っている。

図５－10はマルチプレート・トランスファーの作動状態を示したもので，多板クラッチは７枚のクラッチプレートで構成されており，入力側のプレートはドリブンギヤの，出力側のプレートはドライブシャフトにつながっているドラムの，それぞれのスプライン（溝）にかみ合っている。したがって，クラッチプレートは回転しながら図の左右にスライドすることができる。油圧はオートマチック・トランスミッションのオイルポンプから導かれ，その圧力はスロットル開度と車速によってコントロールされている。

2WDモードでは前輪だけに駆動力が伝わり，FF車として機能している。さらに，ブレーキをかけたり（ストップランプスイッチと連動），急加速をした場合（ATのキックダウンスイッチと連動）や，降雨時（ワイパースイッチと連動）には自動的に4WDに切り換わるオート4WDモードも選べるようになっている。

4WDモードにスイッチを入れておくと，ピストンに油圧が加わり，クラッチがつなが

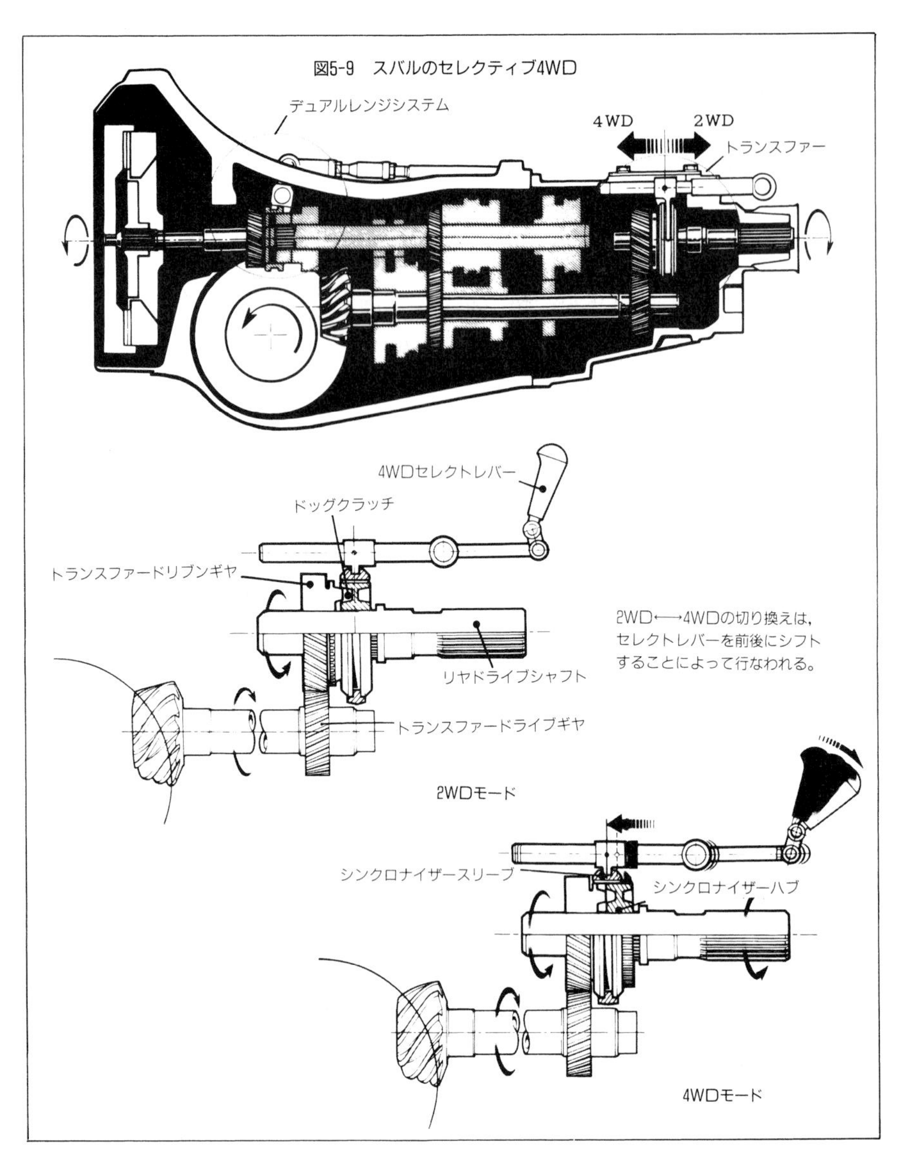

図5-9　スバルのセレクティブ4WD

って後輪にも駆動トルクが伝わる。ただし，低速でスロットル開度が小さいときには油圧が低いので半クラッチ状態になっており，タイトコーナーブレーキング現象を防ぐことができる。また，急加速や，高速走行時には油圧が高いのでクラッチは直結状態になっており，直結4WDとして働く。

図5-10 スバルMP-T 4WD

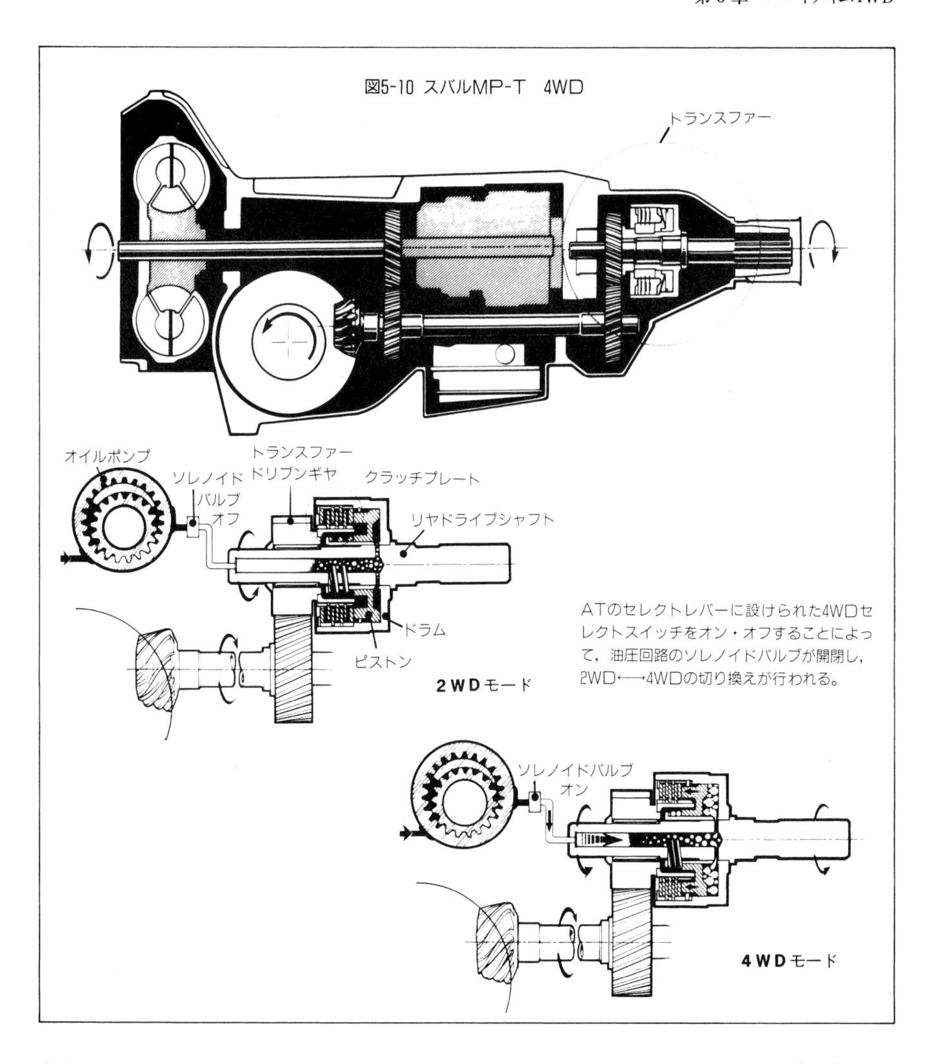

⑶ ドライバーのセンスにまかされるパートタイム方式

この方式は見方を変えると，４輪を駆動するがゆえに発生するめんどうな問題をさけるために，普通の走行は2WDですませ，4WDが必要なときだけドライバーの判断でみずから操作して，直結四輪駆動にするシステムと考えることもできる。

二輪駆動で問題ない普通走行の時は，タイトコーナーブレーキングの心配がなく，騒音・振動も小さく，燃料消費量の少ない2WDポジションで走行し，必要な時に限って4

図5-11 日産・テラノ

図5-12 三菱・ストラーダ

図5-13 スズキ・エスクード

WDポジションをセレクトする。

別の見方をすれば，直結4WDではうまく走れない場合に逃げ込む場所(2WDポジション)を作ってあるシステム，と考えることもできる。

どういう場合にどのポジションを選ぶか，責任はドライバーに転嫁(？)されているから，運転する人はその自動車の2WDと4WDポジションの長所と欠点をあらかじめ承知していなければならない。

たとえば，4WDで走行中に舗装路のきついカーブにさしかかったら，ハンドルを切る前にすかさず2WDに切り換えておく，などはスマート(？)なドライビングテクニックである。また4WDでなければ走れないようなツルツルの氷雪路で，コーナーだからといって，いちいち2WDに切り換えていたのでは走ることができない。だからといって，4WD

図5-14
パートタイム方式の4WDは，2WDか4WDかの選択がドライバーの技量にまかされる。

ではタイヤスリップが起こる。どちらがマシか自分で考えなさい，というわけである。

このようにポジションの選択はドライバーの技量にまかされているので，セレクティブ4WDは(セミ)プロ向きのシステムといえる。

また，セレクティブ4WD車の4WDポジションは前後ドライブトレイン直結の4WDであり，これに前後アクスルをデフロックすると全ドライブトレインが直結になるので，強力な走破性を持つことができる。

このように，使いにくいが使いこなせば四輪駆動の特徴を引き出すことができる強力なシステムということができよう。

(4) 動力の伝達効率を上げる

4WDはドライブトレインのエネルギーロスが大きく，燃料消費も大きい。では，パートタイムの二輪駆動ポジションでは2WD車と同じかというと，そうではない。

パートタイム4WD車の2WD状態では，２本の非駆動輪はエンジンによって駆動されてはいないが，路上をころがり，回転している。よく見ると，回転しているのは２本のタイヤだけではなく，タイヤを駆動するためのドライブトレイン(ドライブシャフト，アクスル，デフ，プロペラシャフトなど四輪駆動のときに使用する駆動部品)もいっしょになって回っている。

単に回転しているだけだが，このために消費するエネルギー損失はバカにならない。せっかく2WDになっているのに4WDのときの燃料消費とあまり変わらない，という期待はずれ現象が起きる。それだけでなく騒音や振動の原因にもなる。

図5-15

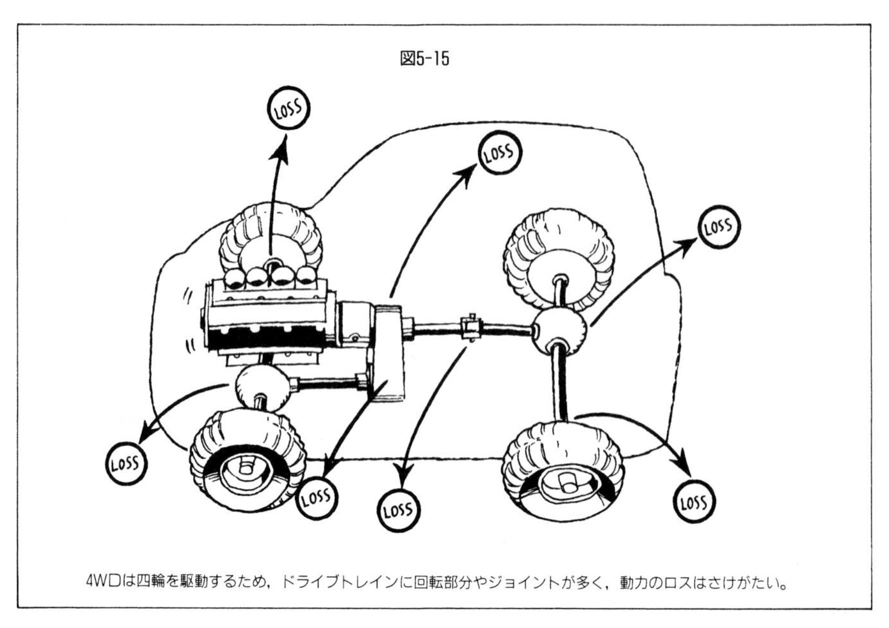

4WDは四輪を駆動するため，ドライブトレインに回転部分やジョイントが多く，動力のロスはさけがたい。

これを防ぐために，この部分のドライブトレインの無駄な回転をなくし，停止させてしまおうという装置が実用化されている。フリーホイールハブやデフクラッチである。

フリーホイールハブ

フリーホイールハブはマルチパーパス車やオフロード車などの本格的な4WD車によく使われている装置で，一般にフリーホイールハブと呼ばれているが，日産はフリーランニングハブ，三菱はフリーホイール機構，ダイハツはロッキングハブと違った名前で呼んでいる。

フリーホイールハブは車輪のハブのところにあって，車輪とドライブシャフトをつないだり切ったりすることができる装置で，4WDで走る時はロックに，2WDにする時はフリーに切り換えるようになっている。

フリーホイールハブで車輪のハブとドライブトレインが切れる(フリー)ことによって，ドライブトレインは車輪側から回されることがなくなり停止する。車輪はドライブトレインを引きずって回ることなく，自由に回転できるようになる。

切り換えはマニュアル式とオートマチック式がある。マニュアル式では，切り換えのたびに自動車を止め，ドライバーがおりてタイヤのところまで行き，手で操作する。オートマチック式では自動車を止め，トランスファーで2WDと4WDの切り換え操作を行うと，自動的に切り換わる。

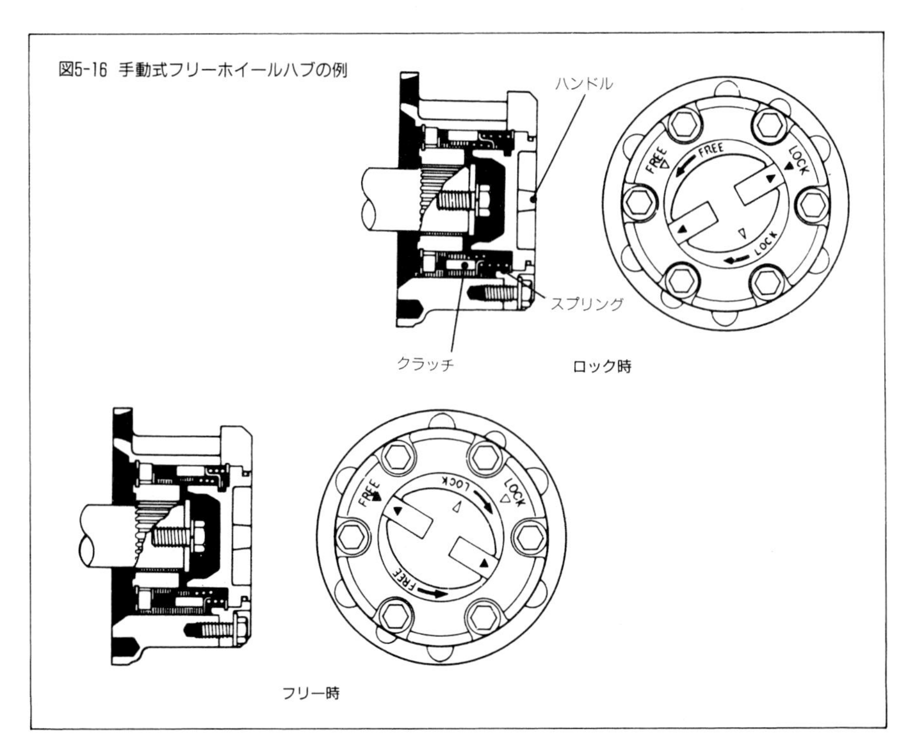

図5-16 手動式フリーホイールハブの例

パートタイム4WDでは2WDで走行しているときに，駆動系から発生する振動・騒音をできるだけ小さくし，燃費をよくする目的で，トランスファーギヤからアクスルまでの回転部分を少なくするためにフリーホイールハブを取り付けている。

フリーホイールクラッチ

フリーホイールクラッチは，上に述べたフリーホイールハブとは全く異なるが，同じ

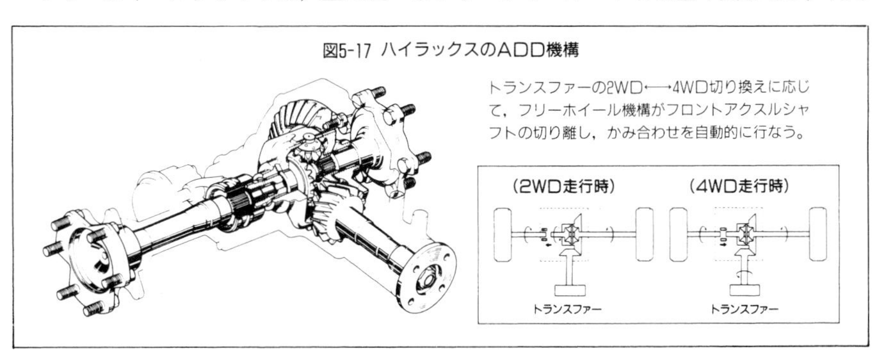

図5-17 ハイラックスのADD機構

目的と働きを持つハブをデフの近くのアクスルに設けるものである。

FR車ベースの4WDで前輪をオフにする例を図5-17に示す。トランスファーで2WDと4WDの切り換えを行うと，図のフリーホイール機構がフロントアクスルシャフトの切り離し，かみ合わせを自動的に行うもので，これはトヨタのハイラックスに装備されている装置である。

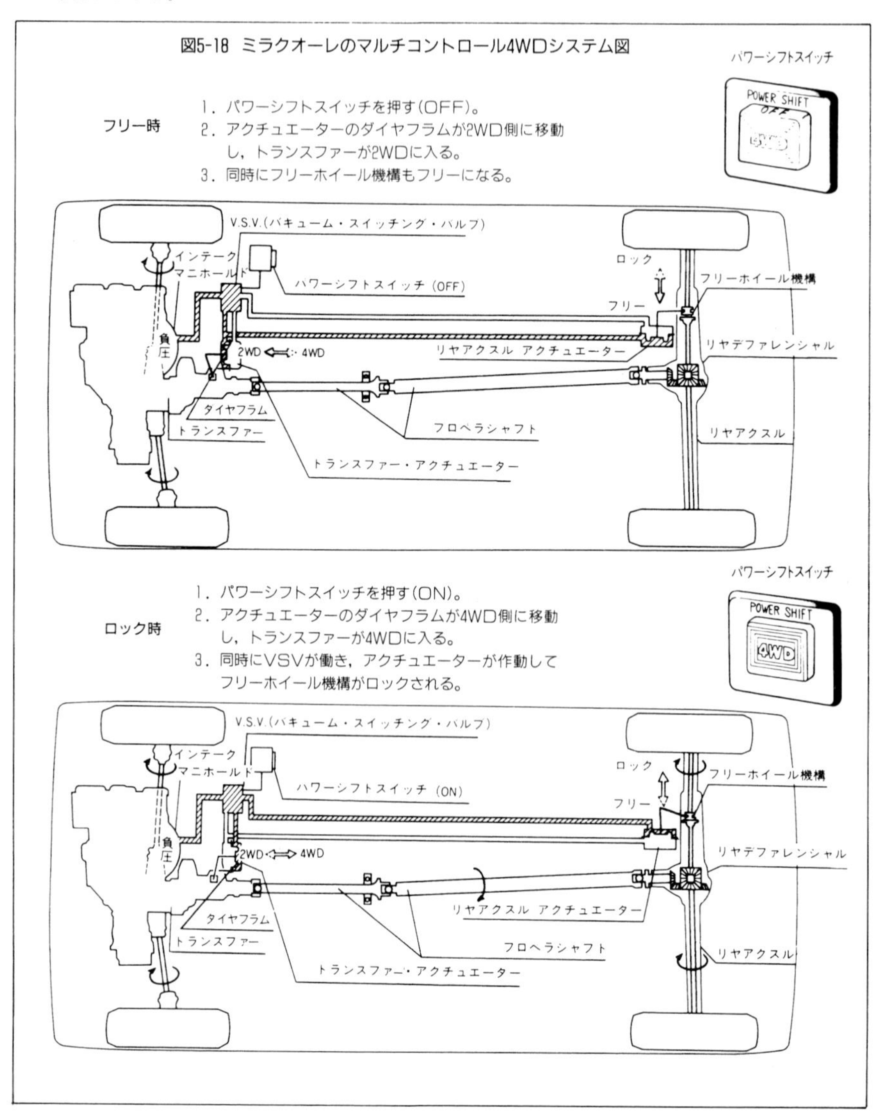

図5-18 ミラクオーレのマルチコントロール4WDシステム図

図5-18はダイハツのミラクオーレの例で，2WDと4WDの切り換えをプッシュボタンで行うのに連動し，エンジンの負圧を利用してフリーホイールハブのオン・オフを行うシステムである。ダイハツではこのシステムをマルチコントロール4WDと呼んでいる。

作動はフロントアクスルの片側のアクスルシャフトの途中にドッグクラッチがあり，これをオン・オフする。オフにすると左右両側の車輪がフリーになる。片側のアクスルシャフトだけでは充分でないように見えるが，そうではない。よく見ると，反対側のアクスルシャフトはデフの中の差動のための小さいベベルギヤで空回りするから，両側のアクスルともフリーになる。

この方式だとフリーホイールハブの場合ほど完全ではないが，大半のドライブトレインは停止するので，騒音を小さくし，摩擦を減らして，燃料消費を少なくするという所期の目的は達成される。

第6章

さまざまなフルタイム4WD

4WDを駆動方式によって分類すると，まず大きくパートタイム方式とフルタイム方式に分けられる。前章でパートタイム方式について説明したので，次はフルタイム方式についての話である。

そこでフルタイム4WDだが，じつはパートタイム4WDのメカはどの本を見ても前章に説明したのとほぼ同じ内容になっているが，フルタイム4WDの方はその分類の仕方によって記述内容がかなりちがう場合がある。

フルタイム4WDは，文字どおり常時4つのホイールに動力の伝達が可能なシステムであり，前後輪の回転差を吸収しながらそれぞれに駆動トルクが配分される。その駆動トルクの配分をどのように考えるかで，ちがいが生じるのである。

おそらくそんな分類上の詮索など，どうでもよいという読者が多いと思うので深入りはしない。ちょっと頭の隅に入れておいていただくとして，この本では次のような考え方でフルタイム4WDを分類している。

フルタイム方式は，駆動トルクの前後輪への配分機能によって分類すると，その比率が一定のトルク配分固定式と，駆動トルク配分が状況によって変化するトルク配分可変式(トルクスプリット式)に分けられる。

さらに，トルク配分固定式にはトルクの配分にセンターデフが用いられるが，このデフの差動をビスカスカップリングなどによって制限するタイプと，必要な場合にはデフをロックして直結四駆にするタイプとがある。

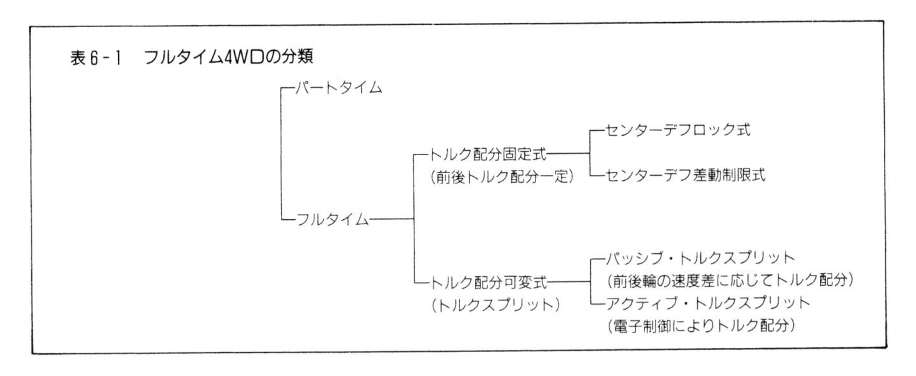

表6-1　フルタイム4WDの分類

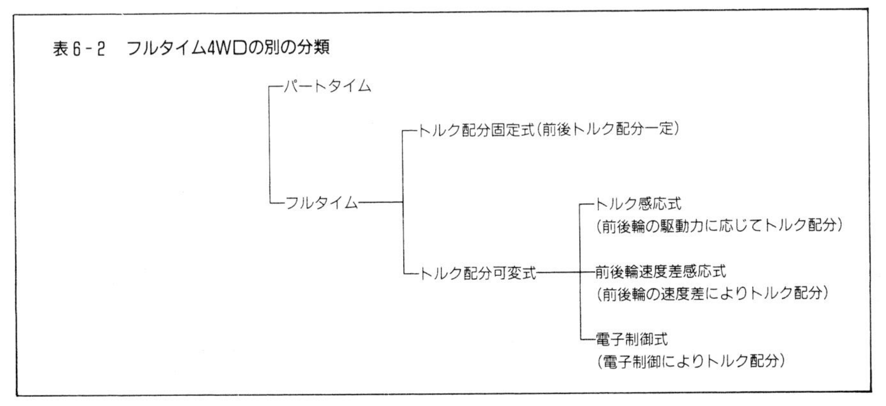

表6-2　フルタイム4WDの別の分類

また，トルクスプリット式は，前後輪の速度差に応じてトルクが配分されるパッシブ・トルクスプリット式と，駆動トルクの配分比率をコンピューター制御による油圧変化によってコントロールするアクティブ・トルクスプリット式に分けられる。

以下，このような分類にしたがって，現在実用化されているフルタイム4WDのメカニズムを調べてみよう。

なお，センターデフの差動をビスカスカップリングなどで制限するタイプの4WDは，普通に走っているときにはセンターデフによって前後に一定（ほとんどが前後50：50）の割合でトルクが配分されているが，差動が制限されたときに配分比率が変化するのでトルク配分可変式として分類し，表6-2のようにトルク感応式として分類する方法もある。

最近の4WDシステムは，タイヤの駆動力をコントロールするトラクションコントロール（TCL）や，制動力を最適なものにするアンチロックブレーキ・システムとあわせて，自動車と路面の状態やドライバーの意図をコンピューターに総合的に判断させ，駆動/制動力を統合制御するシステムが多くなってきている。

また，ひとくちにフルタイム4WDといっても，メーカーがそれぞれの自動車の性格に最もマッチしたものに仕上げており，厳密に分類すると全てが異なることになってしまうので，ここではあえて表6－1の分類に従って話をすすめることにしたい。

(1) フルタイム・トルク配分固定式

フルタイム方式は，中間にセンターデフを置いて，前後輪の回転差を吸収しながら駆動トルクを常時前後に伝えるシステムで，駆動トルクの配分比率が決まっているトルク配分固定式と，比率が変化する可変式があるが，まず固定式について説明する。

トルク配分固定式はセンターデフによって前後輪にトルク配分を行うシステムで，その比率はセンターデフにプラネタリーギヤを使って，前43対後ろ57にしているマツダファミリアなどいくつかの例もあるが，ベベルギヤのセンターデフで前後の比率は50：50になっているものが圧倒的に多い。

すでに述べたように，センターデフを置くとタイトコーナーブレーキング現象は起こらないが，4輪のうちどれか1輪でも空転すると自動車は動けなくなってしまう。そこで，このような状態になったときにデフをロックする(センターデフロック式)か，あるいはビスカスカップリングのように差動制限の働きをする装置を設けておく(センターデフ差動制限式)必要があり，トルク配分固定式はその差動の制限方法によって，この2つのタイプに分けられる。

(2) センターデフロック式

通常走行時にはセンターデフがフリーになっており，図6－1のように万一前輪の片側がぬかるみにはまった場合，デフロックスイッチを入れてセンターデフの差動を止め，後輪を駆動して脱出をはかるシステムである。

オフロードタイプの4WD

本格四駆，クロスカントリータイプなどと呼ばれる2ボックスのバンの場合，フルタイム4WDというとほとんどがこのセンターデフロック式である。

たとえばトヨタ・ランドクルーザーでは，センターデフはドライバーシートのすぐ下にあり，トランスファーと一体になっている。デフケースのまわりのリングギヤから入力された駆動トルクは，2つのピニオンギヤをへて図6－3の右側のベベルギヤから前輪に，左側のベベルギヤから後輪にそれぞれ50：50の割合で配分されている。

表6-3　センターデフロック式フルタイム4WDの分類

```
┌パートタイム
│
│                                   ┌センターデフロック式
│            ┌トルク配分固定式──────┤
│            │(前後トルク配分一定)   └センターデフ差動制限式
└フルタイム──┤
             │
             └トルク配分可変式(トルクスプリット)
```

センターデフ・ロック式フルタイム4WDの例

(1) センターデフを機械的にロックするもの
　ジープ型4WDの発展型：チェロキー，レンジローバー，ゲレンデヴァーゲン，ランドクルーザーなど
　乗用車　　　　　　　：トヨタ・カローラ，カリーナ，カリブなど，スバル・レオーネなど
　軽商用車　　　　　　：ダイハツ・アトレーなど
(2) パートタイム4WDとして使用できるもの
　パジェロ：スーパーセレクト4WD
(3) センターデフ・オートロック＋トルセンLSD
　アウディ・クワトロ

図6-1　センターデフのロックの効果

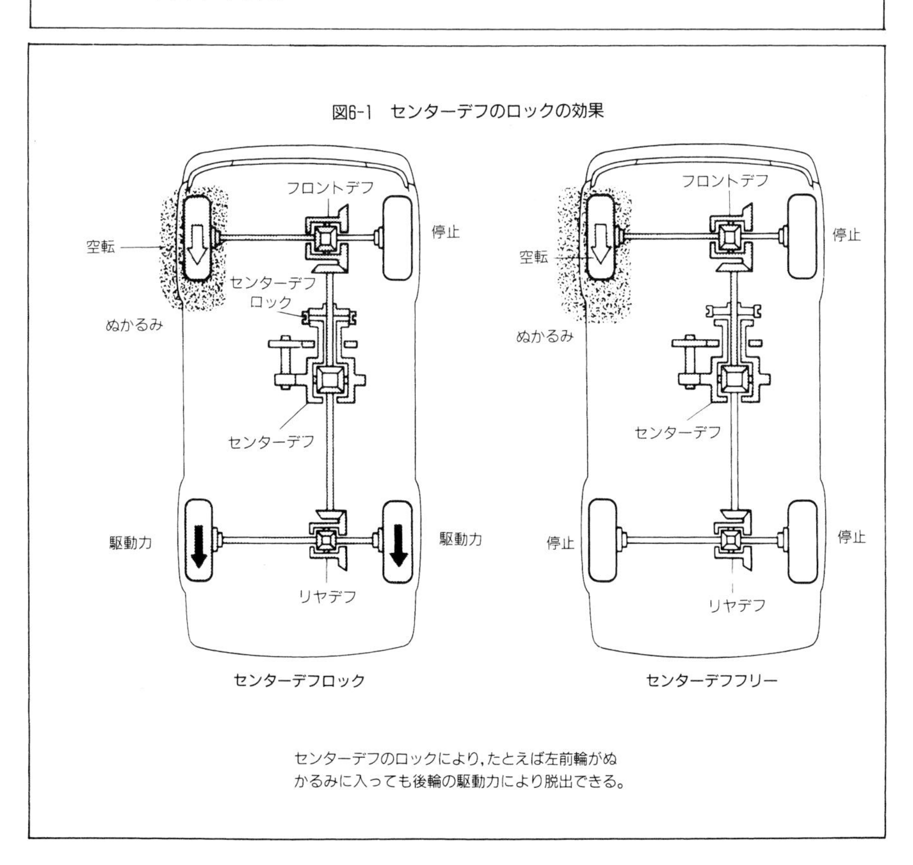

センターデフのロックにより，たとえば左前輪がぬかるみに入っても後輪の駆動力により脱出できる。

図6-2　ランドクルーザーの駆動系レイアウト

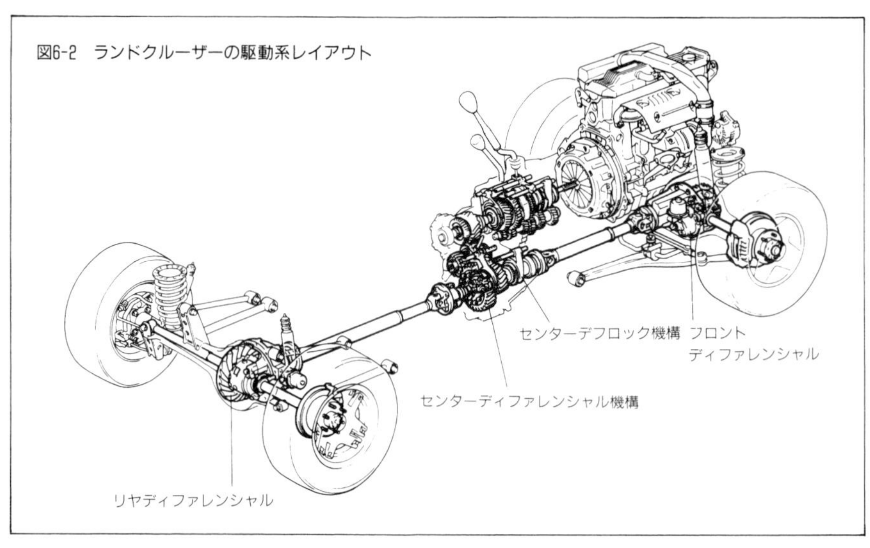

図6-3　センターデフロック式4WDのトランスファー

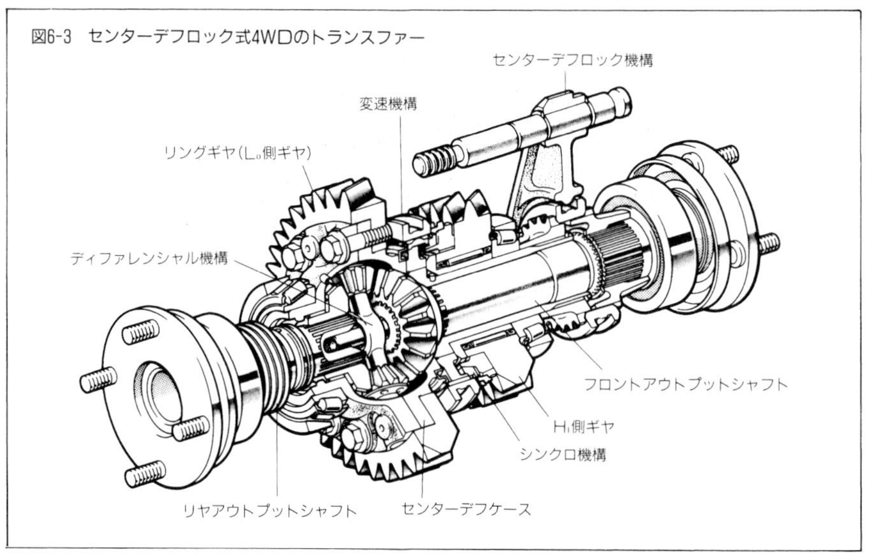

デフのロックは，図の右端にあるフロントアウトプットシャフトに設けられているスプライン上を左右に動けるようになっているスリーブが，シフトフォークによって左にスライドし，デフケースと結合することによって行われる。

頑丈さと信頼性を重視するいわゆるオフロード4WDは，細かい点は少しずつ違うが，このようにデフを機械的にロックするタイプがほとんどである。

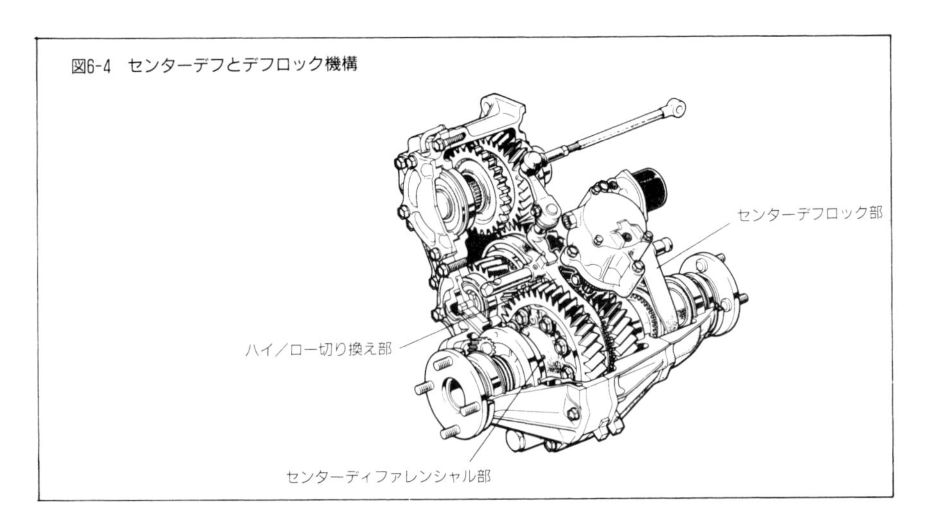

図6-4　センターデフとデフロック機構

乗用車タイプの4WD

乗用車になるとセンターデフロック式は少数派だが，スバル・レオーネの場合を見てみよう。

スバルはコンパクトな水平対向エンジンを縦に置き，エンジンからリヤデフまでをストレートに結んで，左右対称で重心が低く，運動性能に優れた四輪駆動車を市場に出しているが，このレイアウトは4WDの中では独特のものである。

デフの構造はわかりにくいが，図6－6のセンターデフの構造図を，二重になったパイプの中をシャフトが通るという三重構造になっていることを手掛かりによく見てほしい。

まん中に前輪を駆動するドライブピニオンシャフトが通り，その先端(図の右端)にベベルギヤAが付いている。トランスミッションの出力軸(図のトランスミッションドリブ

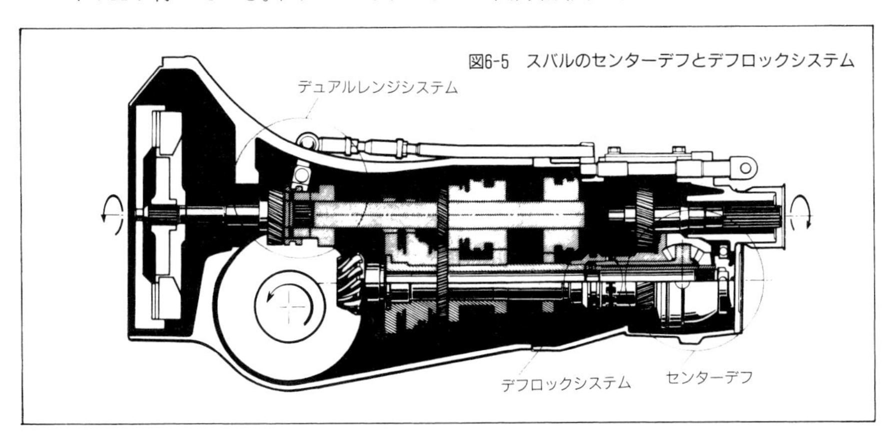

図6-5　スバルのセンターデフとデフロックシステム

ンシャフト）は中空軸になっていて，先端にはセンターデフピニオンが付いており，中をこのドライブピニオンシャフトが通っている。この２本の軸をとりかこむデフケースの内側にベベルギヤＢが取り付けられており，このデフケースと一体になっているトランスファードライブギヤによって，後輪を駆動する。

エンジンからの駆動トルクは，ドライブピニオンシャフトからセンターデフピニオンに伝えられ，ベベルギヤＡとＢに50：50の割合で配分されて前後輪に伝えられる。

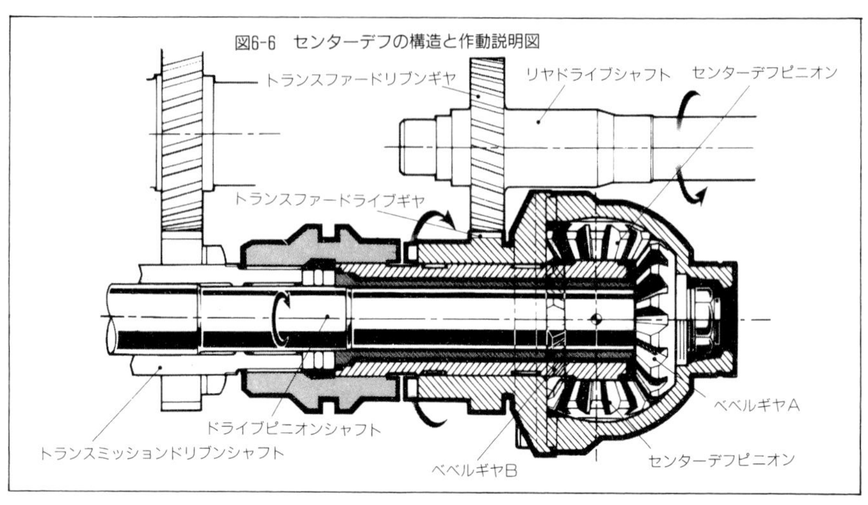

図6-6　センターデフの構造と作動説明図

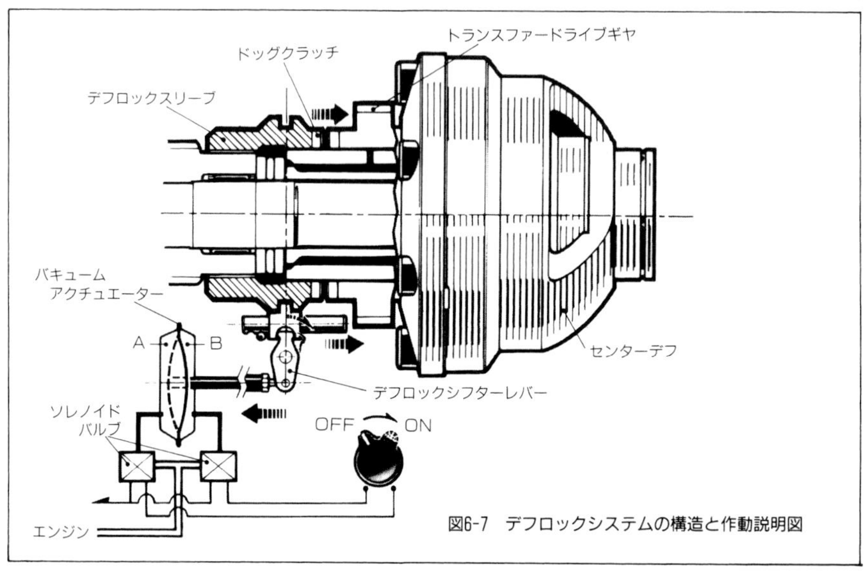

図6-7　デフロックシステムの構造と作動説明図

図6-8　プレステージサルーンに世界で最も早くフルタイム4WDを搭載したアウディ・クワトロ。

図6-9　クワトロのセンターデフとリヤ・トルセンLSDの構造

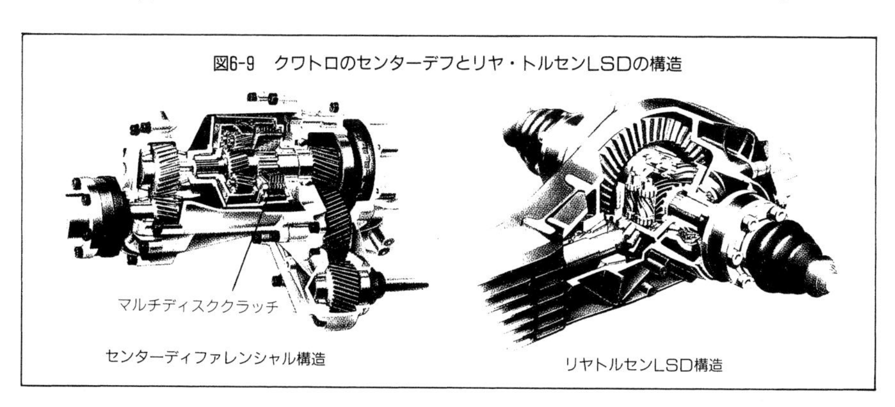

デフをロックするシステムは図 6 - 7 のようになっていて，ドッグクラッチがかみ合うとデフロックの状態となり，全体が一体になって回転する。デフをロックするシフターレバーは，エンジンの負圧を利用するバキューム・アクチュエーターによって作動するが，通常は図のB室に負圧が働いた状態でスイッチがオフとなっており，スイッチをオンにするとA室にバキュームが働いてデフがロックされる仕組みである。

センターデフのロックを自動的に行うシステムを乗用車にはじめて採用したのは，アウディ・クワトロである。

急激な加速や，コーナリングによって前後輪の大きな荷重変動が起こると，電子制御システムがマルチディスククラッチを自動的にロックし，前後輪をリジッドにつなぐ。

これによってタイヤの駆動力に見合った駆動トルクが配分され，その路面状態での最大のトラクションが得られるわけである。

クワトロはリヤにトルセンLSDを採用し，すべりやすい路面で後輪の片側だけにホイールスピンが生じようとする状態では，デフが機械的にロックされるようになっていることもあわせて，コーナリング限界を高めている。

(3) センターデフ差動制限式

このタイプは，センターデフに並列に差動制限装置として，ビスカスカップリングや油圧多板クラッチなどを配置した方式で，乗用車や軽自動車など実用車に多く採用されている。現在，ビスカスカップリングを前後輪間に直列に置いたパッシブ・トルクスプリット方式とならび，フルタイム4WDの主流といってもいいだろう。

差動制限の対象となるデフにはベベルギヤ式とプラネタリーギヤ式があり，センターデフだけでなく前輪または後輪，あるいは両方の差動制限も行って走破性を高めたシステムもある。

表6-4　センターデフ差動制限式フルタイム4WDの分類

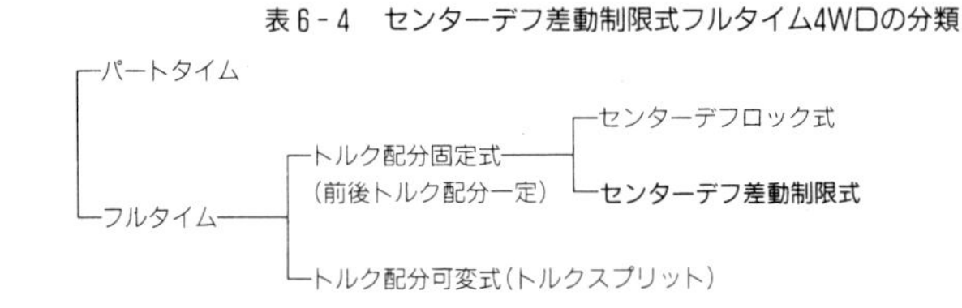

ビスカスカップリングをセンターデフの差動制限装置に使っている4WD

センターデフ	フロントLSD	リヤLSD	例
プラネタリー	なし	なし	トヨタ(エスティマなど) 三菱(GTOなど)
プラネタリー	なし	VCU	マツダ(ファミリア，クロノス，カペラ，クレフ，MS-6など) いすゞ(ジェミニなど)
ベベルギヤ	なし	なし	トヨタ(カローラ，スプリンター，ビスタ，カムリなど) 日産(アテーサのワンビスカス) スバル(インプレッサ，レガシィなど) ダイハツ(シャレード，アプローズなど)
ベベルギヤ	なし	トルセン	トヨタ(セリカなど)
ベベルギヤ	なし	VCU	日産(アテーサ：パルサー，サニー，プリメーラ，アベニール，プレーリー，ブルーバードなど)
ベベルギヤ	VCU	VCU	
ベベルギヤ	なし	トルセン	トヨタ(セリカなど)
ベベルギヤ	VCU	なし	三菱(ミラージュ，ランサー，ギャラン，エテルナ，リベロ，シャリオ，エクリプス，シグマ，ディアマンテ，RVR，エメロード，GTOなど)
ベベルギヤ	なし	VCU	
ベベルギヤ	なし	メカニカル	

油圧多板クラッチをセンターデフの差動制限装置に使っている4WD

トヨタ・ハイマチック(カリーナ，カローラ，スプリンター/カリブなど)
EC-ハイマチック(コロナ，ビスタ，カムリなど)

プラネタリーギヤ式センターデフ

センターデフにコンパクトなダブルプラネタリーギヤを採用した例にはトヨタのエスティマ，三菱のGTO，マツダのファミリア，クロノス，カペラ，いすゞのジェミニなどがあるが，マツダといすゞの自動車は左右後輪をビスカスカップリングで結んで4WDの機能を高めている。

図6-10　トヨタ・エスティマ

図6-11 ビスカスカップリングによるセンターデフ差動制限説明図

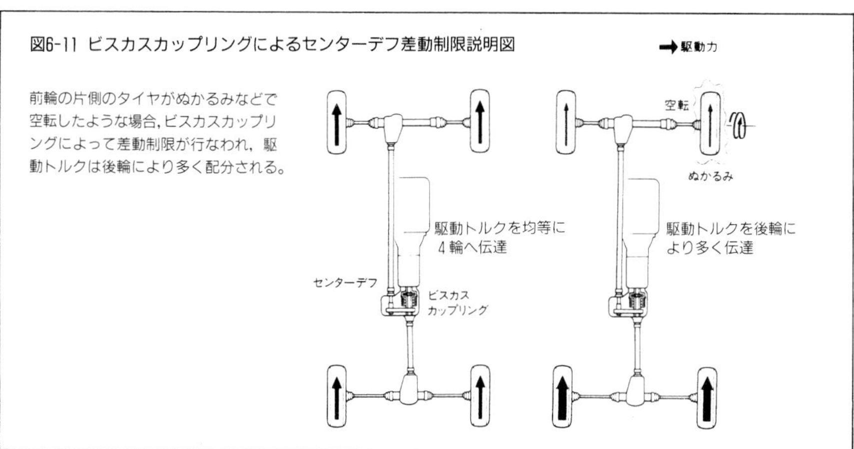

図6-12　プラネタリーギヤ式センターデフの構造

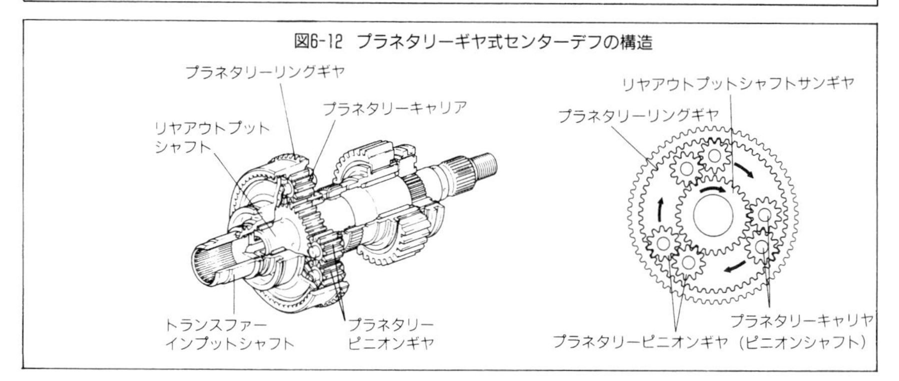

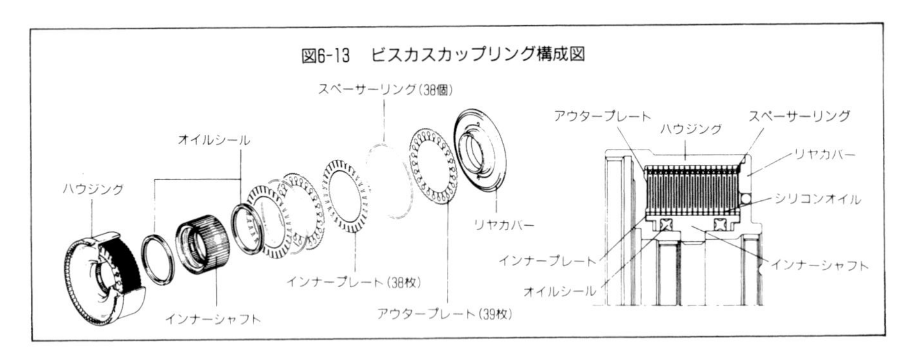

図6-13　ビスカスカップリング構成図

エスティマの例で見ると，システムの原理に従って，センターデフの差動によって1輪でも空転すると，自動車が動かないという事態をさけるために差動制限装置が付けてある。図6-11に示すように4つのタイヤが路面をグリップしている状態では駆動トルクが4輪に均等に配分され，たとえば右前輪が空転した場合には後輪に駆動トルクが多く伝えられるわけである。

プラネタリーギヤ式センターデフの構造は図6-12のようになっており，トランスミッションからの出力は外側のリングギヤに伝えられ，プラネタリー・キャリアの回転が図の左にあるトランスファー・インプットシャフトから前輪へ，サンギヤの回転が図の右側の軸に出力される。

このユニットではサンギヤの径がリングギヤの½になっているので，前後輪の駆動トルク配分は50：50となっているが，三菱GTOは加速性能の向上とアンダーステアの抑制を狙ってギヤ比を変え，前後45：55としているほか，マツダでも走行時の荷重変化を考慮し，車種によって同じくギヤ比を変えて前後43：57としている。ジェミニもマツダと同じ前後43：57のトルク配分である。

差動制限を行うビスカスカップリングはハウジングがリングギヤと，インナーシャフトが前輪側出力とそれぞれ結合されており，この両者の回転差に応じてトルクが発生して差動制限が行われる。なお，デフとビスカスカップリングの働きについては第9章でくわしく説明する。

ベベルギヤ式センターデフ

図6-15にダイハツのアプローズ，シャレードなどに採用されているベベルギヤ式センターデフを使ったフルタイム4WDのレイアウトを示す。

センターデフからトランスファーにいたる部分の構造は，図6-16のようになっていて，左右にのびるシャフトには2本の中空シャフトが重ねられ，トランスファードライブギヤから左の部分は三重になっている。

図6-14 ダイハツ・アプローズ

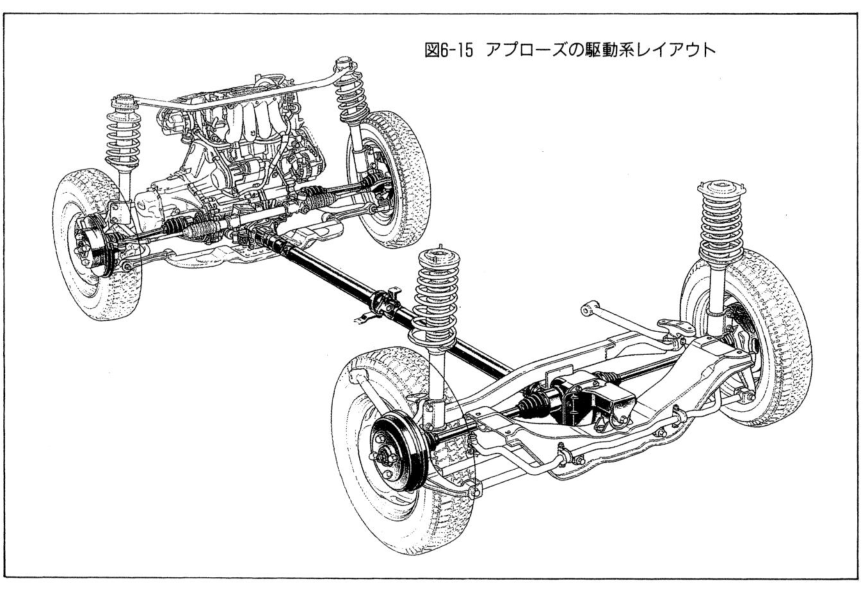

図6-15 アプローズの駆動系レイアウト

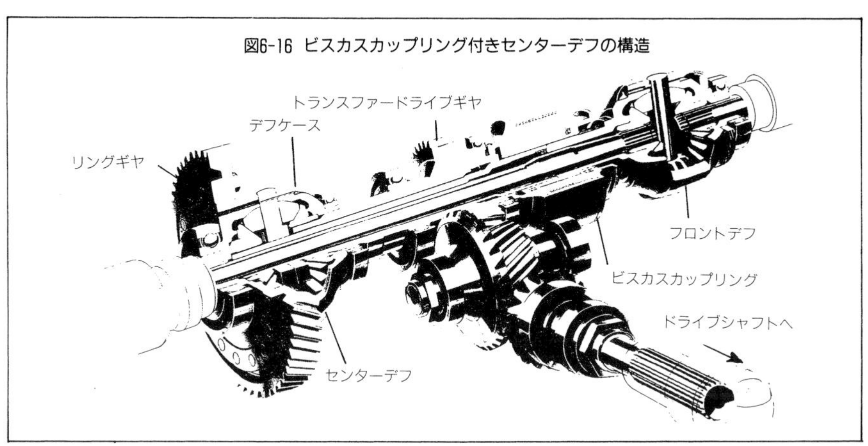

図6-16 ビスカスカップリング付きセンターデフの構造

トランスミッションからの出力は左側にあるリングギヤに入り，これと一体になっているデフケースを回す。センターデフの左サイドギヤは内側の中空シャフトをへて右側に置かれたフロントデフのデフケースにつながり，フロントデフの左サイドギヤが中心を通るドライブシャフトで左前輪を回転させ，右サイドギヤが右前輪を回す。

センターデフの右サイドギヤは外側の中空シャフトをへてトランスファードライブギヤを回し，この回転が後輪に伝えられる。

ビスカスカップリングのインナープレートの付いたハブは，センターデフの左サイドギヤとフロントデフのデフケースを結ぶ中空シャフトに取り付けられ，アウタープレー

図6-17 トヨタ・カムリ

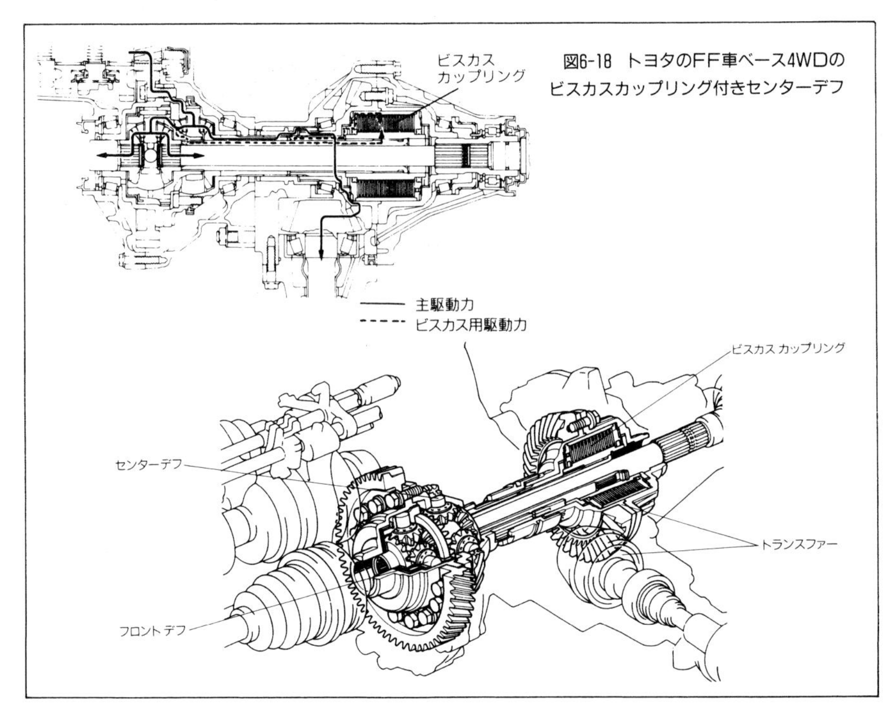

図6-18 トヨタのFF車ベース4WDのビスカスカップリング付きセンターデフ

図6-19　ビスタのフルタイム4WD駆動系全体図

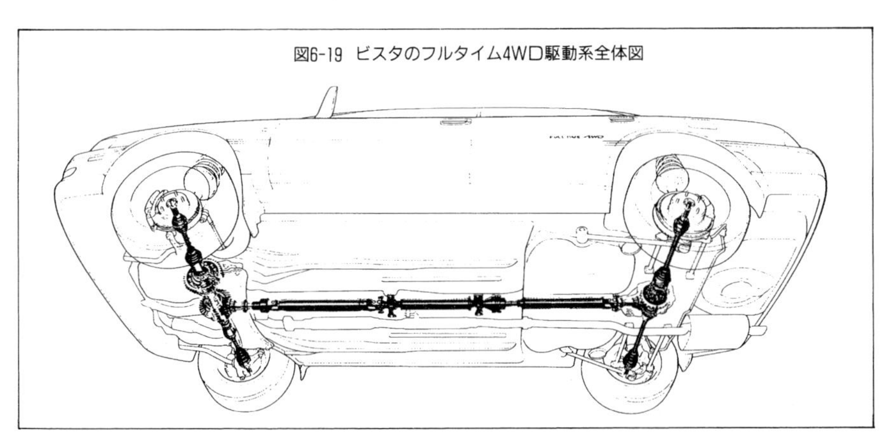

トの付いたビスカスケースは，トランスファードライブギヤと一体になって回転する。これによって，センターデフの前輪と後輪へ出力がビスカスカップリングによってつながれていることになる。

走行中に前後輪に回転差が生じると，その差が小さい場合にはセンターデフが差動を行い，大きい場合にはビスカスカップリングが働いて差動を制限して前後輪に適当にトルクが配分される。前後のいずれかが空転するほどの大きな回転差が生じようとする場合には，ビスカスカップリングのインナープレートとアウタープレートが圧着し，前後輪が直結状態になって前後に均等に駆動トルクが伝えられる。

図6-20　セリカGT-FOURの駆動系レイアウト

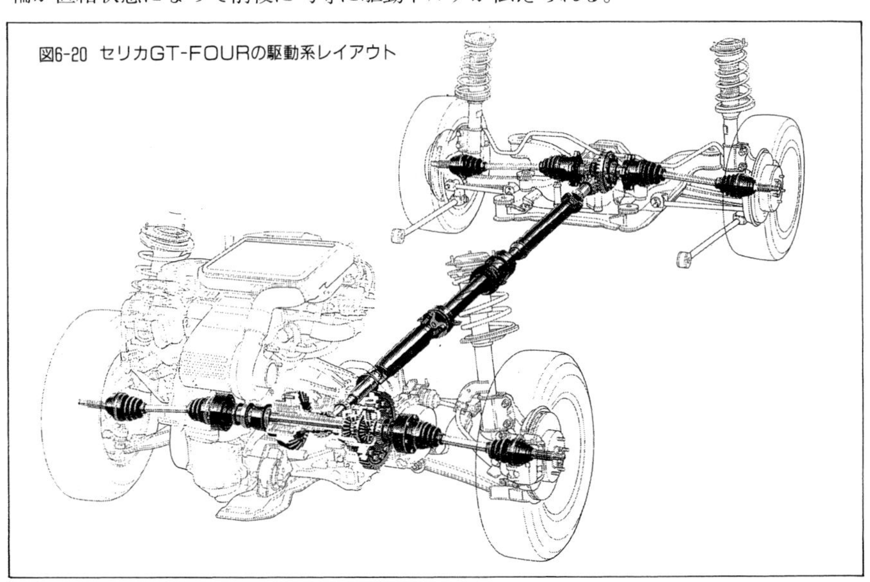

このようにセンターデフとしてベベルギヤを使った場合には，駆動トルクは前後輪に50：50で伝えられる

図6-18はトヨタ・カローラ，セリカ，ビスタなどに装備されているビスカスカップリング付きセンターデフで，構造は先のダイハツのシステムで右端に配置されていたフロントデフが左端に配置されているだけで，作動原理は全く同じでものである。全体のレイアウトは図6-19のようになっている。

これらの例はベベルギヤ式センターデフにビスカスカップリングを使って差動制限を行っているだけだが，前輪または後輪，あるいは両方の差動制限も行って走破性を高めたシステムもある。というより，このタイプの方がむしろ多い。

たとえばトヨタ・セリカGT-FOURでは，このビスカスカップリング付きセンターデフと後輪のトルセンデフを組み合わせ，高出力エンジンを搭載して走りを追求している。このメカについては第9章のトルセンデフのところでくわしく紹介する。

ビスカスカップリング付きセンターデフ

日産のアテーサ(ATTESA)はベベルギヤ式センターデフをビスカスカップリングで差動制限するフルタイム4WDの名称で，Advanced Total Traction Engineering System for All の頭文字をとったものである。

このセンターデフをビスカスカップリングで差動制限するシステムが基本となる1ビスカス・システムで，リヤデフにビスカスLSDを加えたものを2ビスカス・システム，さらにフロントデフにもビスカスLSDを加えたものを3ビスカス・システムと呼び，ビスカスカップリングが増えるにしたがって走破性や走行性能が一層よくなる仕組みになっている。

その効果を図6-25で説明すると，①のセンターデフにビスカスカップリングがない

図6-21 日産・アベニール

図6-22 日産・ブルーバード ハードトップ

図6-23 日産・プレーリー

図6-24 日産・プリメーラ

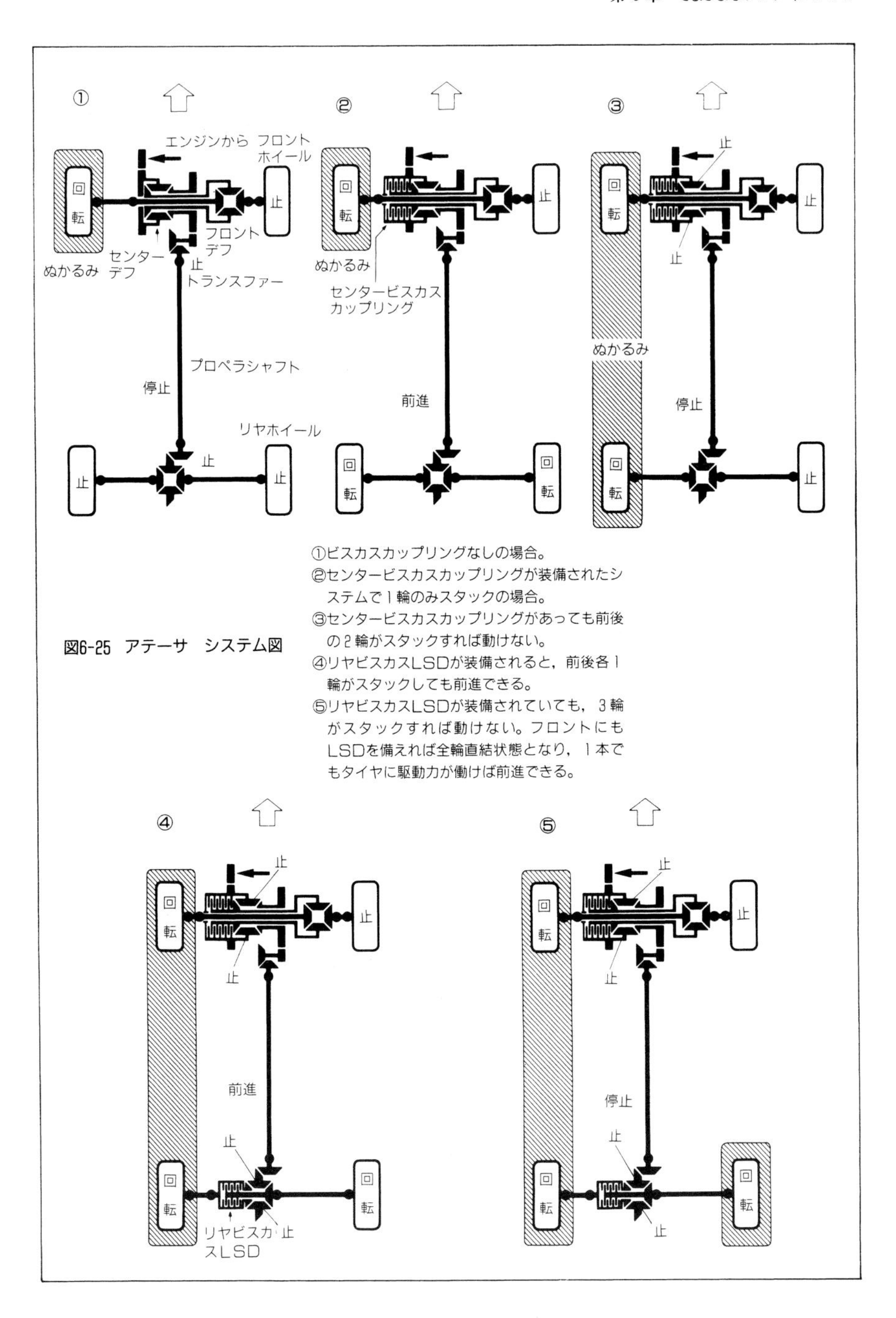

図6-25　アテーサ　システム図

①ビスカスカップリングなしの場合。
②センタービスカスカップリングが装備されたシステムで１輪のみスタックの場合。
③センタービスカスカップリングがあっても前後の２輪がスタックすれば動けない。
④リヤビスカスLSDが装備されると，前後各１輪がスタックしても前進できる。
⑤リヤビスカスLSDが装備されていても，３輪がスタックすれば動けない。フロントにもLSDを備えれば全輪直結状態となり，１本でもタイヤに駆動力が働けば前進できる。

場合には，１輪でもぬかるみなどに入って空転すると他の３輪は動かないが，②のようにセンターデフにビスカスカップリングがあればデフの差動は制限され，後輪に駆動トルクが配分されて，後輪の駆動力で自動車は前進することができる。

しかし，前輪と後輪の各１輪が同時に空転するケースでは，③のように前後のデフの働きによってそれぞれの逆サイドのタイヤに駆動トルクは配分されず，自動車は立ち往生してしまう。リヤにビスカスLSDが装備してあれば，④のようにリヤの反対側のタイヤの駆動力で前進できる。

④の場合でも，後ろの２輪が同時にぬかるみに入るという⑤のケースでは動けない。そこで，フロントにも第３のビスカスLSDを入れれば全輪直結と同じことになる。

アテーサにはこのように３つのタイプがあるが，ほとんどの自動車が２ビスカスで，１ビスカスと３ビスカスは少ない。

２ビスカスのレイアウトは，たとえばプレーリーでは図６-26のようになっており，センターデフは図６-27のとおりである。

三菱のエンジン横置きFF車ベースのフルタイム4WDに，もっとも多く採用されているのは，このビスカスカップリング付きセンターデフで，基本になるのは図６-28のようなレイアウトである。

これに様々なリヤ・リミテッドスリップデフが組み合わされており，たとえばシグマ/ディアマンテでは後輪に図６-30のようなビスカスカップリングを使ったLSDを採用し，運動性能を高めている。

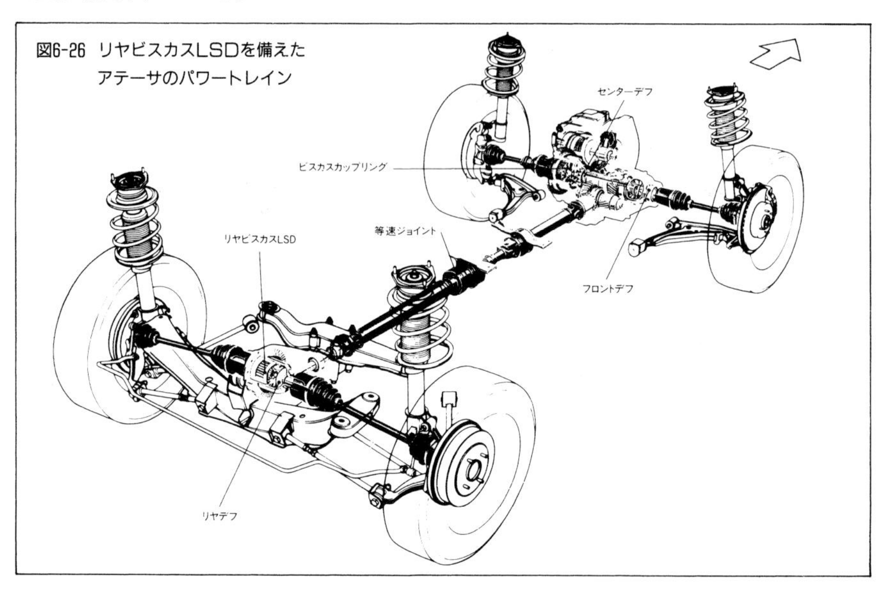

図6-26 リヤビスカスLSDを備えたアテーサのパワートレイン

図6-27　アテーサのトランスアクスルとトランスファーの構造図

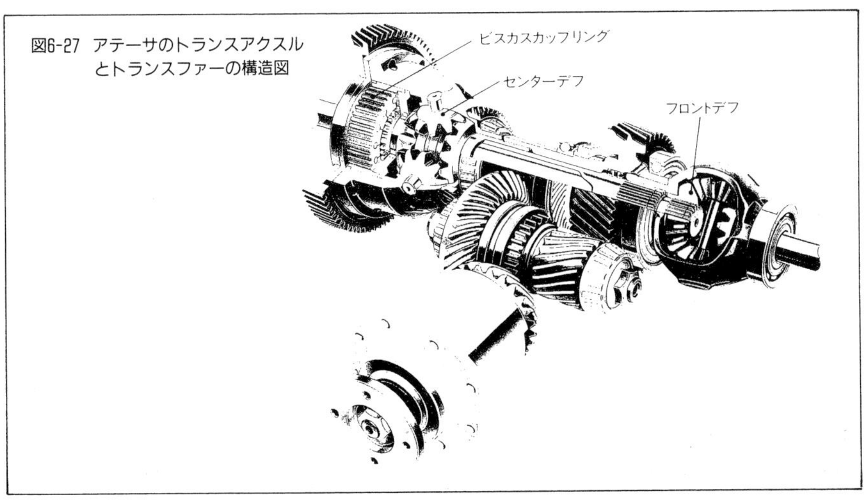

図6-28　ミラージュの駆動系システム図

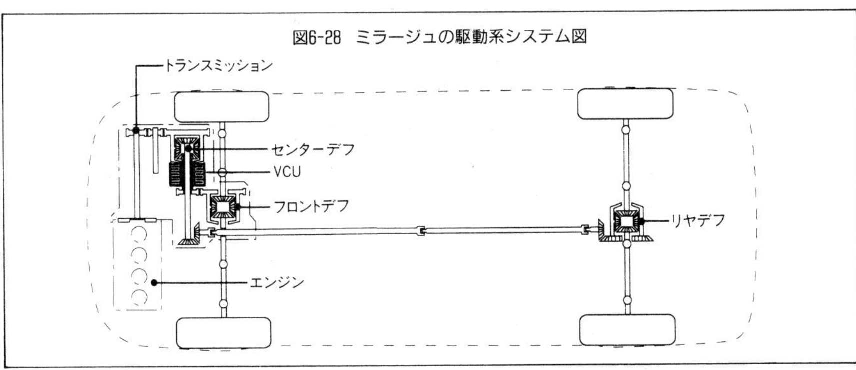

図6-29　シグマの駆動系レイアウト

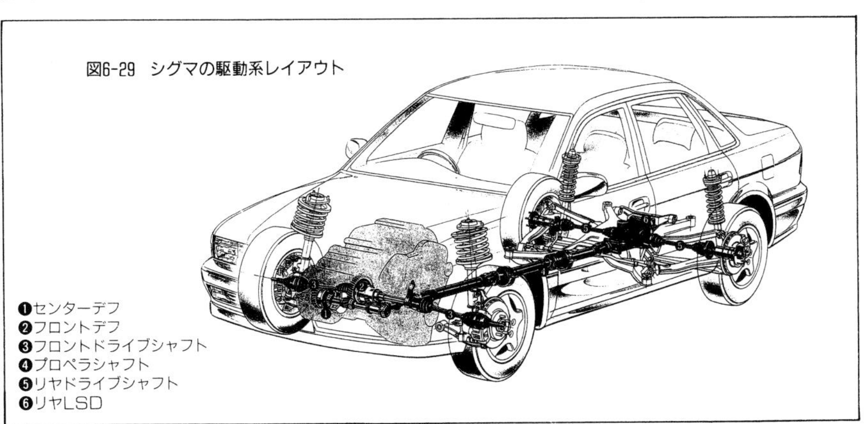

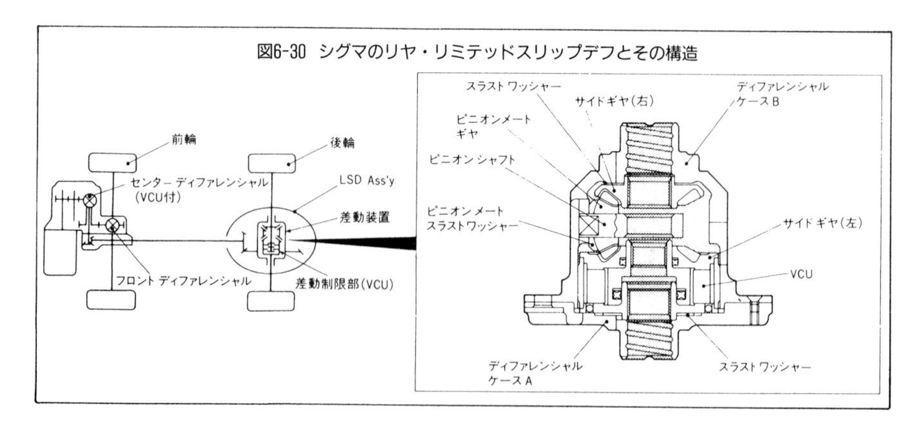

図6-30 シグマのリヤ・リミテッドスリップデフとその構造

油圧多板クラッチでセンターデフの差動を制限

以上，センターデフの差動制限をビスカスカップリングを使って行う例を述べたが，トヨタはAT車でセンターデフのすぐ近くにある油圧制御系に着目し，センターデフに油圧多板クラッチの差動制限機構を組み合わせたメカニズムを開発した。

このAT専用のセンターデフ差動制限機構はハイマチックと呼ばれ，これに電子制御システムを組み合わせて，さらにきめ細かく差動制限を行うシステムはECハイマチックと呼ばれている。ハイマチックとはhydraulic multiplate active traction intelligent controlという長い名前の英語から造られた呼称である。

図6-31 トヨタ・スプリンター カリブ

図6-32 トヨタ・カリーナ

図6-33 トヨタ・ビスタ

図6-34 トヨタ・カルディナ

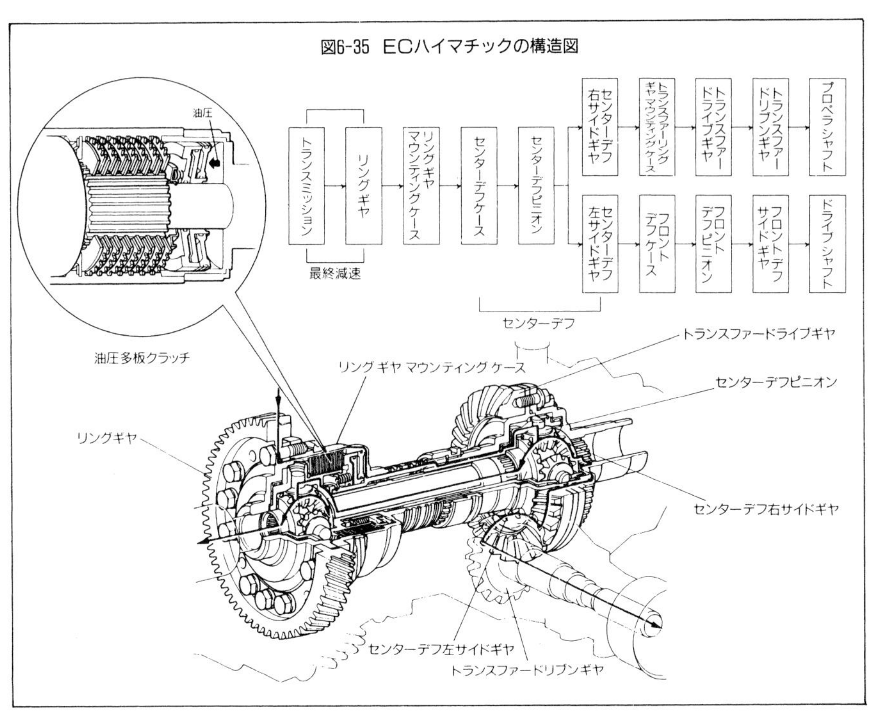

図6-35　ECハイマチックの構造図

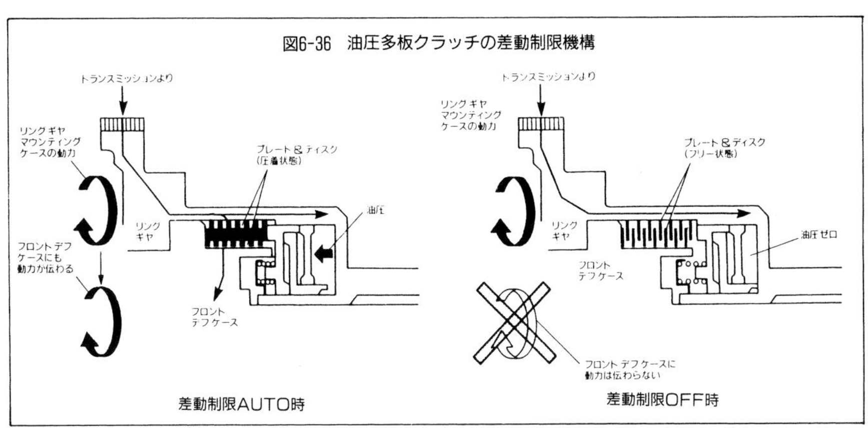

図6-36　油圧多板クラッチの差動制限機構

ECハイマチックの機構は図6-35のようになっており，油圧多板クラッチによる差動制限は図6-36のように行われる。図でトランスミッションからの出力はリングギヤに伝えられ，リングギヤとフロントデフケースが油圧多板クラッチでつながれていて，このクラッチを押しつける油圧を変えることによって差動制限効果を制御するわけである。

トヨタは先に述べたセンターデフにビスカスカップリングを組み合わせた差動制限機構と，このセンターデフに油圧多板クラッチを組み合わせた差動制限機構を図6-37のようにほとんど同じ構造とし，図6-38のようにトランスアクスルのレイアウトを共通にして，前者をマニュアル・トランスミッション車に，後者をオートマチック・トラン

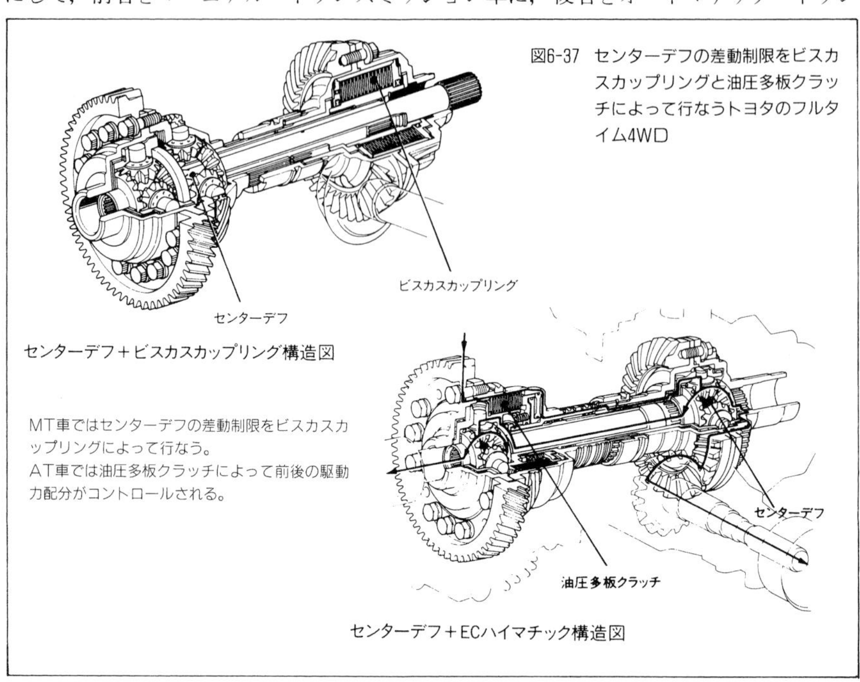

図6-37　センターデフの差動制限をビスカスカップリングと油圧多板クラッチによって行なうトヨタのフルタイム4WD

図6-38　MT車とAT車のトランスアクスル比較

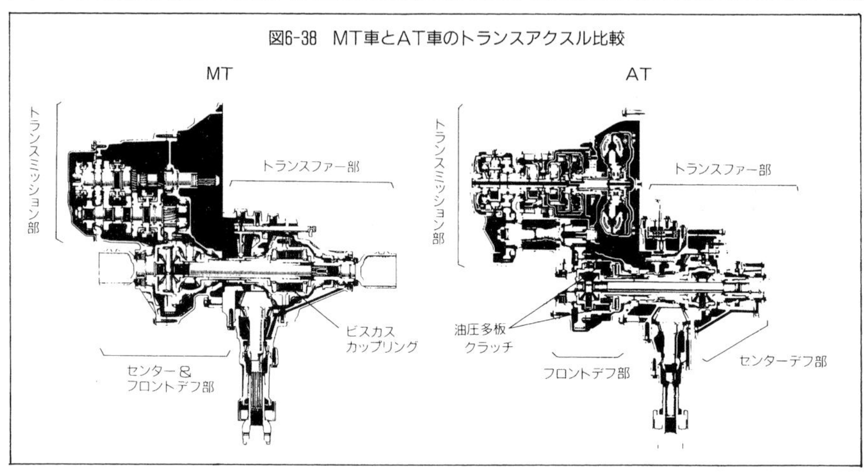

スミッション車に適用するという実に巧妙な手法を使っている。

(4) トルク配分可変式

トルク配分可変式フルタイム4WDは，自動車の走行状態や路面の状態に応じて前後輪への駆動トルク配分を変え，タイヤのスリップ限界を高めて操縦性安定性を向上させることを狙うものである。

駆動トルク配分を変えるには次の2つの方法が考えられる。ひとつはタイヤの駆動力に応じて自動的にトルク配分が行われるようになっているシステム，もうひとつは電子制御によって積極的にトルク配分を行うシステムである。そこで，前者をいわば受け身(英語でパッシブ)でトルクの分配(スプリット)が行われるところからパッシブ・トルクスプリット，後者を能動的(アクティブ)にトルクを配分するところからアクティブ・トルクスプリットと呼んでいる。

以下，この順でトルク配分可変式フルタイム4WDのメカを説明していく。

なお，前項でセンターデフ差動制限式をトルク配分固定式として説明したが，はじめに述べたように，センターデフの差動制限を行う方式は，通常の走行状態では前後に一定のトルクが配分されるが，差動制限装置が働いている状態ではトルク配分が変わる。そこで，この方式をトルク感応式4WDと名付け，トルク配分可変式のひとつとして分類する方法もある。

肝心なときにはトルク配分が変わるのだから，この分類の仕方が合理的だが，このようにすると，ここで述べようとするパッシブ・トルクスプリットと作動原理が同じなので，違いがわかりにくくまぎらわしい。そこで，本書ではわかりやすく説明することを重んじ，あえてここに述べる分類を行っている。

繰り返しになるが，本書ではセンターデフに並列に差動制限装置を組み込んだシステムをトルク配分固定式，センターデフにかわる差動及び差動制限を行う装置を，直列に組み込んだシステムをトルク配分可変式として分類している。その違いは，前者は普通の走行では前後のトルク配分が固定されているが，差動制限がされたときにトルク配分が変わる，後者ははじめからタイヤの駆動力に応じたトルク配分がなされるという点にある。

(5) パッシブ・トルクスプリット

パッシブ・トルクスプリットは前輪と後輪の間にビスカスカップリングなどを置き，前後輪の回転速度差に応じて駆動トルクの配分が行われるようにした方式で，差動回転

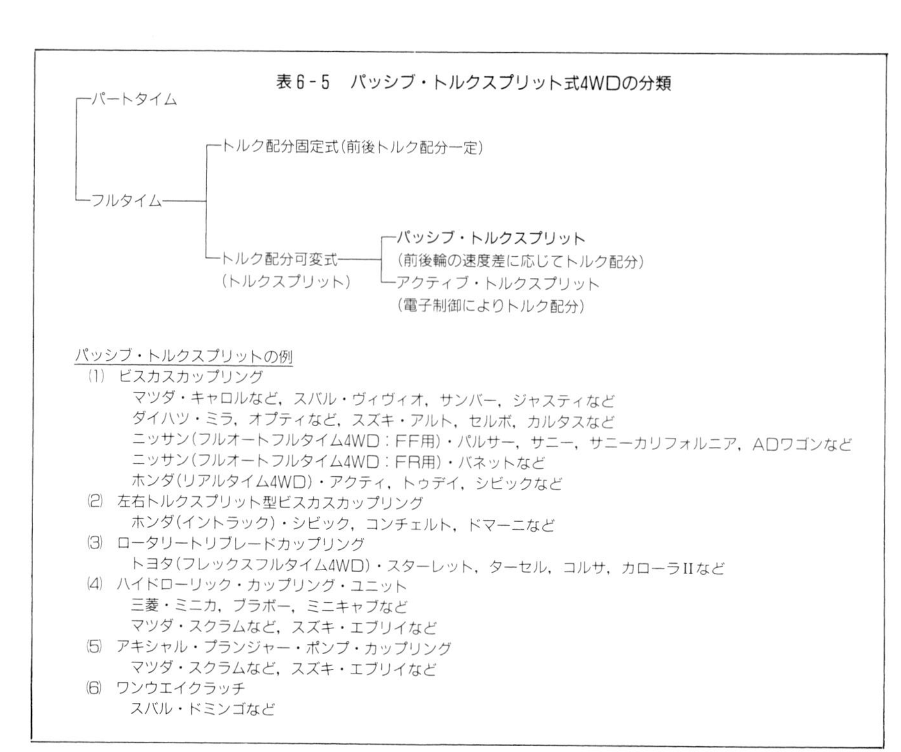

表6-5　パッシブ・トルクスプリット式4WDの分類

- パートタイム
- フルタイム
  - トルク配分固定式(前後トルク配分一定)
  - トルク配分可変式(トルクスプリット)
    - パッシブ・トルクスプリット(前後輪の速度差に応じてトルク配分)
    - アクティブ・トルクスプリット(電子制御によりトルク配分)

パッシブ・トルクスプリットの例

(1) ビスカスカップリング
　マツダ・キャロルなど，スバル・ヴィヴィオ，サンバー，ジャスティなど
　ダイハツ・ミラ，オプティなど，スズキ・アルト，セルボ，カルタスなど
　ニッサン(フルオートフルタイム4WD：FF用)・パルサー，サニー，サニーカリフォルニア，ADワゴンなど
　ニッサン(フルオートフルタイム4WD：FR用)・バネットなど
　ホンダ(リアルタイム4WD)・アクティ，トゥデイ，シビックなど
(2) 左右トルクスプリット型ビスカスカップリング
　ホンダ(イントラック)・シビック，コンチェルト，ドマーニなど
(3) ロータリートリブレードカップリング
　トヨタ(フレックスフルタイム4WD)・スターレット，ターセル，コルサ，カローラIIなど
(4) ハイドローリック・カップリング・ユニット
　三菱・ミニカ，ブラボー，ミニキャブなど
　マツダ・スクラムなど，スズキ・エブリイなど
(5) アキシャル・プランジャー・ポンプ・カップリング
　マツダ・スクラムなど，スズキ・エブリイなど
(6) ワンウエイクラッチ
　スバル・ドミンゴなど

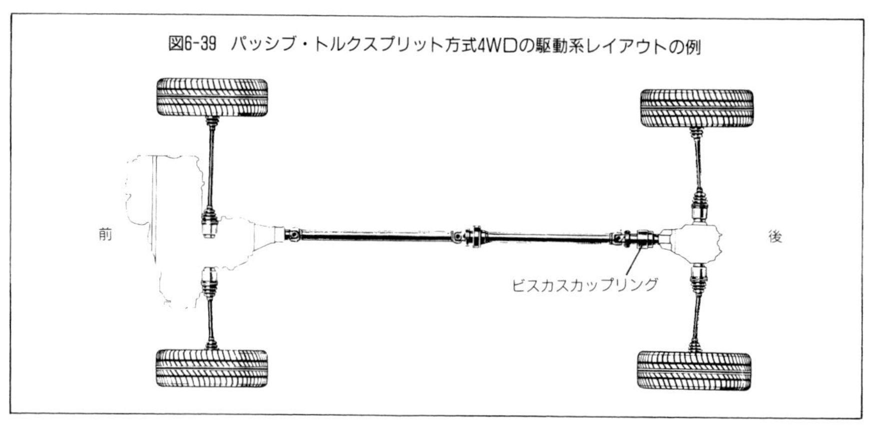

図6-39　パッシブ・トルクスプリット方式4WDの駆動系レイアウトの例

数応動型4WDとも呼ばれる。また，各車輪の必要なときに必要なだけトルクが配分されることから，スタンバイ4WD，オンデマンド4WDなどの呼び方もある。

簡単にいうと，FF車をベースに図6-39のように前後直結のトランスファーを追加し，後輪へ動力を伝達するプロペラシャフトを伸ばしてビスカスカップリングを付けるだけで出来上がるシステムである。

コンパクトな比較的コストの低い4WDとして各メーカーが手がけ，このシステムのかなめとなる装置には，ビスカスカップリングのように複数のメーカーが採用している例もあるが，自社で開発した（あるいは専門メーカーに開発させた）装置を使っているケースも多い。

なお，このシステムはセンターデフのようにトルク配分専用の装置が付いていないので，伝達することのできるトルクの容量限界が低く，その適用は小型車や軽自動車に限られる。

以下トルクを配分する装置別にその概要を説明する。

ビスカスカップリング

図６-42にビスカスカップリングを使ったスバルの代表的なパッシブ・トルクスプリ

図6-40 スバル・サンバー

図6-41 スバル・ヴィヴィオ

図6-42 ヴィヴィオのビスカスカップリングを使った駆動系

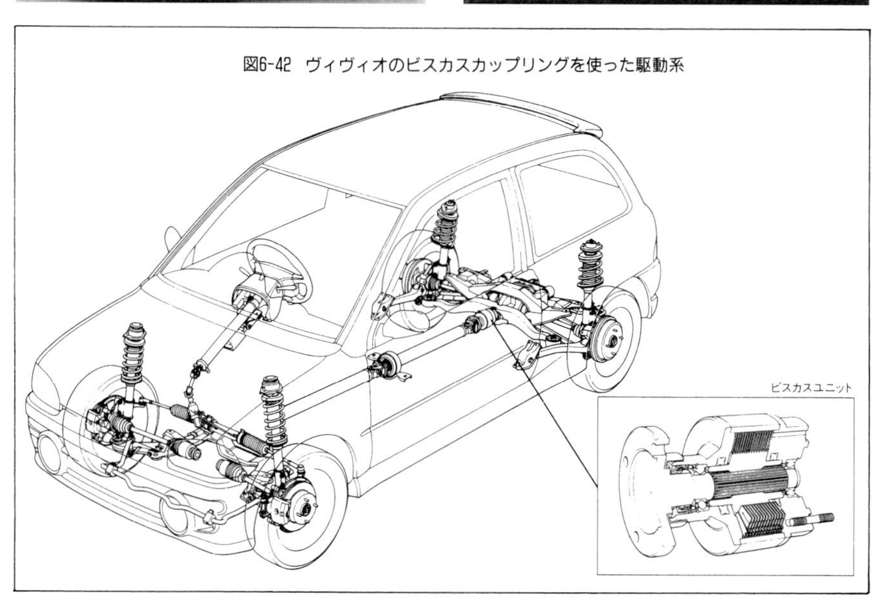

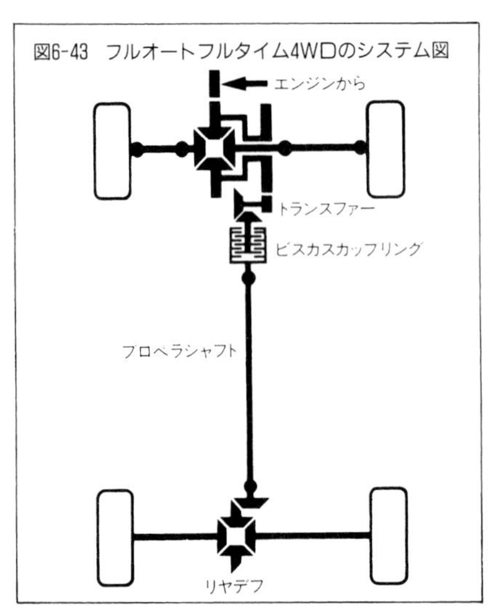

図6-43　フルオートフルタイム4WDのシステム図

図6-45　日産・サニー　カリフォルニア

図6-46　ホンダ・シビックPRO

図6-44　日産・パルサー

図6-47　ホンダ・ストリート

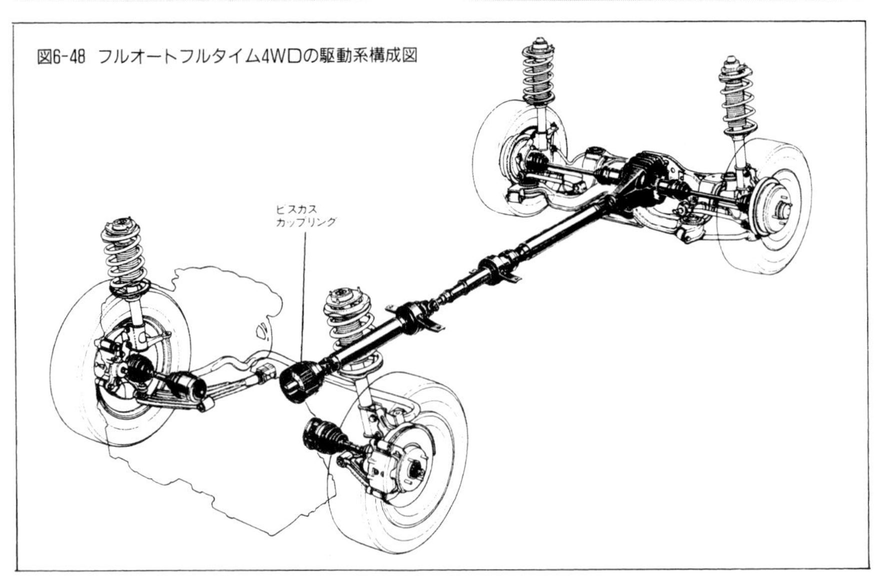

図6-48　フルオートフルタイム4WDの駆動系構成図

図6-49　ホンダの乗用車用リアルタイム4WDの駆動系レイアウト（シビック&CR-X）

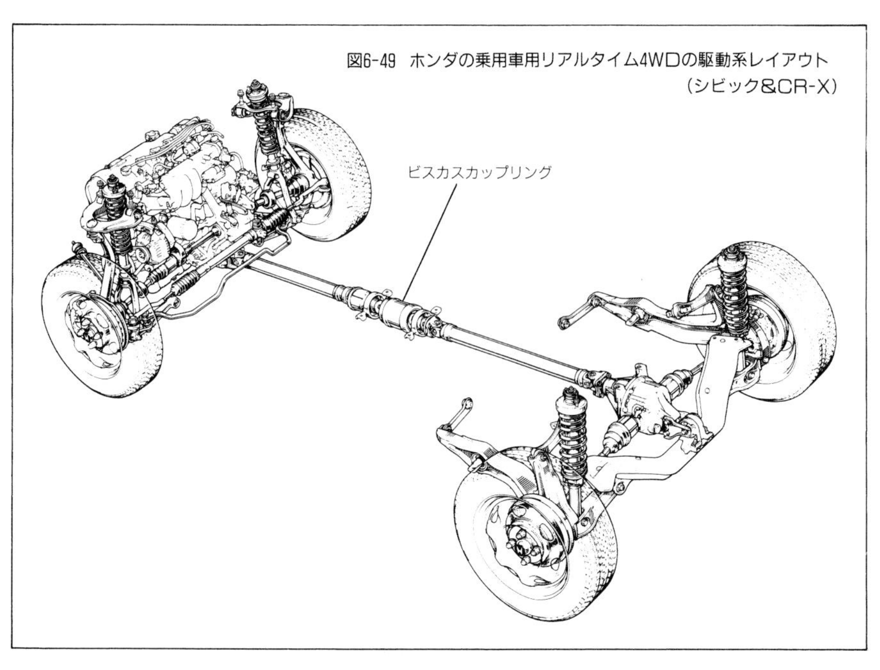

図6-50　ホンダの軽トラック用リアルタイム4WDの駆動系レイアウト（アクティ）

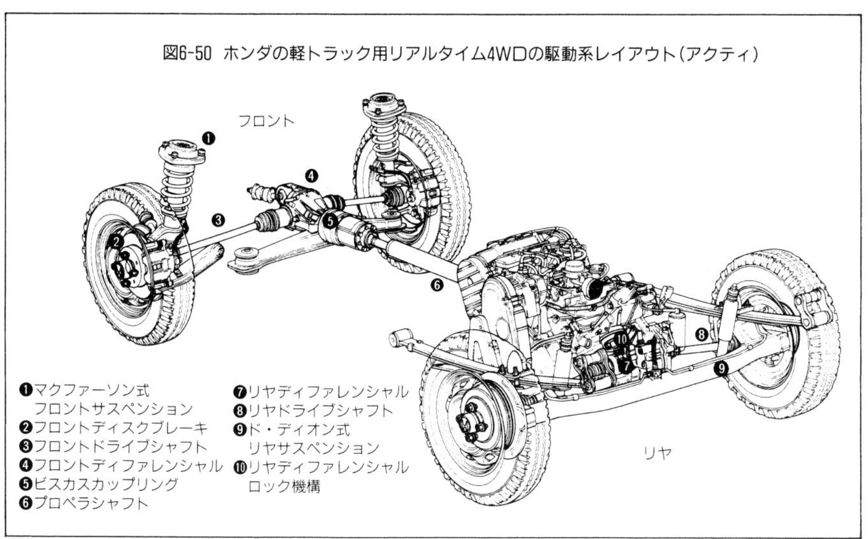

ット式4WDの駆動系レイアウトと，そのビスカスカップリングを示す。

日産は図6-43のようにビスカスカップリングを配置したシステムをフルオートフル

タイム4WDと呼び，多くの車種にこれを採用している。

ホンダはFF乗用車ベースの場合図6-49のようなレイアウトを，軽自動車のワンボックスやトラックのRR車ベースの場合には図6-50のようなレイアウトをとり，いずれもリアルタイム4WDと呼んでいる。

左右トルクスプリット型ビスカスカップリング

ホンダはパッシブ・トルクスプリット方式の4WDシステムとして，前述のリアルタイム4WDの他に，イントラックと呼ばれるトラクション制御システムをもっている。イントラックは英語のinnovative traction control systemから造られた呼称である。

システムの構成は図6-53のようになっており，FF車をベースにしてトランスファーで後輪にも動力を伝え，普通リヤデフが置かれる場所に左右トルクスプリット型のビス

図6-51 ホンダ・ドマーニ

図6-52 ホンダ・コンチェルト

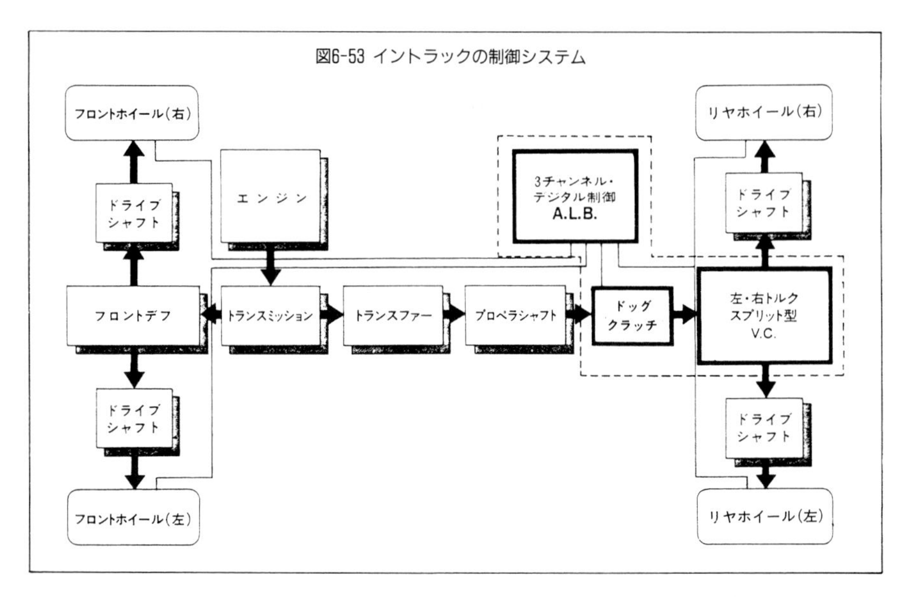

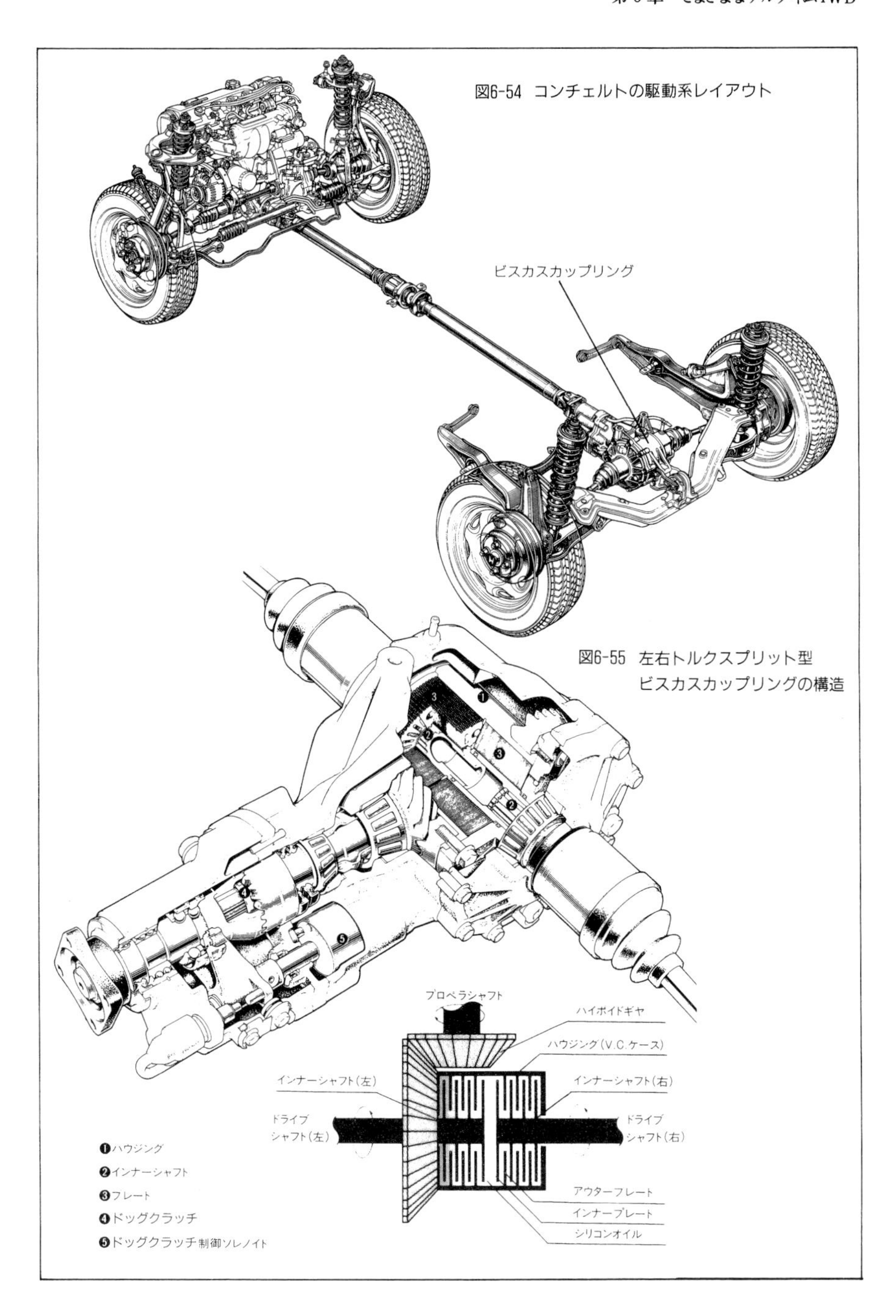

図6-54　コンチェルトの駆動系レイアウト

図6-55　左右トルクスプリット型ビスカスカップリングの構造

カスカップリングを置き，その直前に前からの動力を断続するドッグクラッチを配している。実際のレイアウトは図6-54のとおりで，システムのかなめである左右トルクスプリット型ビスカスカップリングとドッグクラッチの構造は図6-55のようになっている。

左右トルクスプリット型ビスカスカップリングは図からわかるように，ビスカスカップリング(VCU)を左右に2個つないだ構造になっており，左側のVCUのインナープレートは左側のドライブシャフトに，右側のVCUのインナープレートは右側のドライブシャフトにそれぞれつながっていて，この一対のインナープレートと相対しているアウタープレートはVCUのハウジングに固定され，ハイポイドギヤを介してプロペラシャフトにつながれている。

通常の走行では前後輪がほぼ同じ回転数で回転しているので，VCUのハウジングもインナーシャフトも同じように回転し，後輪に駆動トルクは伝わらず，FF車として機能している。前後輪のいずれかが空転しやすい状態になると，アウタープレートとインナープレートとの間にずれが生じ，VCUの働きにより4WDとして機能するわけである。

また，左右のインナーシャフトはそれぞれ左右のドライブシャフトにつながれており，車輪の回転数が左右で大きく異なると，差動制限装置としても働く。シンプルな装置で普通のデフを使ったシステムのセンターデフとリヤデフの差動制限の仕事を同時に行うことができるところが，このシステムのミソである。

なお，アンチロックブレーキ・システム(ABS)が作動しているときに後輪にトルクが配分されるとABSの働きを妨げるので，このような場合には自動的にドッグクラッチが切れてFF状態となるようになっている。

ロータリートリブレード・カップリング

トヨタのロータリートリブレード・カップリングは湿式多板クラッチによってトルクを伝達するシステムで，クラッチを押しつける力を生み出すのにロータリートリブレードと名付けられた，3枚の羽根のプレートを使っているところに特徴がある。

図6-58に駆動系のレイアウトを示すが，トヨタはこのロータリートリブレード・カッ

図6-56 トヨタ・スターレット

図6-57 トヨタ・ターセル

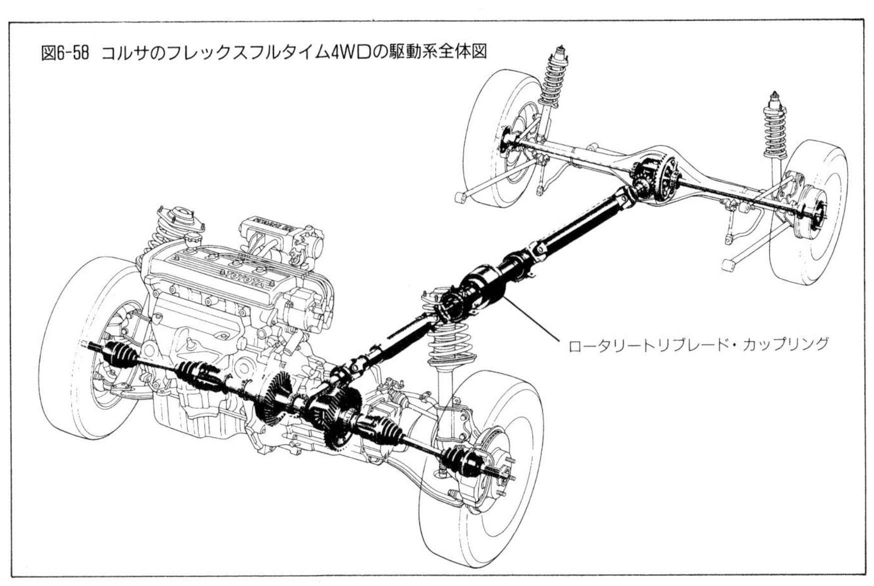

図6-58 コルサのフレックスフルタイム4WDの駆動系全体図

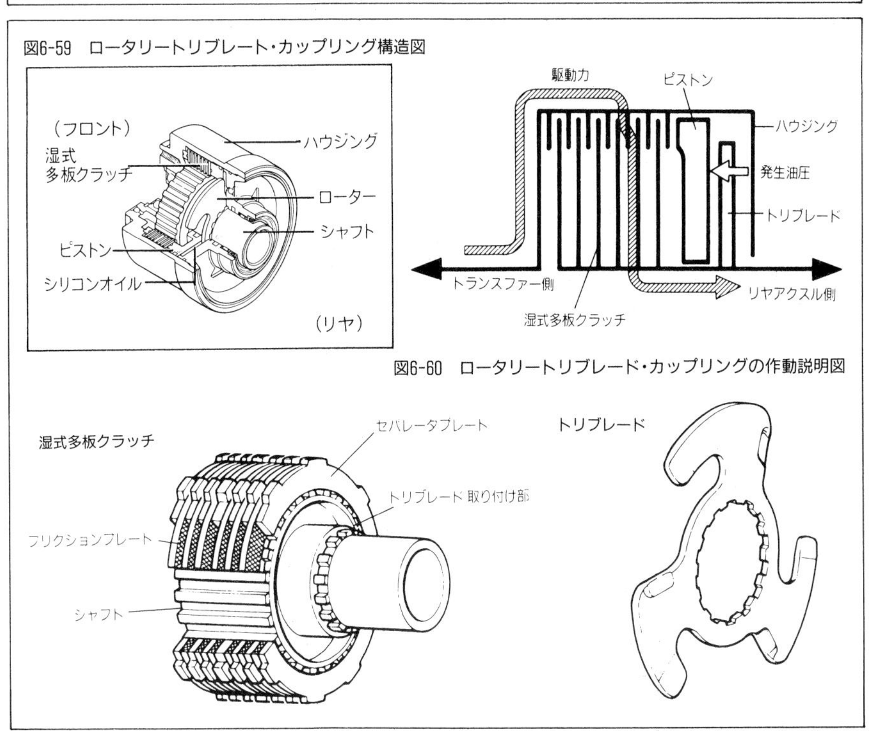

図6-59 ロータリートリブレード・カップリング構造図

図6-60 ロータリートリブレード・カップリングの作動説明図

プリングを採用した4WDを，必要なときだけ４輪にトルクを配分するシステムとして，フレックスフルタイム4WDと名付けている。

図６-59はロータリートリブレード・カップリングの構造図で，その細部は図６-60のようになっており，湿式多板クラッチの入っている部分はAT用の作動油で，トリブレードの入っている部分は粘度の高いシリコンオイルによってそれぞれ満たされ，２つの小室はピストンによってへだてられている。

通常の直進走行で前後輪に回転差がほとんどない状態では，ほぼFF車に近い駆動トルク配分となっている。だが，前輪につながっているトランスファー側と，後輪につながるリヤアクスル側に相対的な回転が生じるとトリブレードが回転し，シリコンオイルの流動抵抗によって発生した圧力がピストンに作用し，クラッチを押してトルクが伝達されることになる。

この装置のミソは前後輪の回転速度差に比例したトルク配分ができることだが，もうひとつ，トリブレードの形に方向性があるので，回転方向によってトルクの伝達特性を変えることができるという特徴もある。

この特徴によって，発進，加速時のようにFFで前輪の回転が速くなる場合には後輪に多くトルクを伝達し，逆に急ブレーキで後輪が空転しそうになった場合にはアンチロックブレーキ・システムがうまく働くように，後輪に伝えるトルクを小さくすることができる。

ハイドローリック・カップリング・ユニット

ハイドローリック・カップリング・ユニット（HCU）は軽自動車のパッシブ・トルクスプリット式4WDに採用されている装置で，作動油がオリフィスを通るときの粘性抵抗を利用して駆動トルクの伝達を行う。

外観はビスカスカップリングに似た円筒形で，これを採用した4WDの駆動系を図６-63に示す。内部構造は図６-64に示すようになっており，３ヶ所のくぼみをもつカムリングはリヤデフに，小穴（オリフィス）を開けた10枚のベーンを備えたローターがドライブ

図6-61　三菱・ブラボー

図6-62　三菱・ミニカ　ダンガン

図6-63 ミニカ　ダンガンの駆動系レイアウト

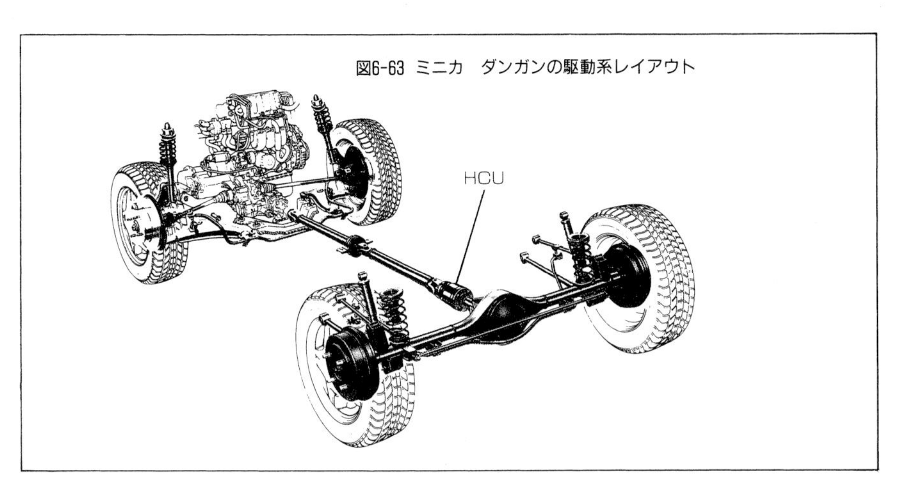

図6-64 HCU(ハイドローリック・カップリング・ユニット)の構造図

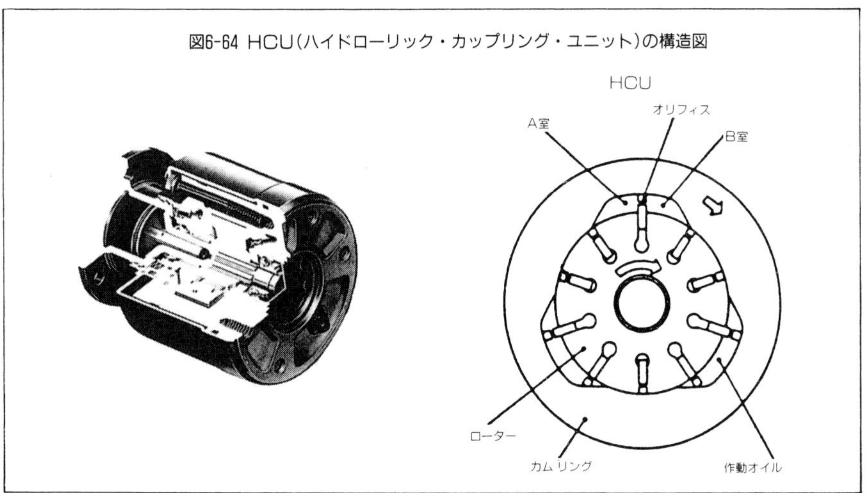

シャフトにつながれている。

前後輪が同じ速度で回転していると全体がひとつになって回転し，トルクの伝達は行われない。前後輪に回転差がでるとカムリングとローターは相対的に回転し，図6-64でベーンによってさえぎられているA室とB室の間に圧力差が生じてオイルはオリフィスを通って流れようとし，このときの粘性抵抗によってトルクが伝達される。

流体の粘性抵抗は流速の二乗に比例するので，ビスカスカップリングに比べると，低速域ではトルクの伝達が小さく，高速域では大きいので，比較的効率のよいシステムということができよう。

アキシャル・プランジャー・ポンプ・カップリング

アキシャル・プランジャー・ポンプ・カップリング(AXC)はフジユニバンス社で開発された油圧式のカップリングで，先に述べたハイドローリック・カップリング・ユニットと同じように，作動油がオリフィスを通るときの粘性抵抗を利用して駆動トルクの伝達を行う。

RR車ベースのスズキ・エブリイの場合，図6-67の構造図で，カムリングがフロントデフに，ローターがプロペラシャフトに接続されている。ローターとカムリングの間に回転差が生じると，カムに押された吐出行程側のピストン室のオイルが吐出ポートを通って高圧室に押し出される。このときの圧力に逆らってカムリングが吐出行程側のピストンを押すことによってカムリングからローターにトルクが伝えられる。

ハイドローリック・カップリング・ユニットと類似した特性をもち，スズキでは軽自

図6-65 スズキ・エブリイ

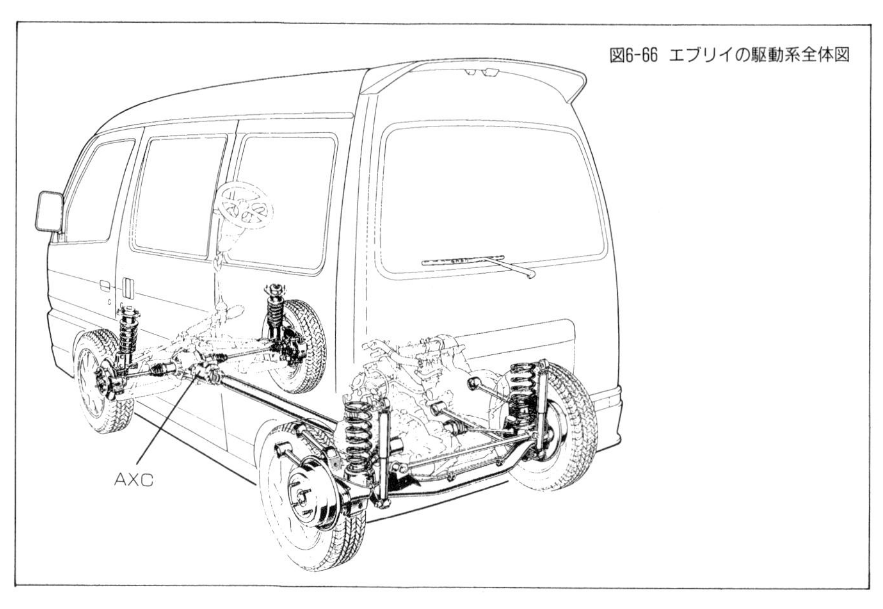

図6-66 エブリイの駆動系全体図

図6-67 AXC(アキシャル・プランジャー・ポンプ・カップリング)の構造と作動説明図

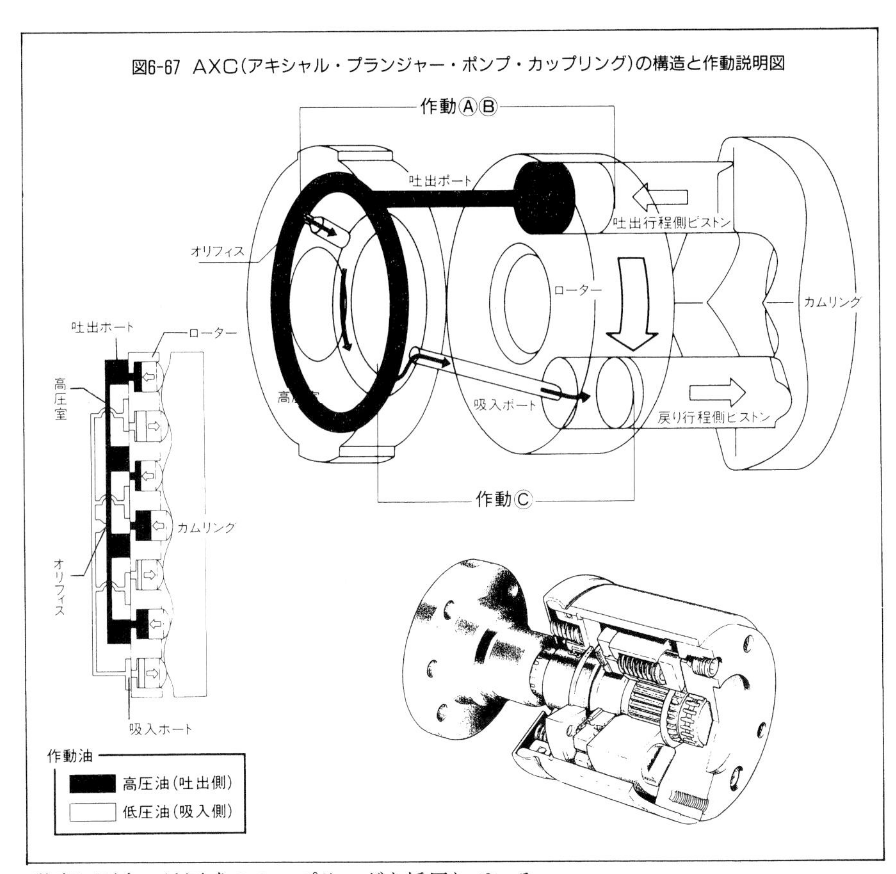

動車に両方の油圧式のカップリングを採用している。

⑹ アクティブ・トルクスプリット

これまでに述べたフルタイム4WDシステムでは，駆動トルクは，自動車の走行状態や路面の状態に応じて変化する前後輪のグリップバランスに合わせて，自動的に配分された。これによってタイヤのグリップ力を生かし，2 輪駆動の場合に比較して，特に摩擦係数の低い路面での操縦性安定性の向上は充分期待できることが理解できたと思う。

こうした駆動性能や操縦性安定性のレベルを一層高め，タイヤの持つ能力をフルに引き出して自動車の運動能力を優れたものにするには，さらに進んで 4 輪の駆動力バランスを積極的につくりだす必要があることは誰でも気付くことである。

コンピューターと並行して急速に進化した各種のセンサーを駆使し，自動車の動きや

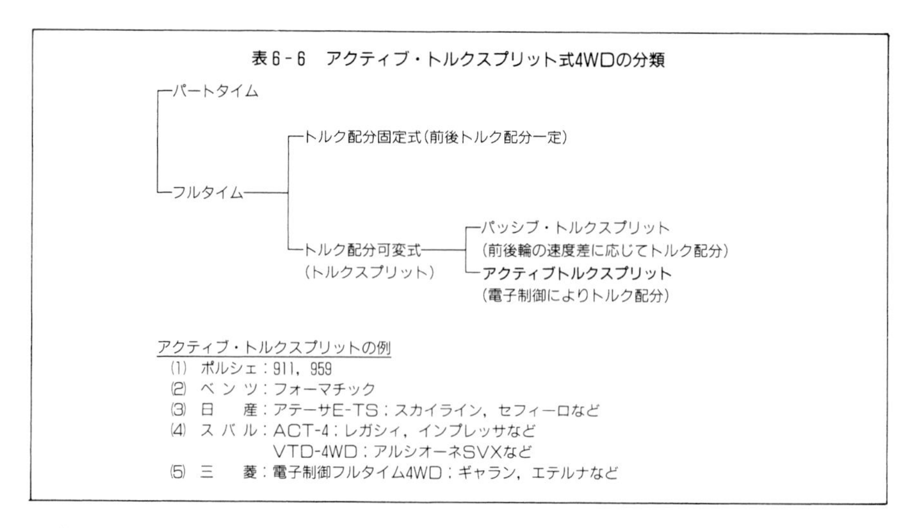

表6-6　アクティブ・トルクスプリット式4WDの分類

タイヤのグリップの具合，ドライバーの意図などを総合的に判断し，特に差動装置を積極的に制御して駆動力バランスを最適化しようとするシステムがアクティブ・トルクスプリットである。

各社からさまざまなシステムを装備した自動車が販売されており，今後も新しい4WDが発表されるだろうが，現時点で注目されるシステムをいくつか紹介すると以下のようになる。

ポルシェ911，959

ポルシェ959はアクティブ・トルクスプリット4WDを装備した，はじめての量産車としてよく知られている。そのパフォーマンスは1984年のパリ・ダカールラリーで存分に実証され，わずか200台しか生産されなかったことも相まって，究極の高性能4WDとして当分君臨するであろう。

ポルシェ959のベースとなったのは911で，現在もカレラ4として市販されている。この自動車は通常は前後31：69の駆動トルク配分になっているが，走行状態によって50：50までの間で最適な比率に電子制御される。

余談になるが，911カレラ4のリヤエンジンの上に付けられているフラップは，時速80キロ以上になると自動的にリフトアップし，4WDと相まって一段と安定した走りを実現している。

959のトルク配分は一般的なセンターデフによってではなく，トランスアクスルの前に配置されている湿式多板クラッチを電子制御することによって行われる。ドライバーは路面状態を見て，ダッシュボードのドライ，ウェット，アイスなどのセレクターボタ

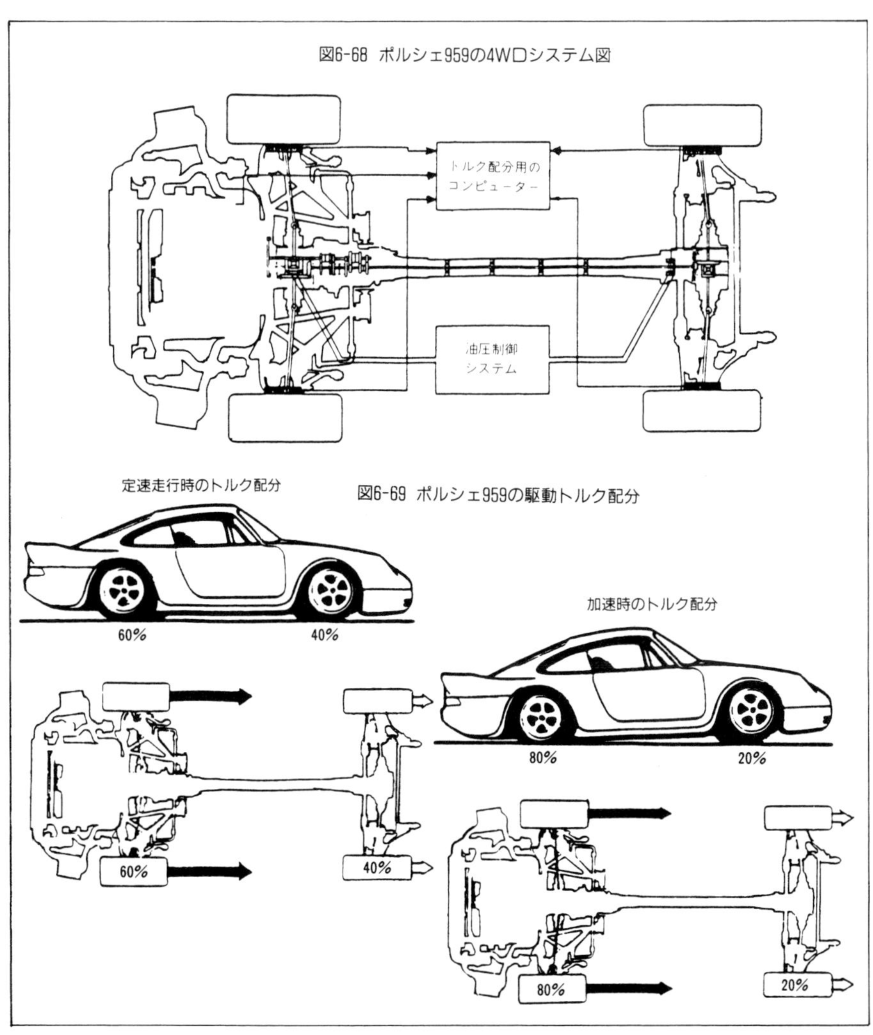

図6-68　ポルシェ959の4WDシステム図

図6-69　ポルシェ959の駆動トルク配分

図6-70　ポルシェ911

ンの中からひとつを選び，あとはドライビングに専念すればよい。

トルク配分は後輪100%から前後50：50まで，すべてトルク配分用のコンピューターが油圧制御システムを通じて湿式多板クラッチを制御して行われる。

ベンツ・フォーマチック

1985年に発表され，ベンツの300Eと300TEに装備されている電子制御の全自動4WDシステムで，路面状況に応じてFR車の2WDと4WDの切り換え，センターデフ及びリヤデフのロックを自動的に行い，4つのモードから最適のモードを選んで走行するもの。

電子制御は，ホイールの回転速度，車速，ハンドルの操舵角，ブレーキ力をコンピューターが判断し，油圧によって作動するクラッチを使って行われる。

4つのモードは図6－73に示すとおりで，停車状態からドライバーがアクセルペダル

図6-71　ベンツ300TE　4MATIC

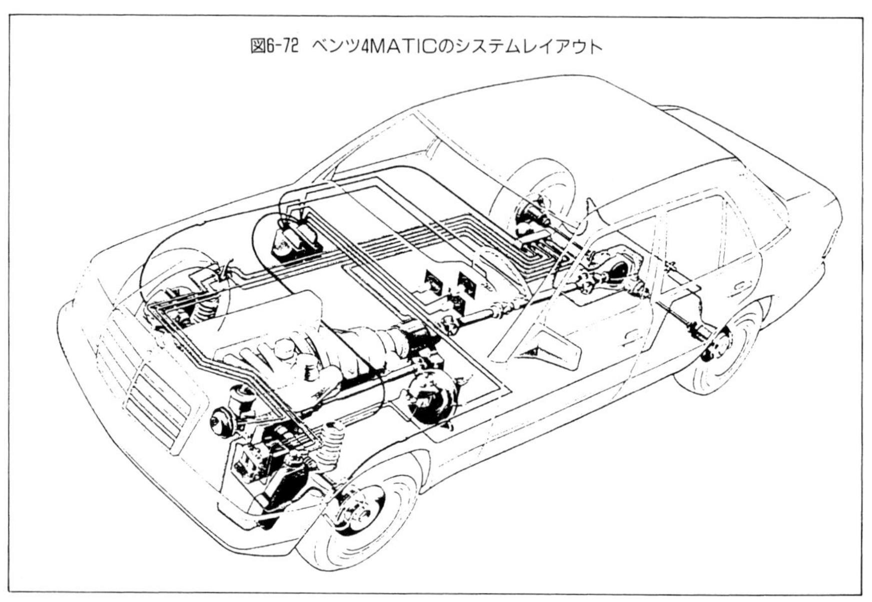

図6-72　ベンツ4MATICのシステムレイアウト

図6-73 4MATICの駆動システムのモード

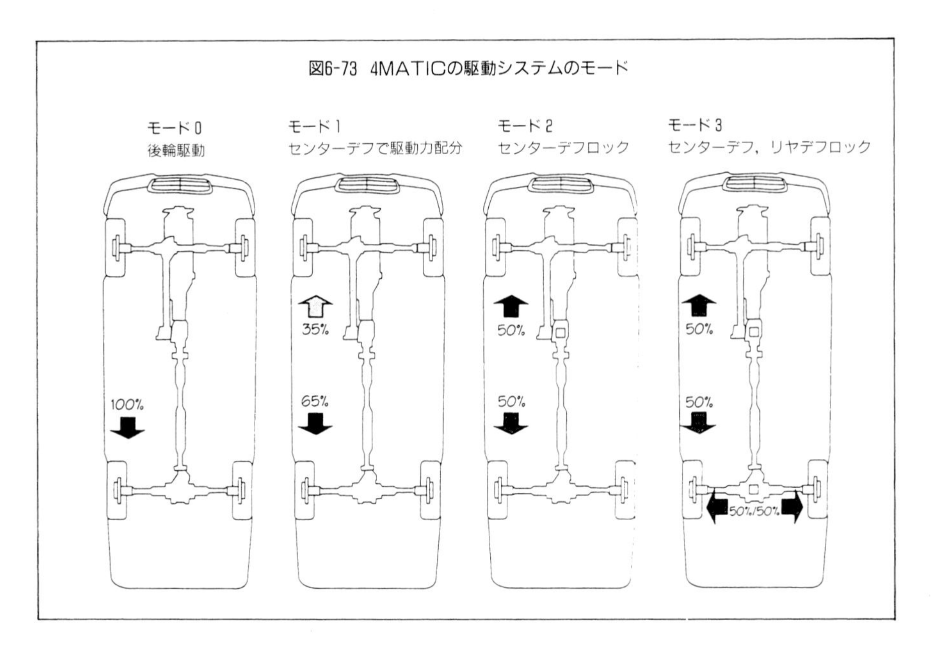

を踏むとモード１の四輪駆動で発進し，速度が時速20km/hに達するか，あるいは前後輪の速度差が２％以下になると，モード０の後輪駆動の走行となる。

もし前後輪の速度差が２％以上の状態が続くと，すべりやすい路面の走行と判断してセンターデフがロックされ，モード２の状態となり，それでもまだ前後輪に速度差がある状態が続けば，さらにリヤデフもロックされてモード３となる仕組みである。

なお，システムがどの状態にあるかは，ダッシュボードの表示灯と，警告灯が点灯してドライバーに知らせるようになっている。

ニッサン・アテーサE-TS

スカイラインGT-Rに装備されて1989年に発売され，他のスカイラインやセフィーロなどのスポーティな4WDにも採用されている，ニッサンの代表的な電子制御トルクスプリット式4WDシステムである。

システムの概要は図６-75のとおりで，後輪駆動のFR車の前輪と後輪の中間に湿式多板クラッチを置き，その油圧を電子制御して，走行状態に応じて前輪にも駆動トルクが配分される仕組みになっている。

前後にトルク配分を行うトランスファーの構造は図６-76のとおりで，中央に湿式多板クラッチがあり，右側が後輪を駆動するプロペラシャフトにつながっており，図の下にある前輪駆動軸がチェーンによって回される。

図6-74 日産・セフィーロ

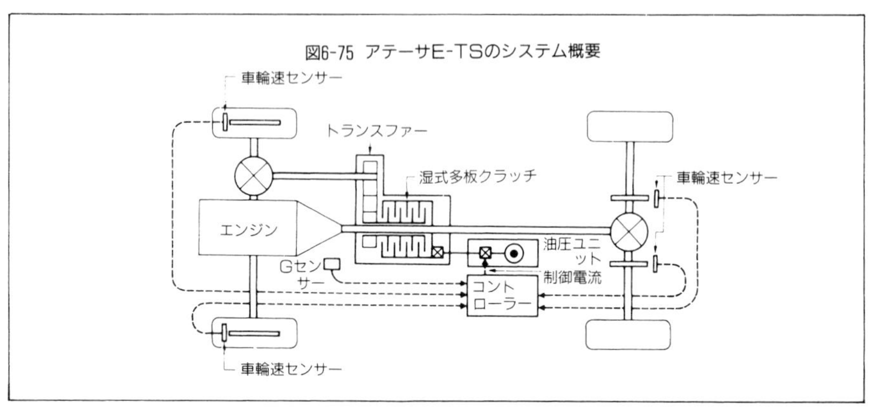

図6-75 アテーサE-TSのシステム概要

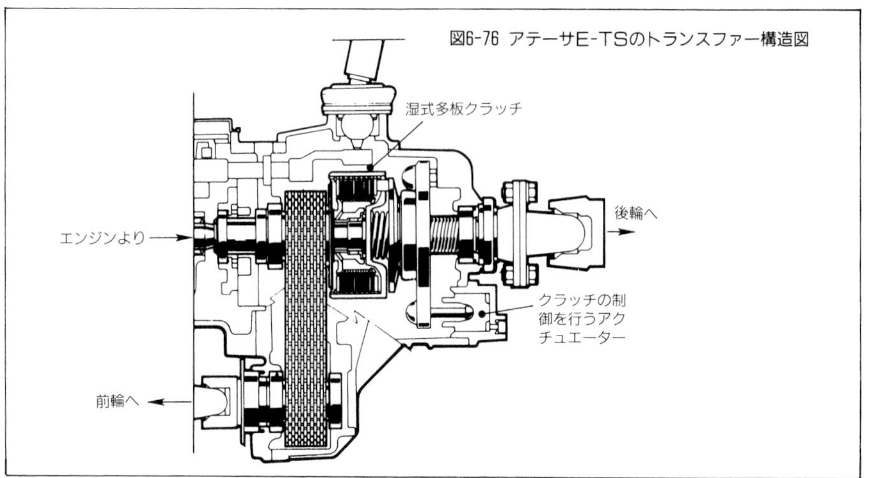

図6-76 アテーサE-TSのトランスファー構造図

油圧のコントロールは，4つの車輪速センサー，前後左右のGセンサー，エンジンの回転数センサーの3つの信号から自動車の状態をマイコンが知り，スロットルの開き具合(アクセルペダルをどれだけ踏んでいるか)によってドライバーがどんな走りをしたいのかを判断して，あらかじめ決められたプログラムにもとづいて行われる。

図6-77 アテーサE-TSの走行時の前後駆動力配分

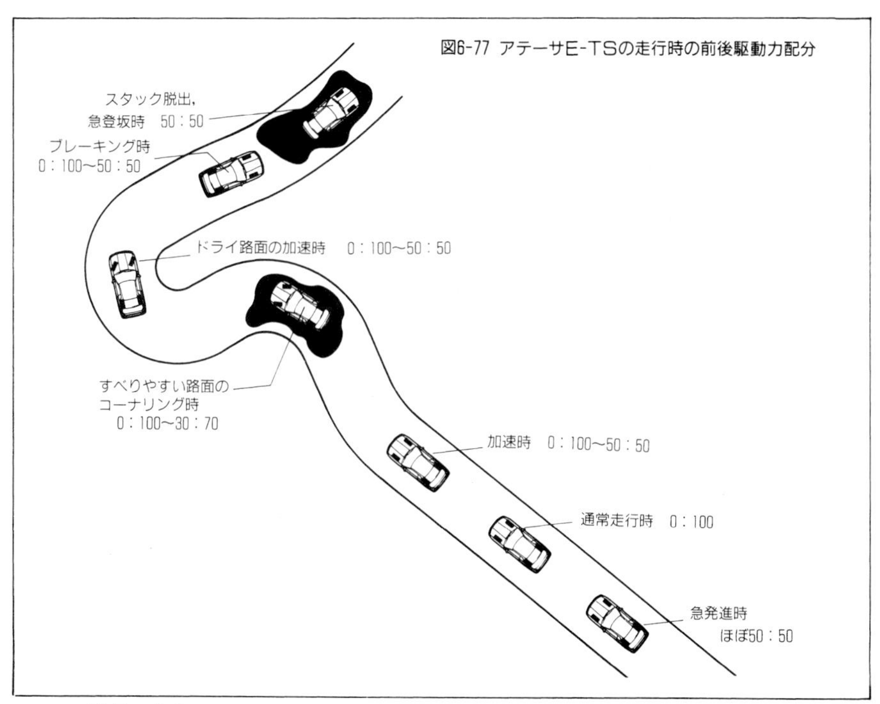

この結果，前後の駆動力配分は図6-77のように，0：100から，50：50まで走行状態によって変化するほか，アンチロックブレーキ・システムとの総合制御も行っており，優れた四輪駆動システムとなっている。

スバル・アクティブ・トルクスプリット方式4WD

スバルは，先に説明した湿式多板クラッチを使用したMP－T（マルチプレート・トランスファー）4WDシステムをベースとして，レガシィやインプレッサに採用されているACT－4と名付けられたアクティブ・トルクスプリット4WDと，さらにこれを発展させたアルシオーネSVXなどの不等＆可変トルク配分電子制御4WDの2つのアクティブ・トルクスプリット4WDシステムを持っている。

図6-78 スバル・インプレッサ

図6-79 レガシィのアクティブ・トルクスプリット方式フルタイム4WDのトランスミッション

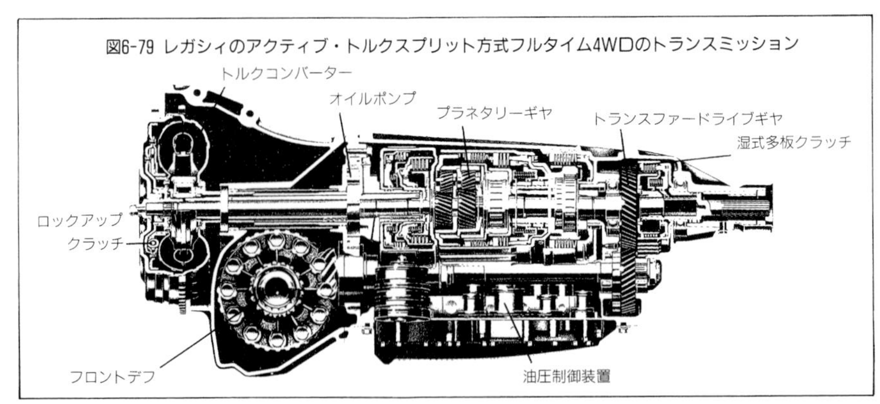

図6-80 スバル・レガシィ ツーリングワゴン

図6-81 スバル・アルシオーネ SVX

図6-82 SVXの不等&可変トルク配分電子制御4WDのトランスミッション断面図

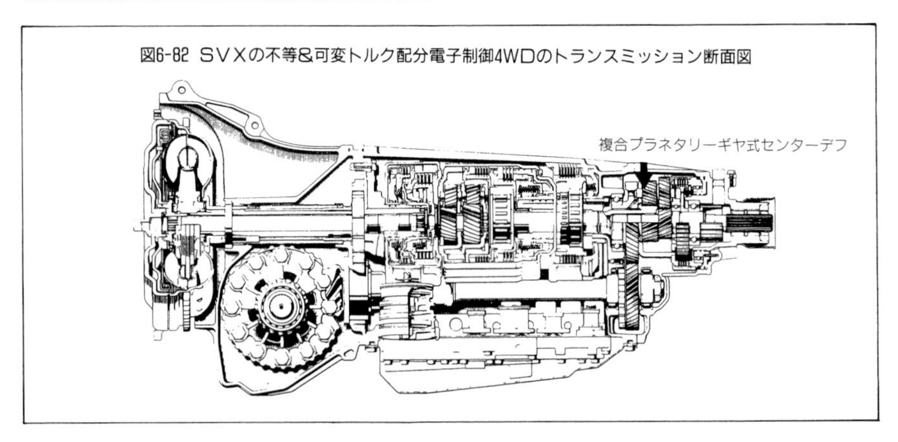

まず図6-79に示すインプレッサなどのアクティブ・トルクスプリット方式4WDでは，車輪回転速度，車速，スロットル開度，ATのセレクトレバーのポジションなどの信号をマイコンが演算し，油圧多板クラッチの油圧を制御して前後に最適なトルクを配分する。

その配分は，基本的に前後約60：40の重量配分比となっているが，加減速時の荷重移動などによって自動的に変化するものである。

図6-82の不等&可変トルク配分電子制御4WDはVTD-4WDと呼ばれ，同様に湿式多板クラッチを電子制御して前後に駆動トルクを配分している。ただし，ACT-4は基本的

に前後60：40の駆動トルク配分で，必要に応じて直結の50：50までのトルクを配分するのに対し，VTDではセンターデフに複合プラネタリーギヤを採用することによって，よりスポーティでなめらかなハンドリングを得る目的で，後輪寄りのトルク配分比としている。この比率をベースにACT－4と同様の電子制御を行い，直結4WDまでトルク配分を可変にしているわけである。なお複合プラネタリーギヤについては，第9章の差動装置のところでくわしく説明する。

また，スバルは車種によってはリヤデフにビスカスカップリングを装備し，すべりやすい路面での発進性能や走行安定性を高めている。

三菱・電子制御フルタイム4WD

1992年5月にギャラン/エテルナに装備して発売された三菱のアクティブ・トルクスプリット4WDは，センターデフによる前後駆動力配分を油圧多板クラッチで，リヤデフによる差動制限を電磁クラッチで別々に電子制御し，トラクション・コントロール(TCL)も加えてあらゆる路面，運転状況で高い走行安定性を得ることを狙っている。

システムは図6-85のようになっており，4つの車輪の回転速度から前後輪の回転速度差と後輪の左右の回転速度差をチェックし，これと前後加速度から車速が決定される。

図6-83　三菱・エテルナ

図6-84　三菱・ギャラン

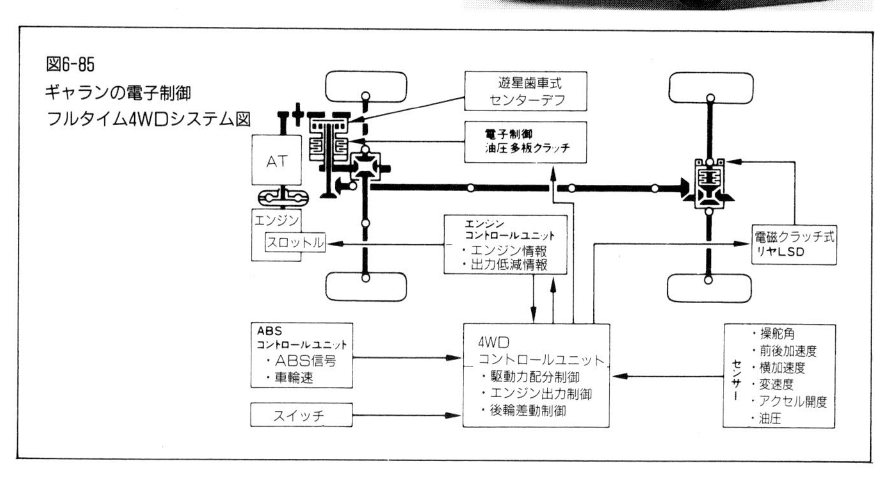

図6-85
ギャランの電子制御
フルタイム4WDシステム図

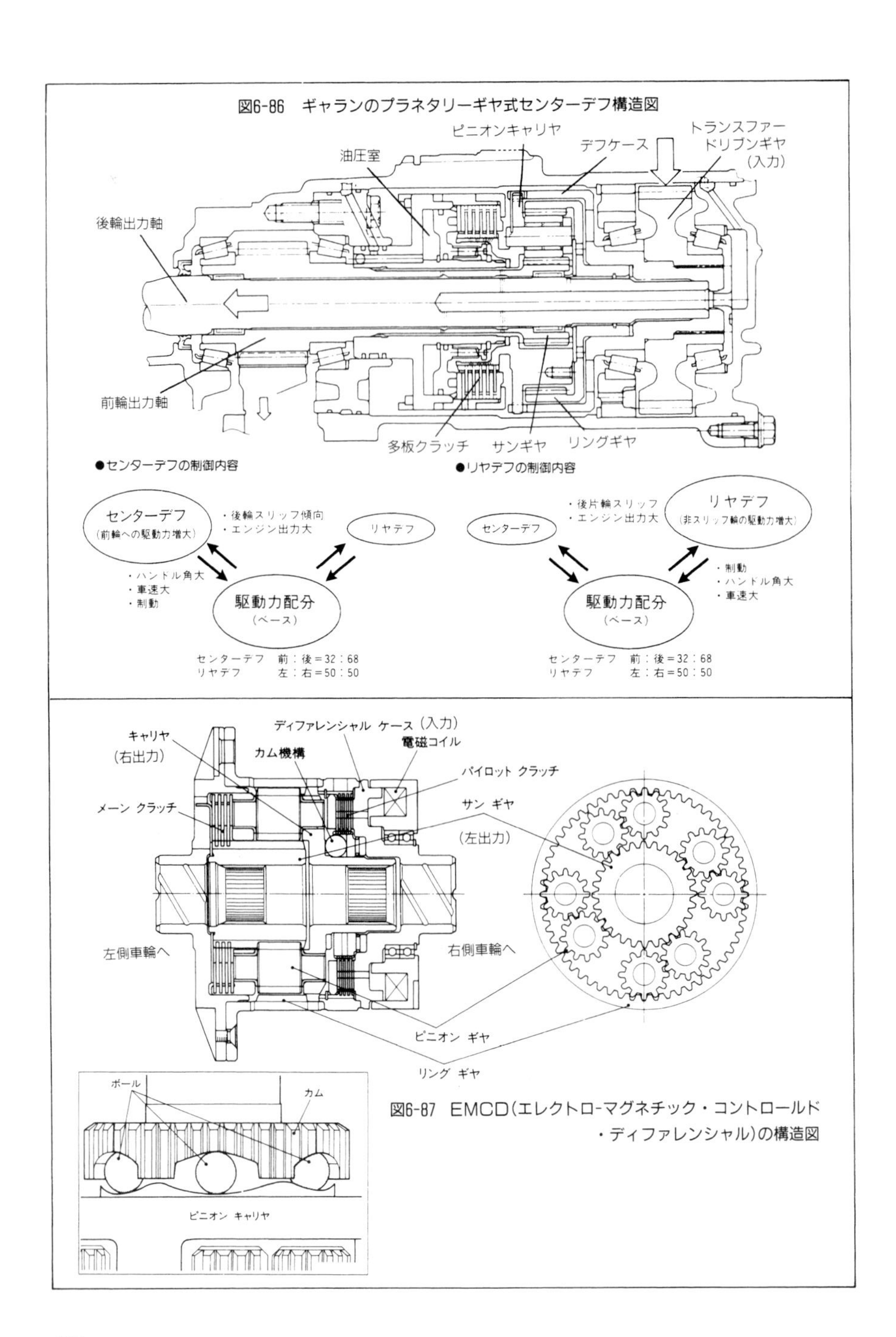

図6-87 EMCD（エレクトロ-マグネチック・コントロールド・ディファレンシャル）の構造図

これらのデータに横加速度とブレーキからの信号を加えたものが，運転状況としてマイコンにインプットされる。

同時に，この車速とエンジンへの吸入空気量及びエンジン回転数から，道路の勾配がどうなっているかという道路の状態と，アクセル開度，ハンドルの切れ角，ブレーキの踏み方の3つがドライバーの意図としてマイコンに伝えられ，これらを〝ファジィ〟によって判断して4WDとTCL制御が行われる。

センターデフは図6-86のような構造のプラネタリーギヤ式で，前後への駆動力配分はギヤ比によって決まり，前後32：68から直結の50：50までが油圧多板クラッチでコントロールされる。また，リヤデフの差動制限は，電磁コイルがクラッチを押す力を利用して行われる。

第7章

パワートレインのレイアウト

エンジンからドライブトレインを通りタイヤにいたるまでの動力伝達の経路やユニットの配置を，パワートレインのレイアウトと呼んでいる。

パワートレインのレイアウトは，エンジンの位置や向き，それに多くの部品の組み合わせによって決まるので，さまざまな形式が存在しうる。その中で最適なものがあるとすれば，世の中の4WDのレイアウトはひとつでよいはずであるが，実際には多くの種類が共存している。

その理由はそれぞれのレイアウトに特徴があって，その4WD車の狙いの性能を実現するために，とるべきレイアウトがそれぞれ異なるからである。

実用化されている4WDのレイアウトには下記のようなものがあるが，分類の方法として，これまでは2WDから進化した4WDが多かったために，ベースとなる2WDの駆動方式で分類する方法が一般的である。たとえばFR車ベースの4WD，縦置きエンジンFF車ベースの4WDという具合である。

そこで，下記のように分類する方法をとることにしよう。

(1)FR車をベースとした4WD

(2)エンジン縦置きのFF車をベースとした4WD

(3)エンジン横置きのFF車をベースとした4WD

(4)ミッドシップカーをベースとした4WD

(5)リヤエンジンの4WD

なお，エンジンが自動車の前後方向(向きはどちらでも)であれば縦置き，それと直角(これも向きはどちらでも)であれば横置きと呼んでいる。

(1) FR車をベースとした4WD

ジープでおなじみのレイアウトである。

トランスミッションの後部の，本来であれば後輪を駆動するためのプロペラシャフトのユニバーサルジョイントが配置されている箇所に，動力を前後に配分するトランスファーがあり，そこから前輪を駆動するためのフロント・プロペラシャフトがフロントデ

図7-1　フォード　エクスプローラの透視図

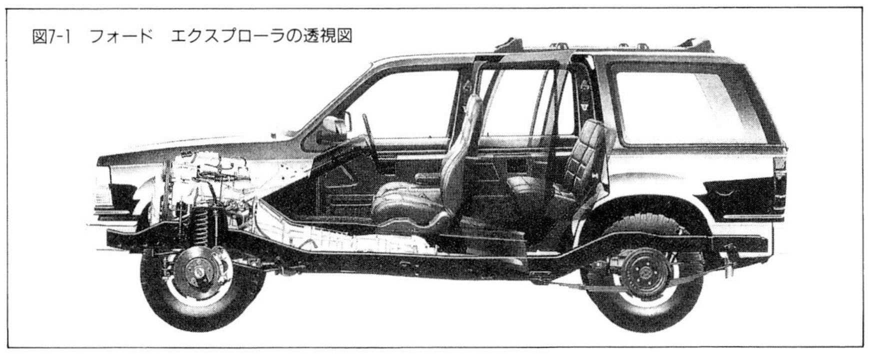

図7-2　テラノの駆動系全体図

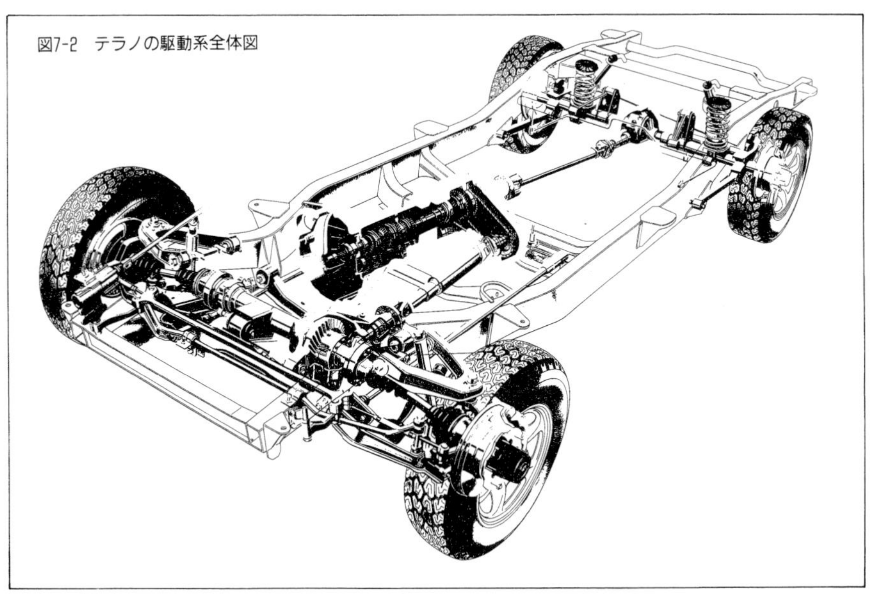

図7-3　クラウン　マジェスタの駆動系レイアウト

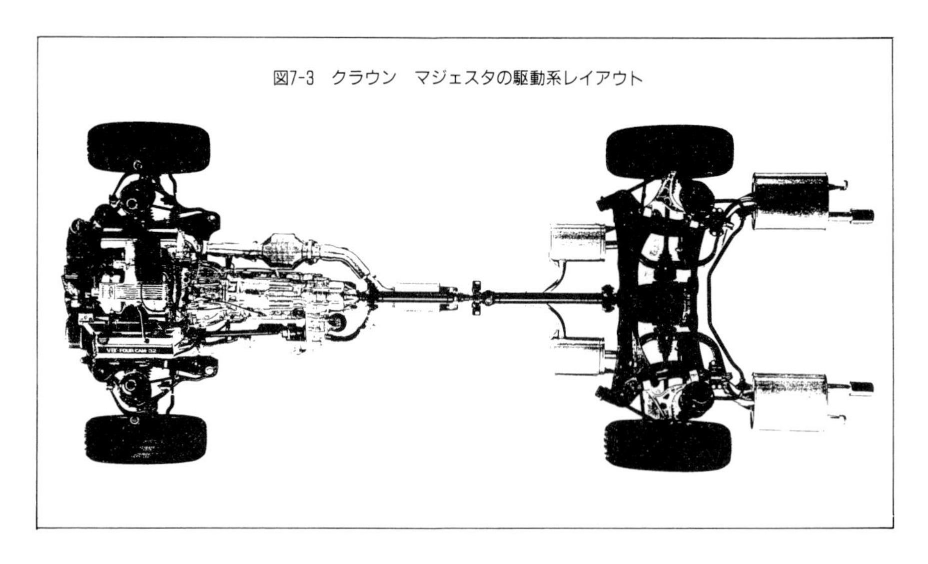

フにのびている。

フロントアクスルは，ジープなどのオフロード車の場合にはリジッド（固定車軸，独立サスペンションでない）であることが多く，エンジンの下にサスペンションで吊られていて，ばねのたわみによって上下運動をする。エンジンの位置が高くても特に問題はないオフロード車で，主として用いられてきたレイアウトである。

後ろ２輪を駆動する乗用車から4WD車をつくり出すには，エンジンからリヤアクスルにかけては，前にエンジンがあって後輪を駆動するという同じ形であることから想像できるように，このレイアウトを取ることになる。

ところが，いざ実行するとなると乗用車ではフロントアクスルをリジッドにするわけにはいかないから，エンジンの下に追加すべきデフを設けたり，等速ジョイントの付いたドライブシャフトで左右の車輪を駆動するなどの大改造が必要になる。

一昔前まで乗用車の大半を占めていたFR方式（その証拠にコンベンショナルレイアウトと呼んでいた）では，このような改造が困難であり，このことが4WDの乗用車の普及のさまたげとなっていた。しかし，問題のフロントデフをエンジンのオイルパンと一体にするなど，縦置きエンジンの前輪駆動車のレイアウトを参考にして本格的にパッケージングに取り組めば，ちゃんと成立することが多くの乗用車で証明されてきた。

たとえばクラウンマジェスタは，図７－３のようにトランスミッション後端にトランスファーを設け，前に折り返すプロペラシャフトをトランスミッションの横を通し，エンジンの下にフロントアクスルをうまくレイアウトして，i-Fourと呼ばれる電子制御フルタイム4WDを実現している。

(2) エンジン縦置きのＦＦ車をベースとした4WD

ファミリーカーに使われる小型乗用車はFFが圧倒的に多い。しかもほとんどがエンジン横置きである。乗用車の4WDが作られるのであれば，まずエンジン横置きのFFが4WDに改造されるのが自然なはずである。

しかし，乗用車4WDを作り上げ，それ以降の4WDブームの始祖となったのは，ほかならぬスバルであり，ベースとなった自動車はエンジン縦置きのFF車であった。

量産FF車といえば次項に述べるオースチン・ミニがあまりにも有名だが，日本で成功したはじめての前輪駆動車は1965年に発表されたスバル1000である。この自動車は，搭載されている日本最初のボクサーとも呼ばれる水平対向４気筒エンジンとあわせて，長く自動車の歴史に残るにちがいない。

このエンジンはよく知られているように，シリンダーが横になっているので高さは低いが幅が広い。このエンジンを使って横置きFFを作るには無理があり，はじめからエンジン縦置きでいかにFFを作るかが工夫された。この縦置きエンジンのFF車から第２章に述べたレオーネ4WDエステートバンが生まれてくるのである。

スバルは基本的に，エンジンのクランクシャフトと後輪を駆動するプロペラシャフト

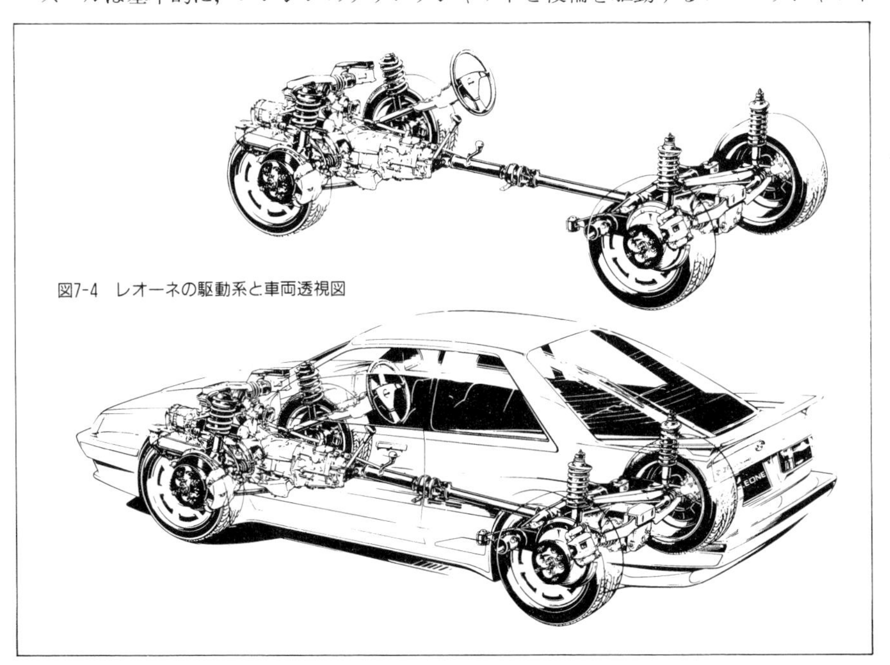

図7-4　レオーネの駆動系と車両透視図

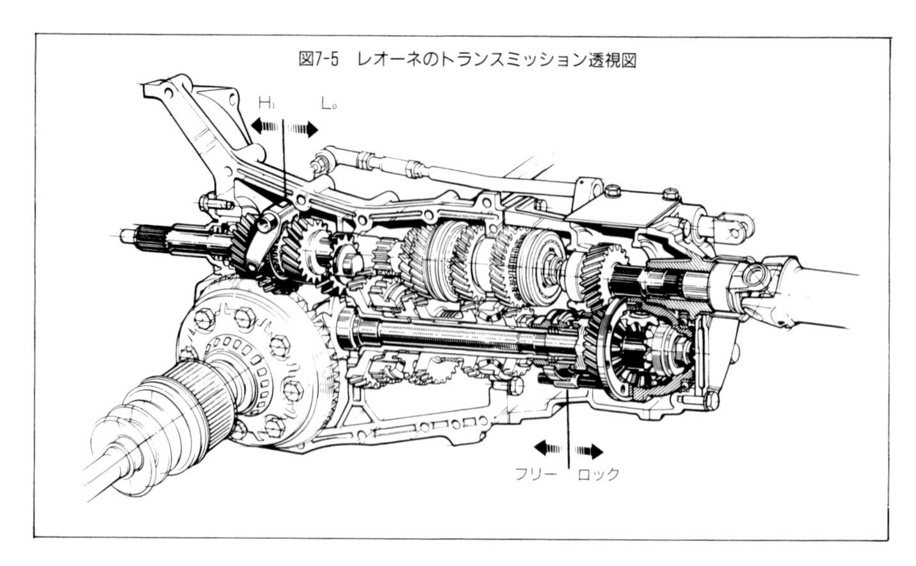

図7-5　レオーネのトランスミッション透視図

がまっすぐにつながったこの方式を今日まで踏襲しているが，そのレイアウトを最近のレオーネの例でみれば図7-4のようになっている。

この図を見ると，トランスミッションの最後部にフロントのデフを駆動する動力が来ている。FF車であればここから後ろの装置は不要であり，ここからプロペラシャフトで後輪を駆動すれば4WDが出来上がる。

エンジン縦置きのFF車をベースとした4WDを考えるのであれば，プロペラシャフト以降の後輪駆動の部分は，普通のFR車と同じで良い。もちろん，いままで駆動装置がまったくなかった部分だから，ボディの改造は必要である。プロペラシャフトを通すトンネルが必要だし，デフをボディに吊ったり，そこからドライブシャフトで車輪を回すようにしなければならない。その結果，車によってはボディ全体を少し上げなければならない。ただし，これはFR車をベースにして前輪を駆動する変更と比べれば桁違いに簡単である。

こうして得られた4WD車は，ベースとなったFF車と区別がつかないほど普通の外観に出来上がる。もちろん，オフロード車のように頑丈ではないし，地上高も十分ではない。しかし，この車はFF車とは明らかに異なる走り方ができる。

このレイアウトの問題点は，アクスルから前のエンジンのオーバーハングが大きく，車体寸法も重量も前側が大きくなりがちであることに，注意しなければならないことである。

このためにエンジンが制限され，直列エンジンでは5シリンダーまで，6シリンダーならV型あるいはスバルのように水平対向エンジンが今までの実用化例である。

図7-6　アウディ・クワトロ

図7-7　クワトロのリヤ駆動系

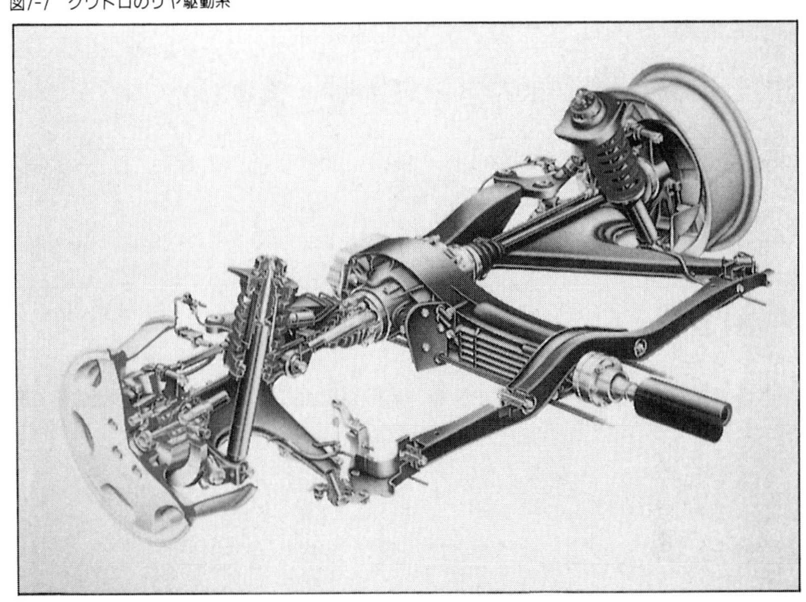

一時期ラリー界に君臨したアウディ・クワトロ（５シリンダー）も，基本的にはスバルと同じレイアウトである。

当時のパートタイム方式のスバルと異なるのは，センターデフとデフロック付きのフルタイム方式であったことで，強烈なターボエンジンの動力を常に４輪に伝達し，道路や走行条件に応じてデフロックをオン・オフしながら，強引に走ることができたことである。

ところで，4WD車はFF車に比べて室内のスペースが狭くなることについて説明しておこう。

FF車の4WD車やFR車に対する大きなメリットであるスペース効率は，後輪を駆動するためのプロペラシャフト，デフ，ドライブシャフトなどの部品が不要であることから生じている。プロペラシャフトがないためにフロアの中心の邪魔なトンネルが小さくてすみ，デフがないために後席の下に燃料タンクを設置することも可能で，その分トランクが大きく出来る。

ところがFF車を4WDにすると，FR車と同じ部品やユニットが必要であり，せっかくのFF車のスペース効率の良さが失われる。したがって，ベースのFF乗用車と同じような顔はしているけれど，内容的にはFR乗用車に近いスペース効率になっていることが多いのである。

(3) エンジン横置きのFF車をベースとした4WD

横置きフロントエンジン・フロントドライブ車(横置きFF)といえば，今日の乗用車やワゴンの標準形式ともいえるスタイルであり，これを4WD化したレイアウトである。

横置きFFはエンジン・パワートレインを最もコンパクトに収納することができ，車両の大きさに対して乗員と荷物のスペースを最も大きくすることができる形式として評価されている。

おなじみのオースチン・ミニが1959年に世に出てから，同じ形式の横置きFFが増えはじめ，今や乗用車のコンベンショナル形式となってしまった。特にスペース効率が大切な小型車ではほとんど例外なく採用している。

オースチン・ミニの設計者アレック・イシゴニスが，見慣れない横置きFFのレイアウトに人々が戸惑いを示したとき，「奇妙だと思うでしょうが，いずれ皆これを真似することになります」と予言したことは，20年足らずで実現してしまった。

図7-8　ミニクーパー

1957年末に発表されたミニは，当時としては画期的な横置きエンジンによるFF車で，同じ外形寸法で最大の室内空間を確保したこのレイアウトは，その後の大衆車の基本となった。
ミニクーパーはレーシングカーで知られるクーパー社がチューニングしたモデルで，1961年にデビューし，レース，ラリーでの活躍はあまりにも有名である。

図7-9　フォード・テルスターワゴン

図7-10　テルスターワゴンの駆動系全体図

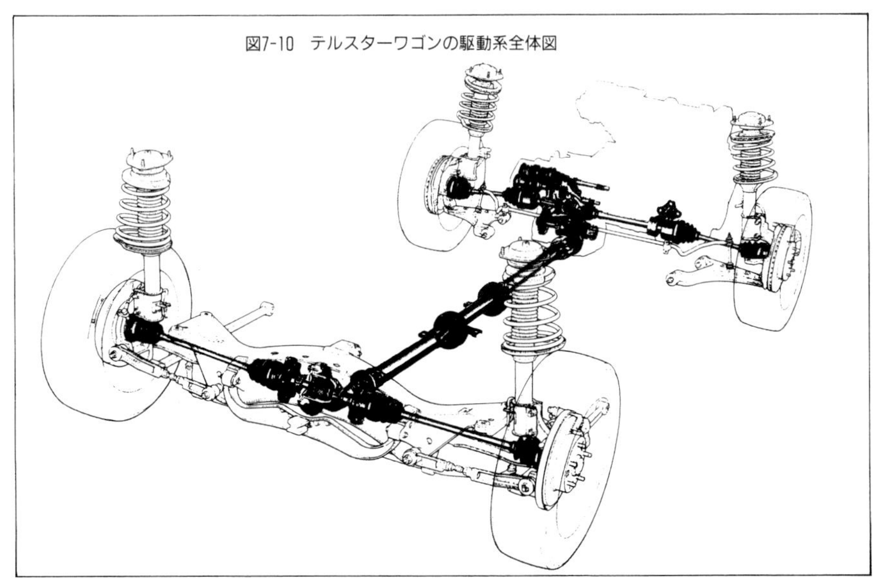

それはさておき，乗用車の四輪駆動車化が急速に進んだとき，横置きFFの4WD化はひとつの難問としてとらえられていた。なぜなら，横置きFFのエンジン・パワートレインから後輪へ動力を伝えるプロペラシャフトを駆動するには，複雑なトランスアクスルの出力部分にトランスファーを追加しなければならないからであった。

しかし，この部分の開発が進み技術問題が解決できると，あとは縦置きFFの4WD化と同じで楽勝であった。ベースとなった横置きFFと同じような顔をした4WDが比較的簡単に出来上がるようになった。

このレイアウトの場合には，2WDの横置きFFと同じように，あまり長いエンジンは載せられない。直列４シリンダーが普通で，無理すれば５シリンダーあるいはＶ６が載る，というのが相場のようである。

このように4WD化が比較的容易なので，4WD乗用車のかなりの割合をこの形式が占めることになった。

なお，スペース効率を誇る横置きFFも，4WD化によって車室やトランクのスペースがFR並みになってしまうことは，縦置きエンジン4WDと同じである。

(4) ミッドシップカーをベースとした4WD

自動車の走行性能を良くするためには，重いエンジンをミッドシップ(中央)に配置するのが理想的である。もちろん，エンジンがドまん中の場所を占めたのでは人のいる場所がなくなってしまうから，ドライバーのすぐ後ろにエンジンを配置し，当然2シーターとなる。

こうすれば重量の前後配分は50：50に近くなり，回転慣性重量が小さくなり，運動性能がよくなるからである。フォーミュラカーのレイアウトもミッドシップ・エンジンであり，それを乗用車の世界に持ち込むことが一部の高性能車で実現している。

そして，さらにこれを4WD化する試みはラリーの世界で始まり，ターボエンジンと4WDとの組み合わせはこの世界で勝つための常識的なレイアウトとなった。

プジョー205ターボは，エンジンを横置きにしてミッドシップに搭載し，エンジンの延長上にトランスミッションがあり，変速する。回転の向きはベベルギヤによって90度変えられて前後のデフに伝えられ，再び向きが90度変えられて4つの車輪を駆動するという複雑さである。

フォードRS200では，エンジンを縦置きにしてミッドシップに搭載している。エンジンの回転はいったんフロントのトランスアクスルに伝えられ，変速が行われてそのまま

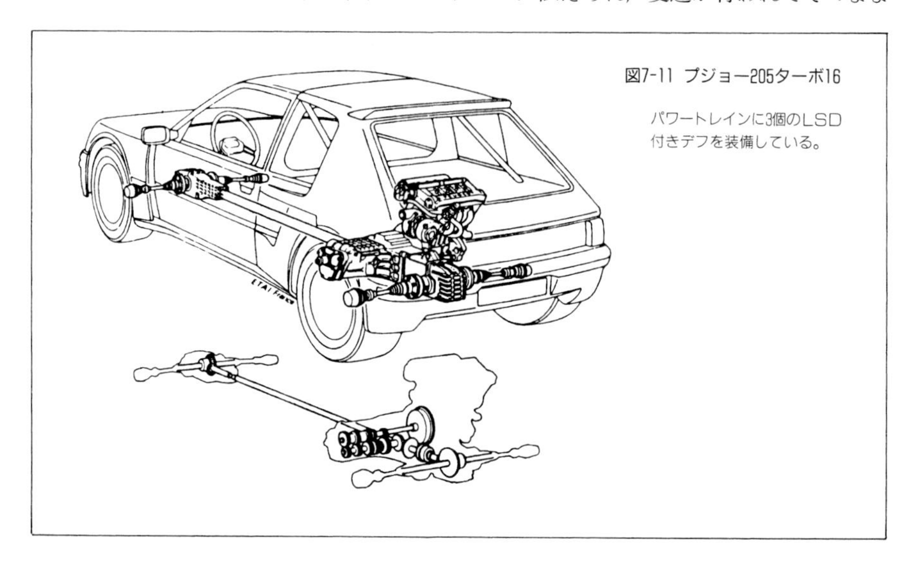

図7-11 プジョー205ターボ16

パワートレインに3個のLSD付きデフを装備している。

図7-12 ランチャラリー

前車輪を駆動する。ここまではフロントエンジン・リヤドライブ(FR)を前後逆にしたようなレイアウトである。

面白いのは，フロントのトランスアクスルから再び折り返して，FRのようにプロペラシャフトを後輪用のデフにつないで後車輪を駆動していることである。ドライブトレインの構造としては一見二重のように見え，無駄ではないかと思われる複雑さであるが，機械構造としてはよくある方法である。

なお，この自動車では4WD(ビスカスカップリングによるフルタイム：トルク配分37：63)，2WD(後輪)，センターデフをロックの3つの状態が自由に選択できる。

ランチャもエンジンを縦置きにしてミッドシップに搭載している。エンジンに直結されたトランスミッションからトランスファーで軸が横にずらされ，そこからプロペラシャフトで前後のデフにつながっている。ここだけを見るとオフロード車，たとえばジープのドライブトレインのようであるが，前後が逆になっている。

(5) リヤエンジンの4WD

その他の珍しい例としては，リヤエンジンベースの4WDとしてポルシェ959がある。

水平対向6シリンダーの軽合金製エンジンはリヤアクスルより後方にオーバーハングしており，その前の6速トランスアクスルと後輪駆動まではベースとなったモデル911と基本的に同じである。

トランスアクスルの前端からプロペラシャフトでフロントのデフに動力が伝えられ，前輪が駆動される。デフのケースの中に湿式クラッチがあり，デフへ伝わるトルクを電

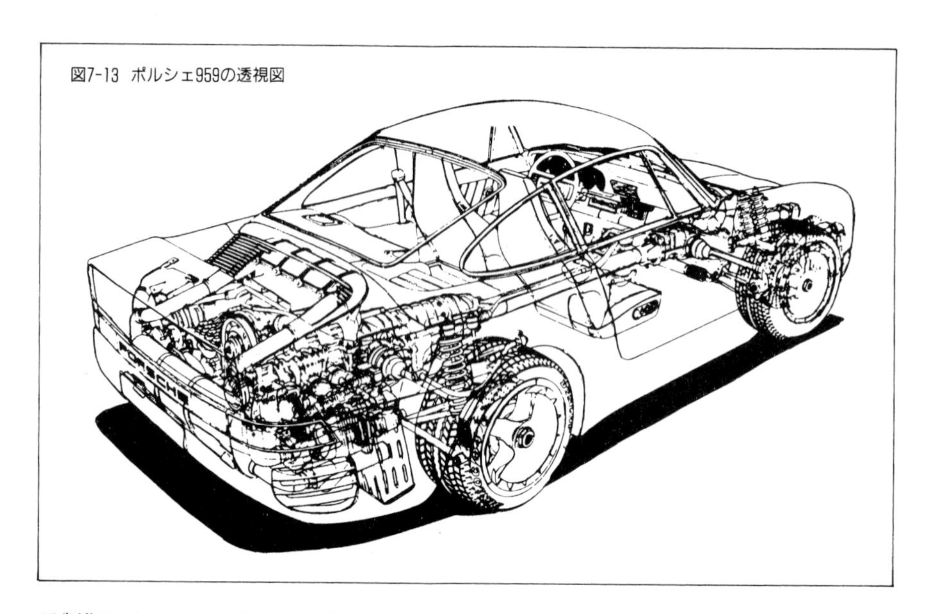
図7-13　ポルシェ959の透視図

子制御によってコントロールする。湿式クラッチはしたがってオン・オフだけではなく，すべりながら中間の決められたトルクを伝える。

第８章

4WD車の走行特性

人々が複雑で高価な4WD車を求めるのは，4WD車の走行特性を必要とするからである。

一方，4WD車の走行特性は，フルタイム4WDが普通の乗用車や高性能車の分野に広く普及するに及んで，悪路や氷雪路の走破性だけでなく，自動車の基本的な特性である「走る：動力性能」「曲がる：旋回性能」「止まる：制動性能」のすべてに関連を持つようになってきた。

本章ではこのような4WD車の基本的な走行特性について，2WD車との比較や，同じ4WD車でも駆動形式の相違によってどのような違いがあるのか，力学的な意味を主に説明する。

(1) 悪路走破性

4WDの魅力は何と言っても悪路や氷雪路の走破性にある。北海道に代表される雪国の乗用車や軽トラックに4WDが多いのは，自動車を求める人たちが，氷雪路の走行や，何かの都合で悪路走行を余儀なくされた場合のことをおもんぱかってのことであろう。

オフロードではありとあらゆる路面条件が存在しているので，その条件をすべて検討するのはむずかしい。ここでは代表的な条件についてのみ簡単に触れることとする。

段差乗り越え

オフロードで遭遇するひとつの典型的で極端な例として，高い段差を乗り越えて進むというケースがある。

図８-１のようにタイヤ半径ほどもある段差を乗り越える場合を考えてみると，容易に想像できるように2WDでは全く歯が立たない。

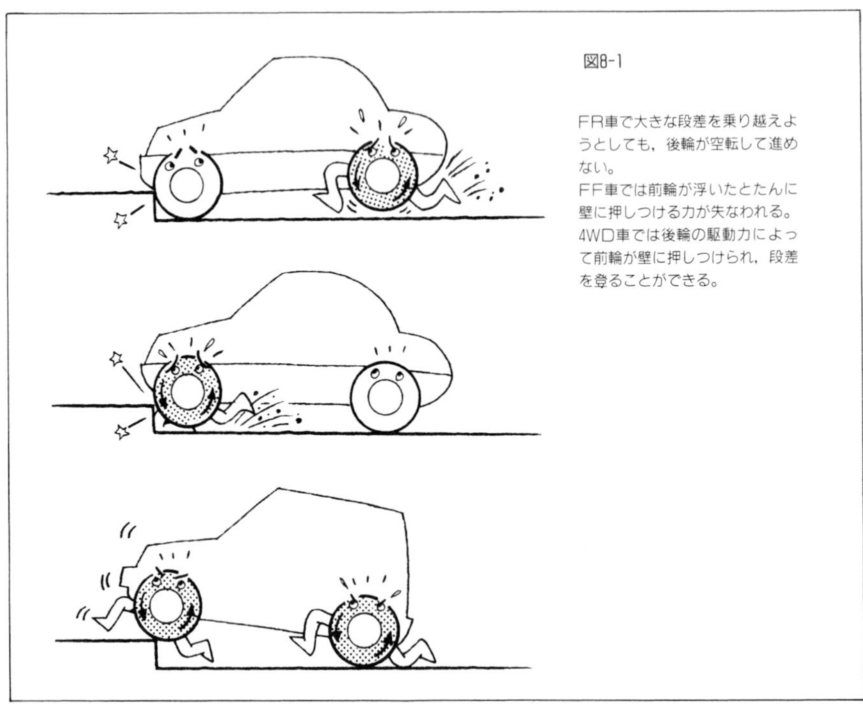

図8-1

FR車で大きな段差を乗り越えようとしても，後輪が空転して進めない。
FF車では前輪が浮いたとたんに壁に押しつける力が失なわれる。
4WD車では後輪の駆動力によって前輪が壁に押しつけられ，段差を登ることができる。

図8-2

4WD車でも後輪の駆動力がなければ段差は登れない。

図8-3
FF車では前輪の片方がスタックすると脱出できない。

FR車では，いくら後輪で路面を蹴ったつもりでも，前輪を壁に押しつけるだけである。

FF車は少しマシである。前輪と路面の摩擦力によって前進する力が生じる結果，壁をよじ登る力が発生する。しかし，壁をよじ登り始めるや否や前輪は路面から浮いてしまい，壁に押しつける力を失って元に戻ってしまう。

4WDでは，後輪の駆動力によって前輪は壁に押しつけられ，前輪は壁との摩擦によって自ら登ることが可能となる。

これは決して特殊な例ではない。後輪が落輪して，段差で前進を阻まれた場合や，砂や泥に１輪がはまりこんでスタックしたような場合も，この例と同様な状況と見なすことができる。

１輪乗り上げまたは１輪落下

４本の車輪のうち１輪(たとえば右前輪)だけが路面の高い場所に上がってしまうと，

悪路走破性をよくするためにサスペンションストロークを大きくとり，常に４本のタイヤが接地するようなセッティングとなっている。

図8-4　キャメルトロフィーに参加したランドローバー

左前輪または右後輪が路面から浮き上がってしまう。

1輪（たとえば左前輪）だけが路面の低い場所や穴に落ちた場合も，落ちた車輪または対角線上の反対側の右後輪が路面から離れて浮き上がってしまう。結局，右前輪が高い場所に上がったのと同じことである。

このようなことが起こるのは，ちょっとしたオフロードでも当たり前である。なぜなら凹凸のある地面では4つの車輪はそれぞれ勝手な高さになる。同じ高さに保たれることの方が奇跡に近い。バラバラの高さになっても車輪が路面から浮かないように，4WDではサスペンションのストロークが十分大きく，バネが硬すぎないことが望ましいのはこのためである。

このような場合，LSD付きでない普通の2WD車では全く走ることはできない。

4WD車でも，差動が制限されていないLSDなしのデフ付きの車では，事情は2WD車とあまり変わらない。実にだらしなく「亀の子」になってしまい，地面に這いつくばって動けなくなる。何らかのデフのスピン制限機構，たとえばビスカスカップリングやデフロックで緊急脱出ができるようになっていなければならない。

スプリットμ（ミュー）

路面とタイヤの間の摩擦係数（μ）が4つの車輪で等しくない場合である。たとえば路面上のアイスバーンに1ないし3輪が乗っている状態である。

図8-5のように片側の2輪が，水濡れやアイスバーンなど低μの路面に乗っている状態は極めて危険で，この状態で不用意にブレーキを踏むと自動車がスピンする可能性がある。普通スプリットμというとブレーキの性能を検討するときの，このような路面状態を指している。

低μ路面に乗っている車輪は非常に少ない駆動力しか伝えられない。それにもかかわ

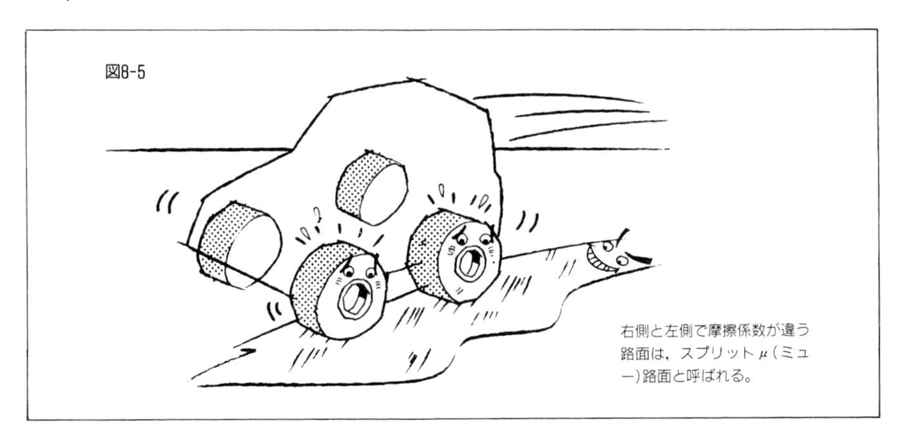

図8-5

右側と左側で摩擦係数が違う路面は，スプリットμ（ミュー）路面と呼ばれる。

らずエンジンから大きいトルクを供給すると，車輪はスピンする。スピンしてすべりながら発生するわずかな摩擦力が駆動力となる。

反対側の車輪はというと，差動制限のないデフでは左右の駆動トルクは等しいので，摩擦係数の高い路面で大きい駆動力が出せるにもかかわらず，わずかなトルクしか伝えることができない。

LSDを装備した自動車の場合は，差動制限ができるのでスピンが抑えられるだけでなく，反対側の車輪に数倍の大きさの駆動力が発生するので，どうにか走行することができる。デフロック装置付きの場合は，ロックによって片側に全トルクを伝えることができる。

以上の説明は2WDでも4WDでも同様であるので，LSDでガードされている限り4WDの方が二倍以上有利である。

(2) 駆動力のかかったタイヤと路面の摩擦力

自動車の走る，曲がる，止まるという運動性能は，とどのつまりタイヤと路面の間で生じる摩擦力で決まってくる。そこで駆動力配分の話に入る前に，タイヤの摩擦力についておさらいをしておく。

実をいうと，四輪駆動車がラフロードを走行するときにタイヤと路面の間にはたらく摩擦力は，極めて複雑なメカニズムによって発生し，簡単ではない。

ここでの結論は，4WDが直進している状態で前後のタイヤに生じる駆動力の比率は，タイヤと路面の状態が同じであれば，タイヤにかかっている荷重の割合に等しいということである。結論だけわかればよろしいという読者は以下をとばしていただいてもよいが，次のコーナリング中のタイヤの摩擦力を理解するためにも，ここは少しがまんしてつきあっていただきたい。

さて，ラフロード上で駆動トルクのかかっているタイヤと路面の間にはたらく摩擦力だが，大きくわけて3つの要素が考えられる。まずひとつめは，タイヤそのものから生じる路面のグリップ力である。これは一般に 3つの要素にわけて考えられており，

①タイヤの接地部分のゴムの表面と路面の物理的な摩擦によって発生する力。

②タイヤ(主としてトレッドゴム)の変形にともなうエネルギーロスによる力(ヒステリシス摩擦力と呼ばれている)。

③タイヤのトレッドパターン(接地部分の模様)が路面にくいこんで，機械的に路面を掻くことによって発生する力。

がある。くわしくは第11章のタイヤの項を読んでいただくことにし，ここでは4つのタイヤが同じ条件下にあり，タイヤそのもののグリップは同じと考えて話を進める。

2つめは物理の教科書にのっていて，だれでも知っている摩擦力は路面の摩擦係数と荷重に比例するというものである。あらためて説明は無用であろう。

3つめ，これがちょっとやっかいで，タイヤに駆動トルクがかかると，接地部分でわずかなスリップが生じ，このすべりが摩擦力に大きな影響を与えるという事実である。このスリップをミクロスリップと呼んで話をすすめよう。

このミクロスリップとタイヤの駆動力との関係がどうなっているかは，四輪駆動システムを理論として扱う場合にさけて通るわけにいかない部分なのだが，これをきちんと理解していただこうとすると，どうしても数式を使わざるをえない。

いま自動車を基準に速度を考えることにして，図8-6で，ミクロスリップをタイヤの接地面の平均速度(トレッドパターンのために複雑なすべりをしているので平均値を考える)と，路面の移動速度との差とすると，この値を接地面の平均速度で割ったものをスリップ率という(式-1)。

式-1の接地面の平均速度はタイヤのすべり具合によって変わり，これを分母にとると，あとあと計算がめんどうなので，ここではかわりに路面の移動速度を使うと式-2となる(スリップ率の小さい範囲では実用上同じと考えることができる)。

ところで，タイヤに生ずる駆動力(F)は荷重(W)に比例して大きくなる。このときの比例定数をトラクション係数(μ)とすると，式-3のような関係となる。

このトラクション係数とスリップ率との関係を調べると，図8-7のような関係になり，トラクション係数はスリップ率の小さい範囲では直線的な比例関係にあることがわかる。この部分での比例定数を摩擦特性係数(C_S)とすると，式-4が得られ，この式-4のμに式-3を代入すると，式-5が得られる。結局駆動力は摩擦特性係数×スリップ率×接地荷重として式-5のようにあらわすことができる。

いま前輪をfで，後輪をrであらわし，前輪の駆動力をF_f，後輪の駆動力をF_rとして

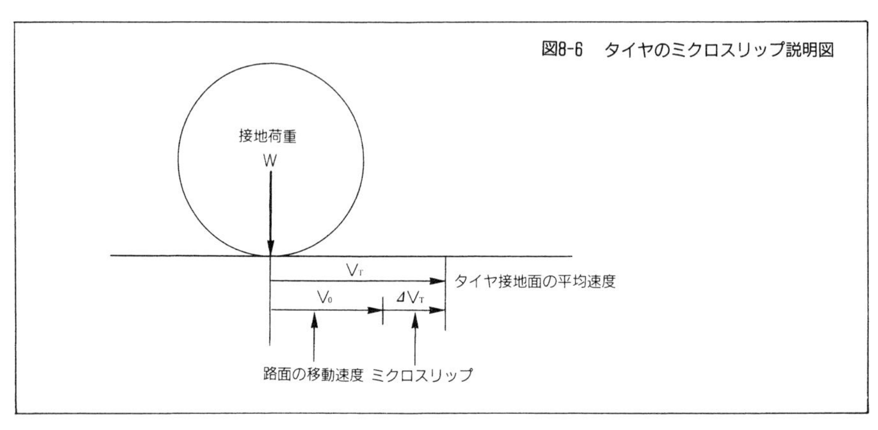

図8-6　タイヤのミクロスリップ説明図

表8-1

式-1	$S=\dfrac{V_T-V_0}{V_T}$	S：スリップ率 V_T：タイヤ接地面の平均速度 V_0：路面の移動速度
式-2	$S \fallingdotseq \dfrac{V_T-V_0}{V_0}=\dfrac{\Delta V_T}{V_0}$	ΔV_T：ミクロスリップ
式-3	$F=\mu \cdot W$	F：駆動力 μ：トラクション係数 W：接地荷重
式-4	$\mu=C_S \cdot S$	C_S：摩擦特性係数
式-5	$F=C_S \cdot S \cdot W$	
式-6	$\dfrac{F_f}{F_r}=\dfrac{C_S \cdot S_f \cdot W_f}{C_S \cdot S_r \cdot W_r}=\dfrac{\dfrac{\Delta V_{Tf}}{V_0}\times W_f}{\dfrac{\Delta V_{Tr}}{V_0}\times W_r}=\dfrac{\Delta V_{Tf}\times W_f}{\Delta V_{Tr}\times W_r}$ $\dfrac{前輪の駆動力}{後輪の駆動力}=\dfrac{前輪のミクロスリップ\times前輪荷重}{後輪のミクロスリップ\times後輪荷重}$	

式-5に式-2を代入し，前後の駆動力の比をとると，式-6が得られる。つまり，前後輪の駆動力の比はそれぞれのタイヤにかかる荷重と，ミクロスリップの量をかけたものに比例することがわかる。

結論としてまとめると，タイヤの状態が全輪同じで，ミクロスリップが小さく，かつ前後輪で同じ場合，前後輪の駆動力の割合はタイヤの接地荷重の割合と同じということで，このことは四駆の駆動力配分を検討する上で大切なことなので記憶にとどめておいていただきたい。

ところで，図8-7のトラクション係数とスリップ率との関係を見ると，トラクション係数はスリップ率が15%あたりでピークになっている。つまり，ミクロスリップがこの程度のときがタイヤの駆動力は最大になるわけで，逆にいうと最大駆動力を得るにはこ

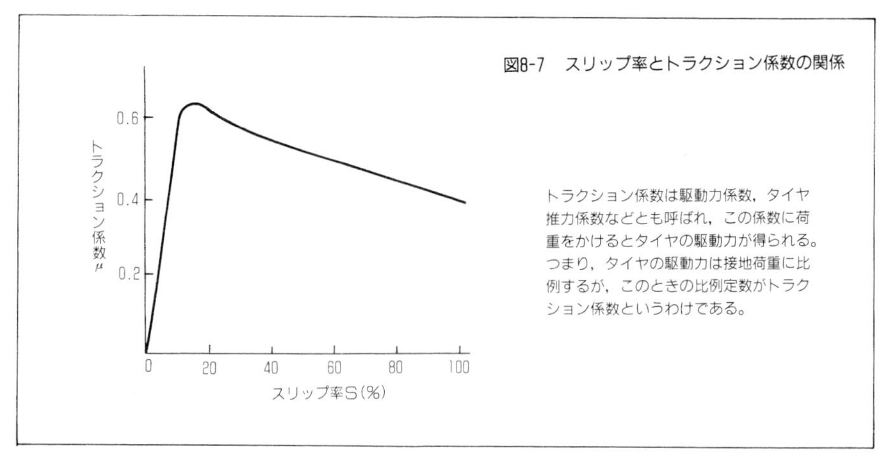

図8-7　スリップ率とトラクション係数の関係

のあたりのミクロスリップを使うことが望ましい。

また，ここではタイヤに駆動力がかかる場合だけについて説明しているが，制動力がかかる場合も方向が反対になるだけで同じ理屈がなりたつ。

なお，スリップ率が100%になった状態は，駆動の場合には〝ホイールスピン〟，制動の場合には〝ホイールロック〟という。

⑶ 駆動力の前後配分

以上の予備知識をベースにして，いろいろな駆動システムについて，自動車が直進中に，エンジンの動力がどのように前後の車輪に配分されるのか検討する。

直結4WD

パートタイム方式で四輪駆動ポジションを選んだ場合，あるいはセンターデフ付きフルタイム方式でデフロックした場合である。

前後のドライブトレインは直結されているので同じ回転となる。したがって，エンジンからの駆動トルクによって走行中に前輪にスリップが生じれば，同じ大きさのスリップが後輪にも生じなければならない。すなわち，自動車がまっすぐ走行中なら前後の車輪のスリップは等しい。

スリップが等しければ駆動力も等しいかといえばそうではない。タイヤにかかっている荷重が大きければ同じスリップでも駆動力は大きい。

先に述べたように駆動力の前後の割合は，タイヤにかかっている荷重の割合に等しいという関係にある。たとえば，自動車の重量の前後配分が60：40の場合には，直結4WD

車の駆動力配分も自動的に60：40になる。
この関係は動的な重量の前後配分についても当てはまり，この自動車が加速中に慣性力によって重心が移動し，45：55の重量配分になったとすると，駆動力配分も自動的に45：55になる。
このため，駆動トルクを重量配分に応じて配分すると，前後のタイヤは同時にスリップを始めるので，路面のμを最大限に利用した加速を行うことができる。

センターデフ付き4WD

アクスルデフと同様のベベルギヤ(傘歯車)を差動(ディファレンシャル＝デフ)ギヤとして使用する場合には，駆動トルクの前後配分は50：50となる。
自動車が急加速して前輪荷重が小さくなってもこの配分比率は同じである。このため，駆動トルクを大きくして行くとまず前輪がすべりはじめ，空転して加速力の限界が決まる。このように，差動制限なしのセンターデフ付き4WD車は路面のμを最大限に活用することができない。
このような欠点をカバーするために前後配分の値を変え，たとえば40：60とする場合には，プラネタリーギヤ(遊星歯車)を使用するのが普通である。この場合，駆動トルクの前後配分の値はサンギヤとプラネタリーギヤの歯数の比率となる。

トルク配分固定式フルタイム4WD

センターデフ付4WDは，加速・減速などの走行状態によって時々刻々と変わる重量配分とは無関係に，駆動トルクの配分は常に一定であり，トルク配分固定式フルタイム4WDと呼ばれる。
このため，前後のタイヤのスリップ量や前後のドライブトレインの回転数は等しくなく，時々刻々と変化する。
前後のドライブトレインにまたがっているビスカスカップリングは，粘性抵抗によって，異なる回転数をなるべく等しくするようにはたらく。回転数が高い側のドライブトレインの回転を下げ，生ずるトルクを回転数が低い側のドライブトレインにかけて回転を上げようとする。
最大の加速力を得るために，駆動トルクでタイヤがスリップし始めるような場合には，粘性抵抗によってこれを抑え，生ずるトルクをスリップしていないタイヤのドライブトレインに加える作用をする。
このため，ビスカスカップリング付きセンターデフ4WDは直結4WDとほぼ同じように，路面のμを最大限に活用する加速力を得ることができる。

トルク配分可変式フルタイム4WD

FF車のトランスアクスルから駆動トルクを取り出し，ビスカスカップリングを通して後輪を駆動するスタンバイ4WDは，名前の通り前輪がすべることよって後輪も駆動に加わり，四輪駆動状態となるシステムである。

通常の走行状態では前輪のタイヤにはスリップがある（スリップがあるから駆動力が生ずる）が，その量はわずかである。ビスカスカップリングはわずかな回転数の違いでは粘性トルクの発生は少ない。したがって，この場合には後輪はほとんど駆動していない。実質前輪駆動である。

駆動トルクを増して行くと前輪スリップが大きくなり，ついにスピン状態に入る。ここで初めてビスカスカップリングによって後輪の駆動が始まる。そして，前輪のスピンも少なくなる。しかし，前輪は空転に近い状態でないと後輪は駆動されないから，路面との摩擦力は下がってしまっている。

こうして，スタンバイ4WDの加速性能は純粋なFF車よりはずっと良く，センターデフ4WDと同じ程度である。

(4) コーナリングするタイヤに働く力

二輪駆動を四輪駆動にすることによって，オフロードでの走破性やオンロード直進時の動力性能に大きな影響を与えることは，運転実感としても理屈としてもわかりやすい。

それに対して旋回性能や操縦性能に対する影響は，理屈としてはわかりにくいが，動力性能に劣らない大きい影響を持っている。このことは，RVで舗装路を比較的高速で走行する場合や，乗用車や高性能車に4WDを適用し走りの性能を向上させる場合，たいへん重要な意味を持つ。

高出力エンジンが増え，駆動トルクが大きくなり，タイヤの駆動力が車両運動性能におよぼす影響が大きくなると，駆動力と旋回性能をどのように両立させるかということが問題になってくる。

ここでも基本になるのはタイヤと路面の摩擦の問題である。さきほどは駆動という直進時の摩擦力のことにのみ着目したが，ここでは曲がる場合の摩擦力に着目する。

タイヤのサイドフォース

自動車の進行方向を変えるためには，進行方向に対して横向きの力，コーナリングフォースをはたらかせなくてはならない。駆動力や制動力をタイヤのミクロスリップによって得ているように，この力にも，タイヤと路面の接触面が横にずれていくことによって発生する力を利用している。

図8-8　サイドフォースとコーナリングフォース

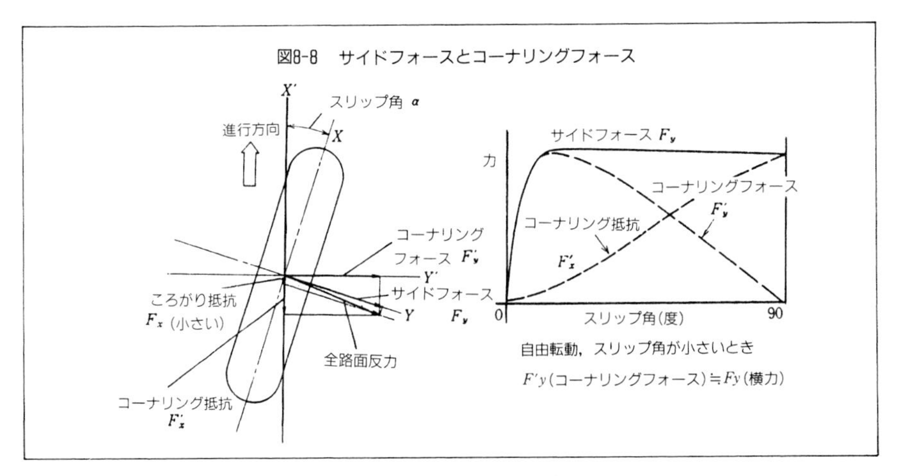

いま直進している自動車の走る方向を変えるために，図8-8のように，ハンドルを切ってタイヤの向きを変えたとする。このとき，自動車の進行方向とタイヤの向いている方向との間にできる角をスリップ角と呼ぶ。自動車自体の運動を支配するのは，その進行方向に直角なコーナリングフォースだが，タイヤの力学では，路面との接触面でタイヤの向きに直角にはたらくサイドフォースを考えなければならない。すなわちサイドフォースは，実用範囲ではスリップ角が大きく，タイヤにかかっている荷重が大きいほど大きくなるが，路面の摩擦係数による限界がある。また同時に駆動力あるいは制動力がはたらくと，次に述べるように，それらによってサイドフォースが制限されてしまい，4WDではここがややこしいことになる。

なお，コーナリングフォースとサイドフォースはスリップ角だけ向きが違うため，この本でもそれらを区別しているが，自動車がドリフトやスピンといった異常な動きをしない限りスリップ角はせいぜい5度どまりだから，ふつうは同じものと考えてさしつかえない。

駆動・制動力が働いた場合のサイドフォース

スリップ角がついてサイドフォースがかかっているタイヤでは，直進している場合に比べて駆動力や制動力の最大値が低下する。限界に近いコーナリングをしながらブレーキをかけたりアクセルを踏んだりすると，タイヤが簡単にスキッドするのがこれである。

逆にサイドフォースに着目すると，駆動や制動によってタイヤの前後方向のスリップ比が大きい状態では，発生し得るサイドフォースが小さくなる。

駆動・制動もサイドフォースも所詮はタイヤと路面の間の摩擦力であり，その最大値が限られているというわけなのである。

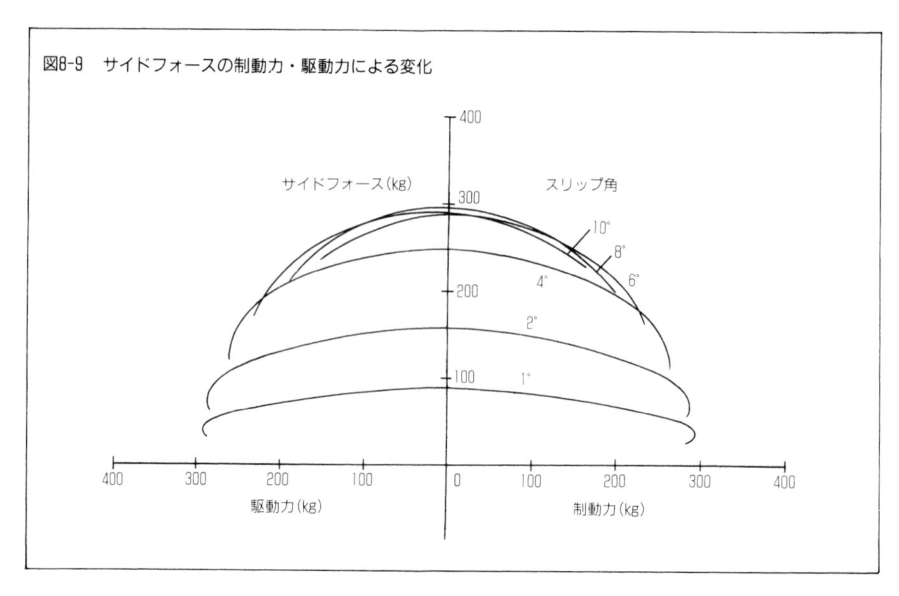

この理屈を説明するのに摩擦円というものが使用される。この図8-10を説明しよう。

タイヤと路面の間の最大の摩擦力(グリップ力)はどちら向きでも同じであるとする。そこで，この摩擦力の大きさを半径とする円を画き，縦軸を駆動力と制動力，横軸を左右のサイドフォースとする。当然タイヤにかかる荷重が大きいほど，摩擦係数が高いほど摩擦円の半径は大きい。

もちろん，タイヤの接地する部分(トレッド)の丸みは前後と左右でちがうし，トレッドの幅が広いか狭いかなどの影響も受け，しかも転がりながらすべる場合の摩擦だから，ピッタリと円形になることはない。しかし，考え方としては大きい間違いはない。

今，図8-10に示すようにこのタイヤに駆動力T_1がかかっていると，このタイヤが発生できるサイドフォースはS_1である。なぜならT_1とS_1の合力はC_1で，これはこのタイヤが出せる摩擦力の最大値であるからである。次に駆動力をT_2に上げると，このタイヤが出せるサイドフォースはS_2に減少する。

この関係を，前項で説明したスリップ率と駆動力・制動力の関係でみると，図8-11のようになる。図でスリップ角0度が直進走行の場合であり，スリップ角が大きくなるほど駆動力・制動力は小さくなることがわかる。

以上が駆動力や制動力が同時にかかっている場合のサイドフォースの説明であるが，たったこれだけの準備で，駆動方式による旋回特性の違いをある程度説明することができる。

なお，すでに説明したとおり，直結4WD車が低速で急カーブを曲がる場合には，タイ

図8-10　駆動力のかかったタイヤの摩擦円

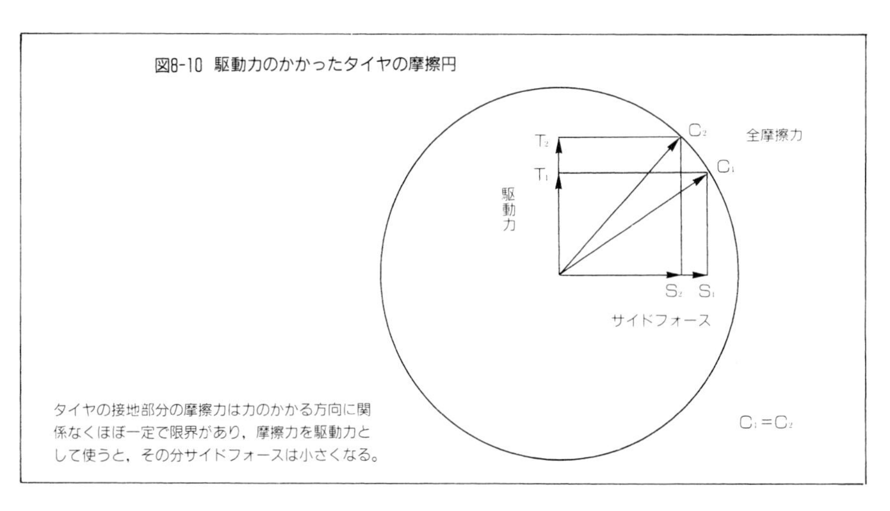

図8-11　制動力・駆動力のスリップ率による変化

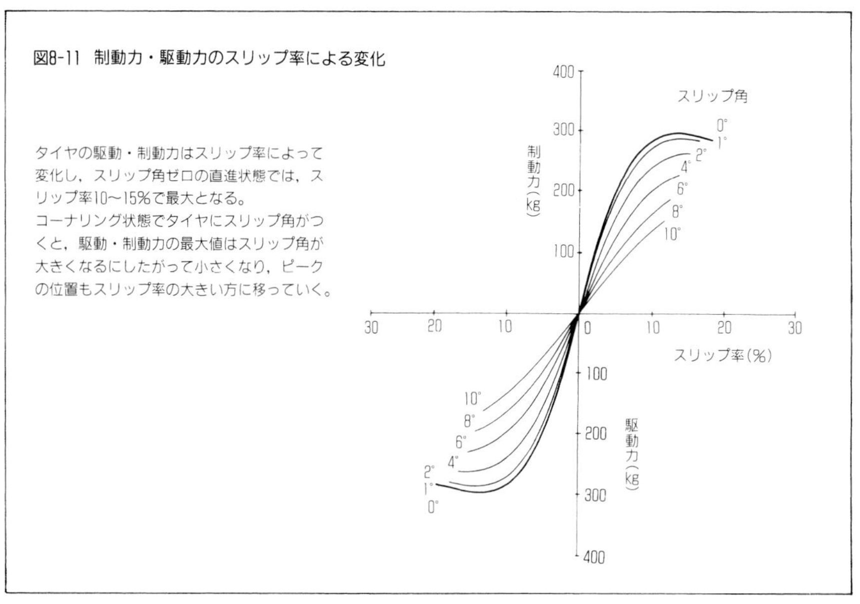

トコーナーブレーキングが生ずる。この現象は前後輪が直結されている場合に発生するタイヤ間のすべりの問題であり，ここで扱う旋回とは異なる分野の話である。

また，一定速度で旋回するいわゆる定常円旋回では，駆動力が小さいので，駆動方式による旋回性能の違いはわずかである。大きい差が出るのは旋回しながら加速または減速する場合であり，ここではこれらを主に説明する。

⑸ 二輪駆動車のステア特性

図8-12に右コーナリング中の前後輪タイヤのモデルを示す。片側の前後輪だけを示してあるが，4輪の場合にはこのモデルが2つ並んでいると思えばよい。

今，このモデルが加速も減速もせずにコーナリングをしているとする。右コーナリング中であるから前輪，後輪とも右向きに自動車を旋回させようとする力，(コーナリングフォース)が働いている。前輪と後輪のこの2つの力の大きさの割合によって，自動車の旋回性能が決まってくる。

すなわち前輪のコーナリングフォースの方が後輪より大きい場合にはオーバーステア，小さい場合にはアンダーステアとなる。

自動車のステア特性についてはいろいろな定義のしかたがあるが，ここではこのように前後輪のタイヤにはたらく横向きの力のバランスと考えて話を進めることにする。

そこで，一定の円を描いて旋回している自動車のタイヤに，駆動力や制動力をかけると，旋回性能はどのように変わるかを考えてみよう。

FF車で駆動トルクをかける

前輪に駆動トルクをかけると，前輪のタイヤが出し得るサイドフォースが減ってアンダーステアの傾向になる。

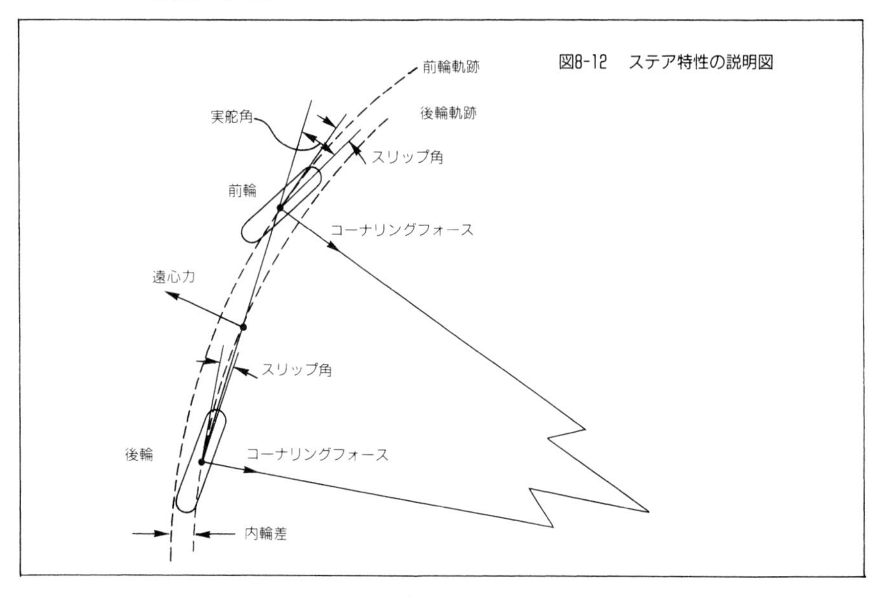

図8-12　ステア特性の説明図

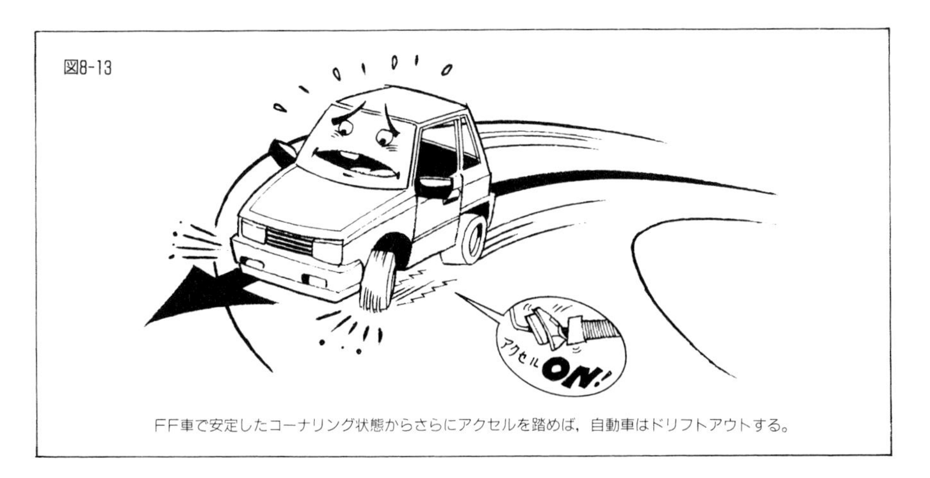

FF車で安定したコーナリング状態からさらにアクセルを踏めば，自動車はドリフトアウトする。

コーナリングしながらさらに駆動力を増すと，慣性により後ろ向きのG(加速度)がかかって荷重が後ろに移り，前輪の接地荷重が減少するので摩擦円が小さくなる。その結果，前輪に働くサイドフォース，すなわち自動車を内側に向けようとする力が遠心力に負けて，前輪は円の外に向かってすべりだす。つまり，ドリフトアウトにいたる。

FF車で氷雪路などμの低い路面を走るとき，コーナリング中に加速するとドリフトアウトすることはよく経験されることである。

FR車で駆動トルクをかける

後輪に駆動トルクをかけると，後輪のタイヤが出し得るサイドフォースが減ってオーバーステアの傾向になる。コーナリング中にさらに加速すると，タイヤが横方向へのグ

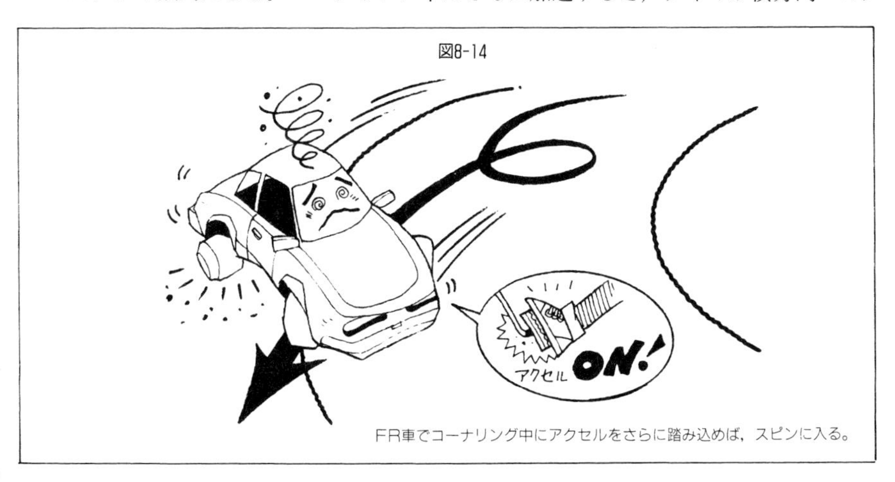

FR車でコーナリング中にアクセルをさらに踏み込めば，スピンに入る。

リップを失ってスピンに入る。

この性質を利用すると，駆動力を加減(アクセルペダルの踏み方を加減)することによって，旋回の程度を調節することができる。これがスポーツ走行でFR車やミッドシップエンジンの後輪駆動車が好まれるひとつの理由である。

⑹ 4WDの形式と旋回性能

では，前後を同時に駆動する4WDの場合，駆動形式によってどのような旋回性能の違いがあるのだろうか。

直結4WD

駆動力の前後輪への配分は自動的に前後輪にかかる荷重に比例して，すなわちそれぞれの摩擦円の大きさに応じて行われる。

したがって，駆動力はタイヤの持っている余力に応じて配分されるので，その結果として生ずるコーナリングフォースの余力も，自動的に前後輪の荷重に比例した大きさとなる。

このように，直結4WDは他の方式に比べて素直な性能を持ち，コーナリングの限界横加速度も高い。

しかし，後輪駆動車のように後輪を故意にサイドスリップさせながらドリフト走行するようなことはできない。

また，ヘアピンカーブのようにコーナリングの旋回半径が小さいとタイトコーナーブレーキングが発生し，ハンドルが重くなるだけでなく，タイヤの前後方向のスキッドが生じてサイドフォースがほとんど失われてしまう。したがって，直結4WD車のオンロードでの使用は，大きい旋回半径のゆるやかなカーブに限られる。

差動制限のないセンターデフ式フルタイム4WD

ビスカスカップリングのような差動制限装置が付かない，ベベルギヤや遊星歯車だけのセンターデフ式では，前後のトルク配分は一定である。

加減速による重心の移動で前後のタイヤの摩擦円の大きさが変わっても，おかまいなしに一定のトルク配分であるため，発生し得るサイドフォースの大きさは加速・減速の程度によって大きく変動する。このため，走行中の旋回性能の変化が大きい。

たとえば旋回中に急加速すると，摩擦円は前輪は小さく後輪は大きくなるが，駆動力は同じトルク配分のまま急増するので，前輪のコーナリングフォースは小さく(場合によってはゼロに)なる。このため車両はカーブを離れて直進しようとする。

図8-15　4WDの駆動形式と摩擦円との関係

	フルオート・フルタイム4WD（ビスカスカップリング付）	センターデフ付フルタイム4WD（センターデフアンロック時）	リジッド4WD（パートタイム4WD(4WD時)、センターデフ付4WD(センターデフロック時)）
（凡　例）前輪：摩擦円の大きさ＝μ×輪荷重、前輪の最大グリップ力／後輪：摩擦円の大きさ＝μ×輪荷重、後輪の最大グリップ力	Df、Ff、Dr、Fr	Df、Ff、Dr、Fr	Df、Ff、Dr、Fr
前輪の駆動力(Df)と後輪の駆動力(Dr)の関係	Df>Dr	Df=Dr	Df:Dr=前後輪への重量配分比
前輪のコーナリングフォース(Fr)と後輪のコーナリングフォース(Fr)の関係	Ff>Fr	Ff<Fr	Ff>Fr

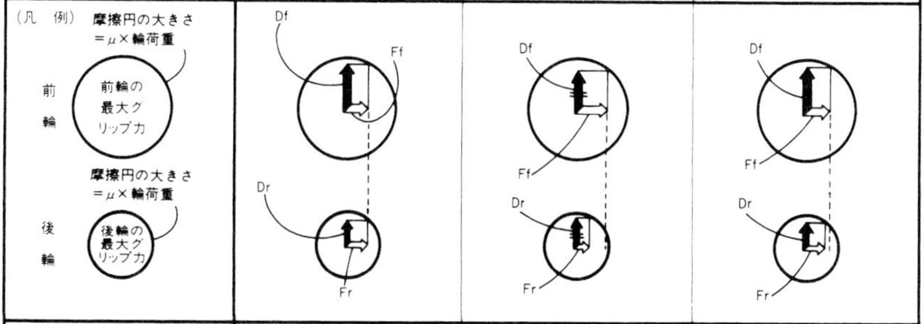

センターデフがビスカスカップリングで差動制限されている日産のフルオート・フルタイム4WDを，センターデフがロックされている場合とフリーになっている場合とを比較してみると図のようになる。摩擦円の大きさは各タイヤの最大グリップ力をあらわし，フロントエンジン車では前輪の摩擦円が後輪のそれより大きい。
フルオート フルタイム4WDは後輪のコーナリングフォースに余裕があるため，安定性の高い走行が可能である。

駆動トルク配分固定式フルタイム4WD

センターデフにパラレル(並行)にビスカスカップリングのような差動制限装置がついた場合である。

センターデフ方式では，駆動力の配分が一定であるため加減速によって変化するタイヤ荷重に対応できずスキッドが生じて，コーナリングフォースが出せなくなる。

差動制限装置は車輪のスキッドを防止するので，自動車の旋回性能は直結4WD車に近くなる。

駆動トルク配分可変式フルタイム4WD

前後輪の中間にビスカスカップリングのような差動制限装置を設けたフルタイム4WDでFF車ベースの場合，前輪の前後方向のスリップが大きくなってから後輪の駆動が始まるので，前輪のコーナリングフォースは失われがちであり，アンダーステア傾向となる。

しかし，差動制限装置のはたらきで前輪のスリップが大きくなろうとしても後輪の駆動力に転換させられるので，スリップは制限される結果，フリーのセンターデフ付きフルタイム4WDよりはアンダーステアの傾向は少ない。

駆動力配分制御4WD

もうここまで来ると，どうすれば望ましい姿の4WD車が得られるか，すでに充分すぎるヒントが示されている。

すなわち，駆動力の配分によって自動車の旋回性能が大きく変化するのだから，自動車の走行状況に応じて駆動力の前後配分を最適な値にすればよい。

また，すでに見てきたように自動車の動力性能も駆動力の前後配分によって大きく変化する。

実は次の章で説明する制動性能も，駆動力の前後配分の影響を大きく受ける。

したがって，これらを総合して，自動車の走行状況やドライバーの意図に応じて駆動力の前後配分を最適にコントロールできれば，理想に近い走りの性能が得られるはずである。

そのための電子制御の技術，センサーの技術，機械と電子を組み合わせるメカトロニクスの技術などの進歩によって，このような駆動力配分制御をある程度自由に行うことができるようになってきた。

(7) 四輪駆動車のブレーキ

自動車の歴史を調べると，かなり早い時期から4輪ブレーキが常識化していたことがわかる。走っている自動車をいかにして，確実に短い制動距離で止めるかは切実な問題であった。

また，A地点からB地点に早く到達するには，動力性能と同様に制動性能が重要だということも，レースを通じて学んでいた。そのためには4つある車輪全部にブレーキを備えることが必須であることも。

こうして駆動装置よりはるかに先行して制動装置の4輪化が完成した。そればかりか，4つのブレーキの効き方を状況に応じて自動的に細かくコントロールし(ABS)，自動車の止まり方を理想的にするようなことまで行われるようになってきた。

こうして，ブレーキにはるかに遅れて駆動の4輪化が行われているというのが歴史的事実である。

さて，制動装置も駆動装置もそれぞれ独立したメカニズムであるし，ブレーキをかけている最中に4輪で駆動することはない。だから，4輪ブレーキを持っている自動車が四輪駆動になったところで，どうということはないように思われる。ところがさにあらず，ブレーキの性能はドライブトレインの4WD化によって大きな影響を受ける。

2WDでは前輪と後輪とは全く独立しているが，4WDでは前後のドライブトレインが何らかの形でつながっている。このため前後のブレーキが互いに影響を受けて，全体としての制動性能が変わってしまうのである。

この理屈を順を追って説明しよう。

制動力のかかったタイヤに働く力

ここでもまずタイヤの話からはじめなくてはならないが，駆動力のかかったタイヤについて理解できている人には話は簡単である。こんどは力が逆にかかっているだけのことであるから。

１本のタイヤに着目して，ブレーキを次第に強くかける。ブレーキ力は次第に増加するが，タイヤと路面の最大摩擦力以上にはならない。やがて，タイヤはスキッドしロック（回転停止）する。

駆動力の場合は，駆動トルクを次第に大きくしていくと，ミクロスリップが次第に大きくなってホイールスピンにいたる。見た目にはちがった現象だが原理は同じなので，先に述べた駆動力のかかったタイヤと方向が逆と考えてよい。

そこで次に，コーナリングしながらブレーキをかける場合を考えてみよう。摩擦円で説明したように，タイヤの全摩擦力には限界があるので，制動力を大きくしていくと，コーナリングフォースは次第に減少し，タイヤがロックするとほとんどなくなってしまう。すなわち，自動車はタイヤがロックするとサイドフォースが失われて，簡単に横すべりしてしまう。

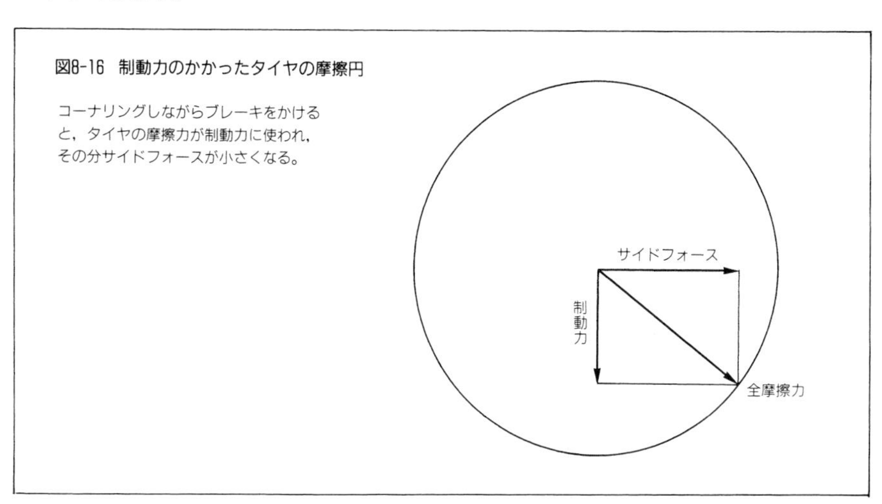

図8-16　制動力のかかったタイヤの摩擦円

コーナリングしながらブレーキをかけると，タイヤの摩擦力が制動力に使われ，その分サイドフォースが小さくなる。

この現象を防ぐために，タイヤのロックを電子的に検知して，タイヤがロックしかけたらブレーキ油圧がそれ以上は上昇しないように自動的に制御し，いくらブレーキペダルを踏んでもタイヤがロックしないようにする。これがアンチロック・ブレーキ・システム(ABS)である。

ブレーキロックと自動車の挙動

ところで，コーナリング中の自動車でタイヤがロックすると，自動車はどのような運動をするのであろうか。どの車輪がロックするかによって，自動車の挙動は大きく異なる。以下，ロックする車輪によって挙動がどう違うかを調べてみよう。

(a) 前輪のロック

前後4輪に装着されているブレーキの効きの前後の割合をブレーキ力の前後配分と呼んでいる。駆動力の前後配分と同じような考え方である。

ブレーキ力が前輪に多く配分されている自動車のブレーキを次第に強くかけていくと，まず前輪がロックする。

ロックした前輪はサイドフォースを失うが，後輪はロックしていないので充分なサイドフォースを出すことができる。その結果，自動車は前輪の向きに関係なく，まっすぐに進んで停止する。コーナリングであればカーブの接線方向に直進する。

(b) 後輪のロック

次に，ブレーキ力が後輪に多く配分されている自動車のブレーキを次第に強くかけていくと，今度はまず後ろの車輪がロックする。

この場合には，サイドフォースを失った後輪は横すべりして自動車はスピン状態に入

図8-17

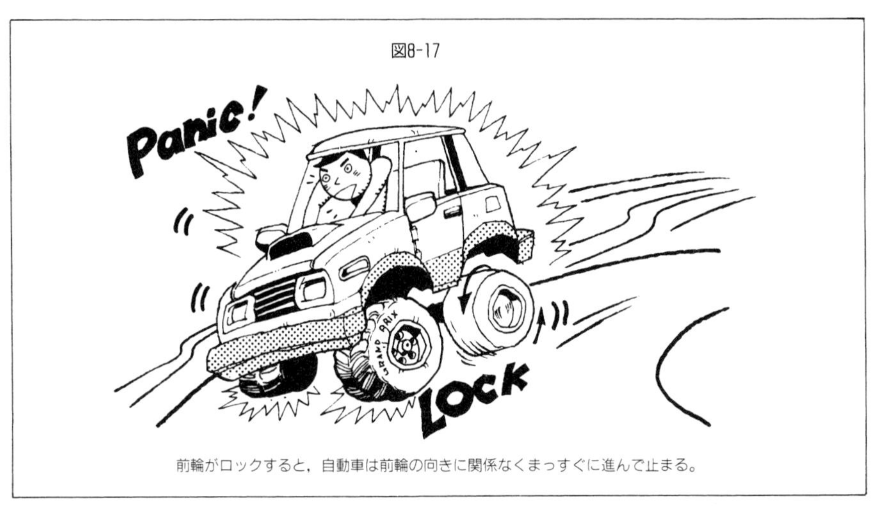

前輪がロックすると，自動車は前輪の向きに関係なくまっすぐに進んで止まる。

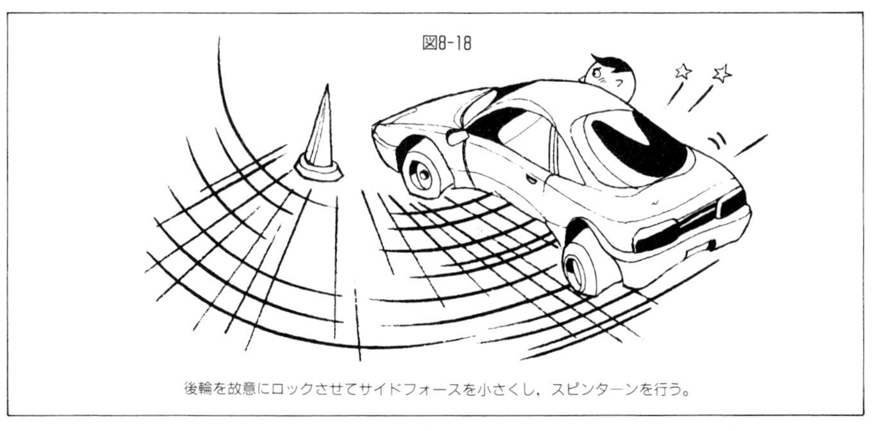
図8-18

後輪を故意にロックさせてサイドフォースを小さくし，スピンターンを行う。

図8-19

前後輪が同時にロックすると，ロック前の自動車の運動が続くので，コーナリング中であればそのままの速さで回りながら自動車はまっすぐに進む。

り，そのままスピンを続けて停止する。

広場にパイロンを置いて簡単なコースを作り，そのコースを走るタイムを競うジムカーナでは，サイドブレーキを引いて行うスピンターンが多用されるが，この後輪のロックによるスピンを応用したものである。

(c)　前後輪同時ロック

最後に，ブレーキ力が非常にうまく配分されていて，前後の車輪が同時にロックするとする。

この場合には，前後の車輪が全部サイドフォースを失い，どの方向にも同じ大きさの摩擦力しか発生できない。このため，車輪ロック前の自動車の運動が継続する。コーナリング中ならコーナリング中の自動車の回転速度を維持したまま自動車の重心は直進し，やがて停止する。

このようにブレーキ力を前後の車輪にどのように配分するかによって，急ブレーキ中の自動車の挙動は違ってくる。もちろん，車輪がロックしないようにブレーキのかけ方を加減すればよいが，急ブレーキのような緊急事態ではそのようなことはできない。

この中でどのブレーキが安全か，順位を付けてみよう。

No.1　前後輪ロックなし——操向可能

ハンドルが効く状態で，ブレーキ中に障害物を避けることも，コーナリング中にブレーキをかけることもある程度可能である。

どの車輪もロックしないように名人芸のブレーキのかけ方をするか，ABS付きの自動車の場合である。

No.2　前輪ロック——直進停止

コーナリング中であろうが，ハンドルをどちらに切っていようが，おかまいなしに自動車はまっすぐ猪突猛進する。あわててハンドルを切っても相変わらず同じ向きに直進する。

前輪へのブレーキ配分が多い場合であるが，言い方を変えれば後輪がロックしにくいブレーキである。

No.3　前後輪同時ロック——ヨー運動維持

直進中なら大体まっすぐ進んで止まるが，コーナリング中なら自動車の向きの変化(ヨー運動)をそのまま維持してゆっくり回転しながら，全体としてはまっすぐ進んで停止する。ハンドルをどのように切っても関係ない。

スピンほどではないが，ドライバーも乗客も動転することは間違いない。

No.4　後輪ロック——スピン停止

コーナリング中でも直進中でも，自動車はクルクルと回るスピン状態に入り，極めて危険である。さらに危険なのはドライバーがあわててブレーキをゆるめることで，車輪のサイドフォースが復活する結果スピンは止まるが，自動車はそのときの車輪の方向(どこを向いているのか誰も知らない)に向きを変えてまっしぐらに進み始める。

No.1以外はどれも安全ではないが，絶対に避けなければならないのはNo.4，次にNo.3，止むを得ず許容するのがNo.2というところになるであろう。

このような理由で，一般に市販されている自動車では前輪のブレーキの効きをよくして，ロックするほどの強いブレーキがかけられた場合，必ず前輪ロックになるように調整されている。

(8) 四輪駆動とブレーキの関係

さて前置きが長くなってしまったが，四輪駆動とブレーキという２つの機能は，どのようにつながっていてお互いに影響をおよぼしているのであろうか。

4WDの前と後のドライブトレインは何らかの形で結合されている。直結4WDなら直接に結合され，センターデフとビスカスカップリング(VCU)によるフルタイム4WDならセンターデフとVCUで，VCUによるスタンバイ4WDならVCUによって結合されている。

このため，ブレーキ力も前後で関係(干渉)する。

たとえば，前輪のブレーキ配分が多く(要するに前のブレーキが効き過ぎて)，前輪が容易にロックする直結4WD車があったとする。ブレーキをかけると，前輪側だけでなく直結されている後輪側のドライブトレインもいっしょにロックする。すなわち，前後車輪同時ロックになる。同様に後輪が効き過ぎる自動車でも，後輪だけロックすることはなく，やはり前後輪同時ロックになることがわかると思う。

この現象はブレーキにとって良い面と悪い面がある。

後輪のブレーキの効きがよすぎる自動車の場合，2WD状態では後輪ロックとなって極めて危険であるが，4WD状態にすると前後輪同時ロックとなり，後輪ロックでスピンするよりはマシである。

逆に前輪のブレーキの効きがよく，前輪ロックになっている通常の自動車の場合には，2WD状態では狙いどおりの前輪ロックになるが，4WD状態では前後輪同時ロックとなってしまう。

このことは直結4WDだけでなく，前後のドライブトレインがビスカスカップリングやその他の手段でつながっている場合にも当てはまる。

これをさけるために，前後のドライブトレインのつながりを弱めたり，ブレーキング時につながりを断ったりすることが行われている。たとえば，ワンウエイクラッチやスプラインでドライブトレインを切ってしまったり，カップリングの特性を正向きと逆向きで異なるようにしたり，トルセンLSDを用いたりする。

アンチロックブレーキ・システムと4WD

自動車が4WDになって，走る性能と曲がる性能が向上したとき，それに見合った止まる性能を発揮するにはアンチロックブレーキ・システム(ABS)が必須となるだろう。ところが，二輪駆動車で発達してきたABSをそのまま四輪駆動車に適用するとうまく作動

図8-20　アンチロックブレーキ・システムの構成図

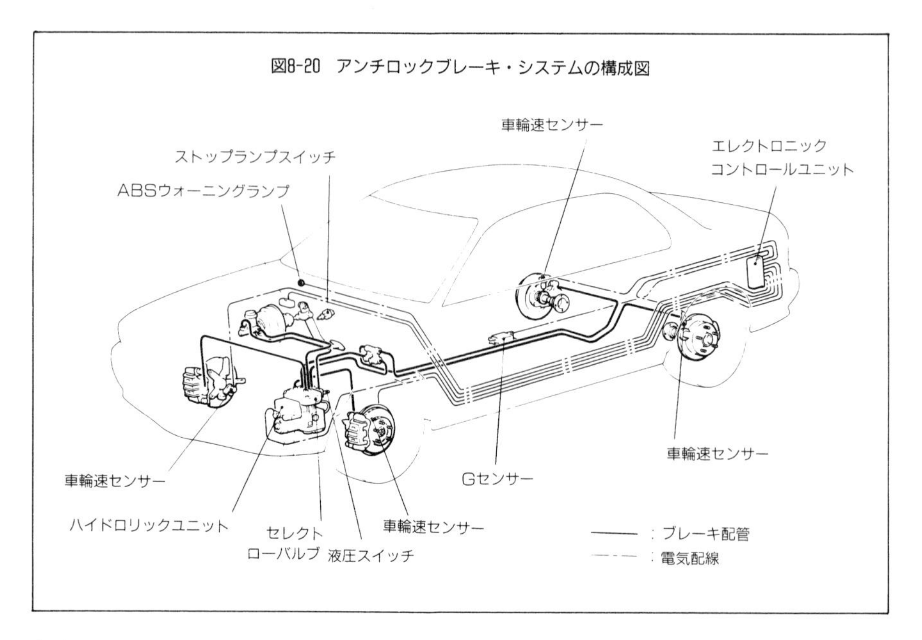

しない。

ABSは緊急時に目一杯ブレーキをかけても車輪がロックせず，タイヤが出せる最大のブレーキ力になるように，タイヤのスリップ率を自動的にコントロールすることを目的としたシステムである。車輪はロックしていないのでサイドフォースを出す余裕があり，コーナリングしながらブレーキをかけてもハンドルを効かせて操舵することができる。

ABSの原理については第10章で解説するが，ここでは4WDの場合，なぜうまく作動しないのかについて簡単に触れておく。

ABSでは車輪をロックさせず，しかも最大のブレーキ力を出させるために，車輪のスリップ率を20%前後にコントロールすることが行われる。そのためには，まず自動車の速度をなるべく正確に把握する必要がある。

ところが，どの車輪にもロックしそうになるほど強いブレーキがかかっているので，車輪の回転数から自動車の速度を計算したのでは，出てくる答えは当てにならない。かといって，他に自動車の速度を求める手段はない。

そこで止むを得ずブレーキング中の4つの車輪の中で，その時々の最も高い値を持つ車輪の回転数で代用する。これをセレクトハイの原理と称する。

しかし，4WDで4つの車輪が直結されたり，差動制限されたりしていると，特に摩擦係数が小さい路面では4輪の車輪速度が同期してしまうので，自動車の速度を実際より低いと錯覚してしまう。

また，4WDは駆動系全体の慣性力が大きいので，ブレーキ力を加減してもなかなかうまくコントロールしにくいという問題もある。

これらに対処するために，先ほどと同じように差動制限をゆるくしたり，ABSがはたらく瞬間に前後の接続を切ったりする方法と，全く別のやり方としてGセンサー(加速度検知装置)によって車両の減速度を測定することなどの方法がとられて，4WDでもABSが充分に作動することができるようになったのである。

第9章

4WDを構成する主な部品のメカニズム

4WDには特有のメカニズムやユニットが多い。これまで4WDの構成ユニットについては全体のシステムを説明する中で取り上げてきたが，この章では個々のユニットに焦点を当て，やや詳細に説明しよう。

取り上げるユニットは以下の6つである。

⑴トランスファー
⑵差動装置
⑶差動制限装置
⑷ビスカスカップリング
⑸プロペラシャフトとドライブシャフト
⑹ユニバーサルジョイント

⑴ トランスファー

はじめにもっとも4WDらしいユニットであるトランスファー・ギヤボックス(略してトランスファー)を取り上げよう。

エンジンからトランスミッションに伝えられて来た動力を，前輪側のドライブトレインと後輪側のドライブトレインに振り分ける(配分する)のが，トランスファー・ギヤボックスの主な役割である。

動力を振り分けるといっても分け方にはいろいろあり，その方法によってその車の性格が大きく変わるので，まさに4WDの要(かなめ)ともいうべき重要なユニットである。

直結ギヤ式のトランスファー

最初に説明するのは，最も歴史の長いパートタイム4WDのトランスファー・ギヤボックスである。

後輪への動力は常時接続されたままであるが，前輪への動力だけがオン・オフ切り換えできる。図9-1の四角の箱の中に切り換え装置が入っているつもりである。オンにすると前後直結の四輪駆動，オフにすると後二輪駆動(2WD)になる。オン・オフの切り換えは，確実で簡単な方法としてスプラインを利用したドッグクラッチが一般的である。

ドッグクラッチは運転席から機械式レバー，エンジン負圧，電気などによって操作され，そのための装置がトランスファーの中に組み込まれている。

パートタイムあるいはセレクティブ4WDとして長い間使われ，現在も多数使用されている古典的な構造である。

実際の自動車では2WDと4WDの切り換えと共に，四輪駆動時に通常使われるハイギヤと，悪路で使われるローギヤの切り換えを同時に行えるようにしてあるのが普通で，図9-2はトヨタ・ランドクルーザーの例である。

トランスファーのインプットギヤに入力されたトルクはハイ(H：変速比1)とロー(L：変速比約2.5)の2段変速ができるようになっている。

リヤアウトプットシャフトの前方にあるスプラインによるドッグクラッチが，2WD/4WDの切り換え装置である。ドッグクラッチがオンになって結合されていると，前後ドライブトレイン直結の4WDになる。オフにして切り離すと，前輪はフリーになって後輪駆

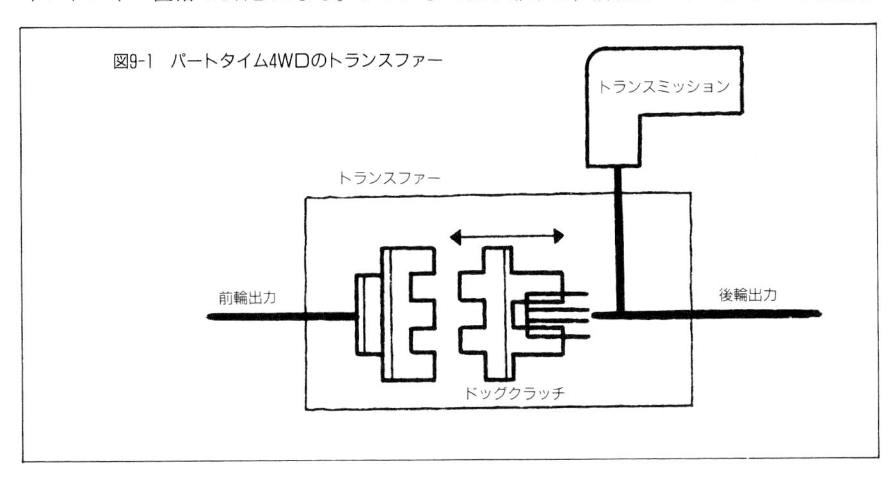

図9-1　パートタイム4WDのトランスファー

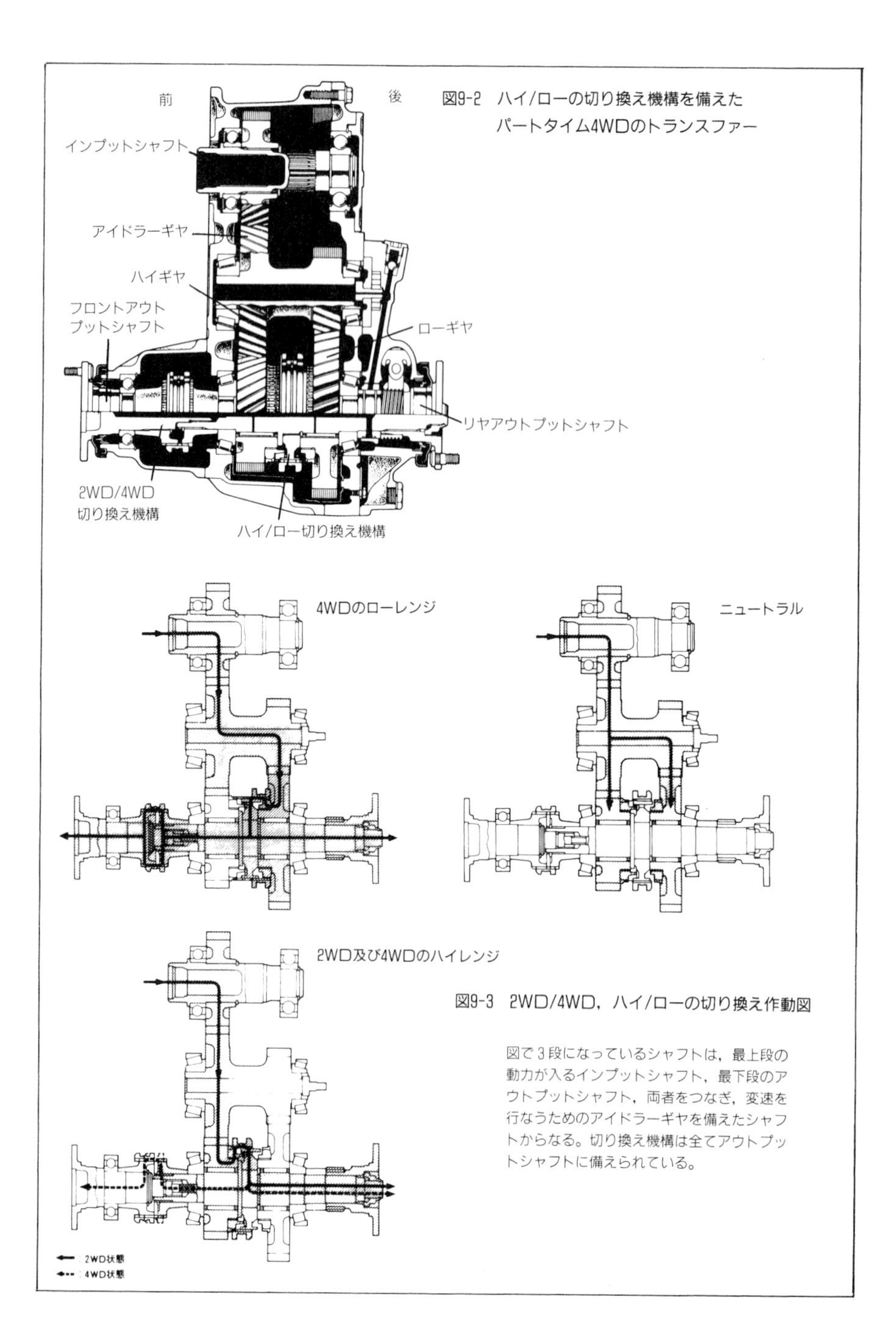

図9-2　ハイ/ローの切り換え機構を備えたパートタイム4WDのトランスファー

図9-3　2WD/4WD，ハイ/ローの切り換え作動図

図で3段になっているシャフトは，最上段の動力が入るインプットシャフト，最下段のアウトプットシャフト，両者をつなぎ，変速を行なうためのアイドラーギヤを備えたシャフトからなる。切り換え機構は全てアウトプットシャフトに備えられている。

動の2WDになる。

スプラインによるドッグクラッチはコンパクトで確実な構造であるが，実際の作動は図から想像するほど簡単ではない。何故なら，スプラインがかみ合うにはスプラインの山と谷がちょうど合っていなければならないからである。スプラインのかみ合いを外す場合もスプラインにトルクがかかっていない時でないと容易ではない。このために待ちメカニズムが使われる。

これは運転者が運転席から2WD↔4WDの操作をすると，電気信号がシフト・アクチュエーターに伝わりドッグクラッチを作動させようとする。しかし作動できない場合には作動できるようになるまで待ち続ける。このメカニズムはエンジンのマニホールド負圧でダイヤフラムを作動させるものも多い。

油圧多板クラッチ式のトランスファー

前項のパートタイム式4WDの，2↔4切り換え装置のかわりに電子制御の油圧多板クラッチを配置した例である。

油圧多板クラッチがオフになっていると，図9-4ではFR車になる。多板クラッチの結合を強くしていくと動力は前輪にも配分され，フルタイム4WDとなるが，最終的には前後直結の4WDになる。4WDであってもFFまたはFR状態で走ることが可能であり，その良さを残す方式である。特にコーナリングで後輪駆動によるドリフト走行を可能にする場合には，FRを基準にしてこの形式が取られる。

図9-4　油圧多板クラッチ式4WDのトランスファー

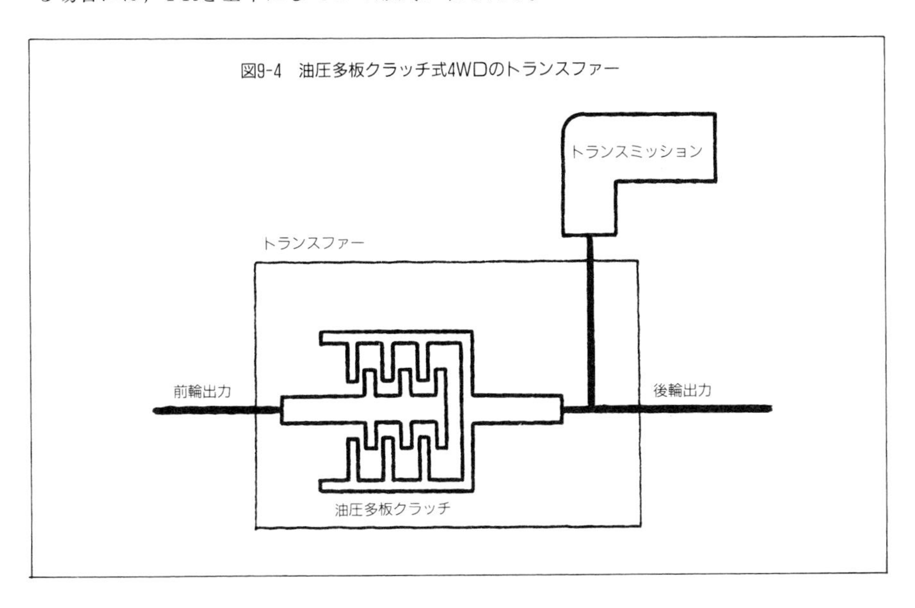

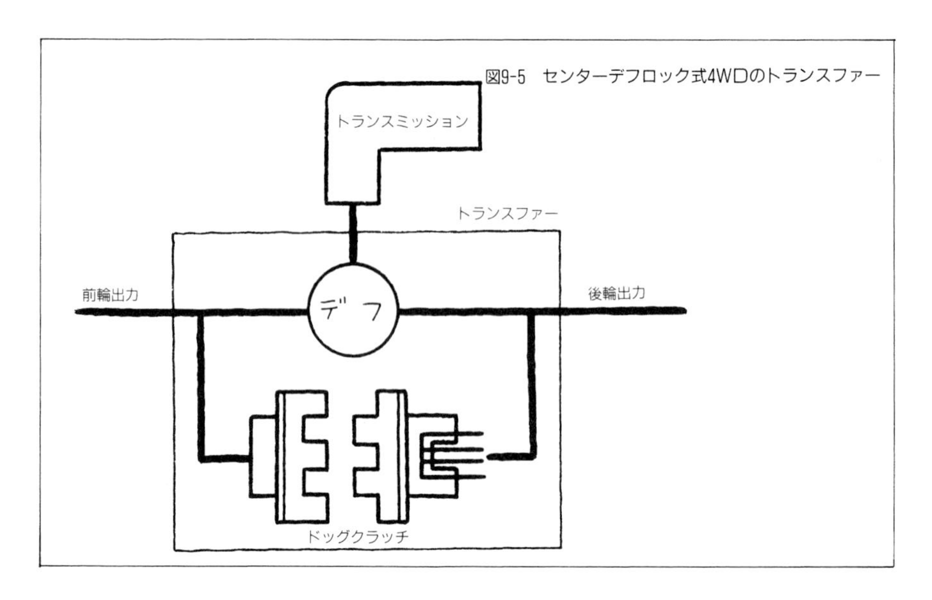

図9-5　センターデフロック式4WDのトランスファー

センターデフロック式のトランスファー

動力はディファレンシャル(差動装置)によって前後のドライブトレインに一定の割合に配分される。図9－5で，ディファレンシャルがベベルギヤ(傘歯車)の場合には前後に等分(50：50)されるが，プラネタリーギヤ(遊星歯車)を使って配分の割合を前後で変え，たとえば60：40のように自動車の目標性能に応じて設定することも行われている。

この図のように差動制限のないフリーなディファレンシャルを使用するときは，いざというときに備えてデフロック装置が必須である。

デフロックはデフをまたいで前後のドライブトレインを短絡させる形になっており，これをオンにすると前後のドライブトレインはつながって前後直結の四輪駆動となる。このときディファレンシャルはあってもなくても同じになり，デフの機能を失わせるので殺すなどと物騒な言葉を用いたりする。

実際の装置としてはやはりドッグクラッチを用い，運転席からリモコンで操作したり自動的に作動したりするようになっている。

このシステムの具体例は第6章(2)のセンターデフロック式4WDのところですでに説明した。

センターデフ差動制限式フルタイム4WDのトランスファー

オンとオフだけの少々乱暴なデフロックの代わりに，ディファレンシャルの差動機能を制限する装置を取り付けたものである。

差動制限装置についてはあとで詳しく説明するが，前後のドライブトレインの回転数差によってトルクを発生するビスカスカップリング，トルク差を感知して差動制限するトルセンデフなど多くの種類のものが製品化されてきている。

一口に差動制限といっても制限の仕方にいろいろあり，装置の種類や諸元によって4WD車の走りっぷりが影響を受ける。オフロード用4WDからオンロード高性能4WDへの進化の鍵をにぎっている大切な部分である。

特に油圧多板クラッチを電子制御する方式の差動制限装置は，制御の自由度が高くいろいろな機能を持たせることができる。

具体例は，第6章(3)のセンターデフ差動制限式4WDのところで説明した。

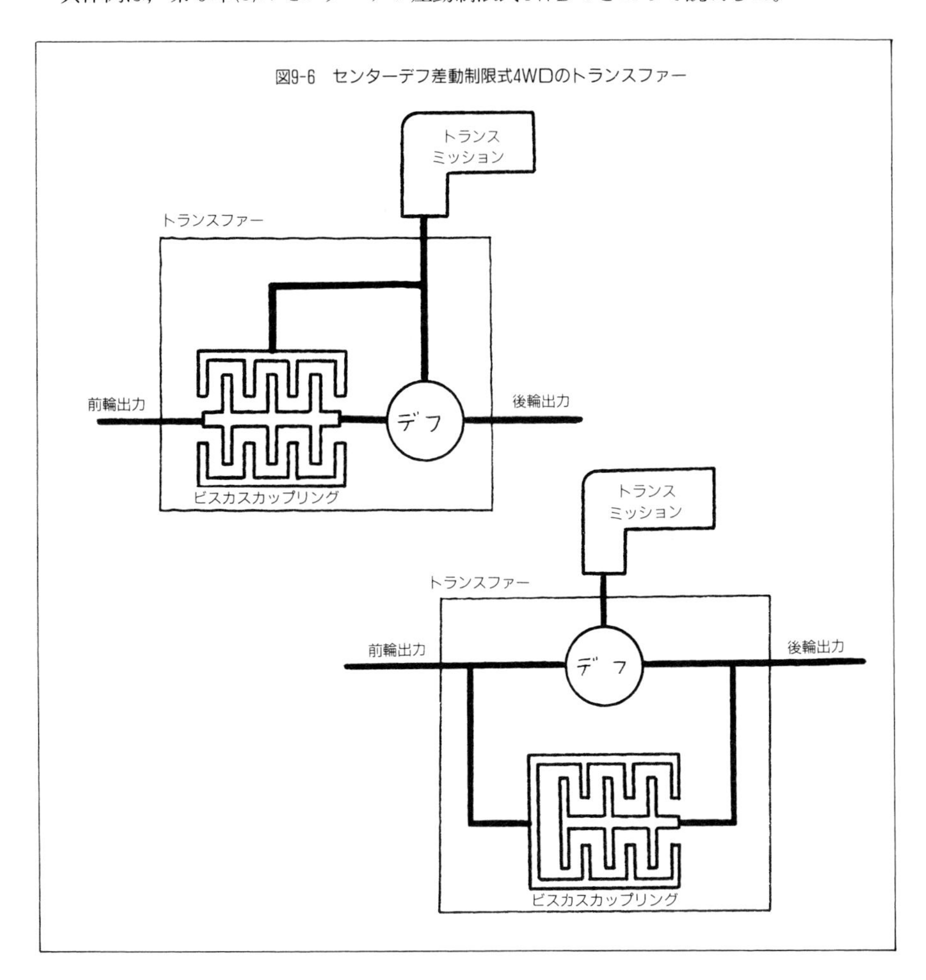

図9-6　センターデフ差動制限式4WDのトランスファー

図9-7　駆動力を前後に配分するだけのトランスファー

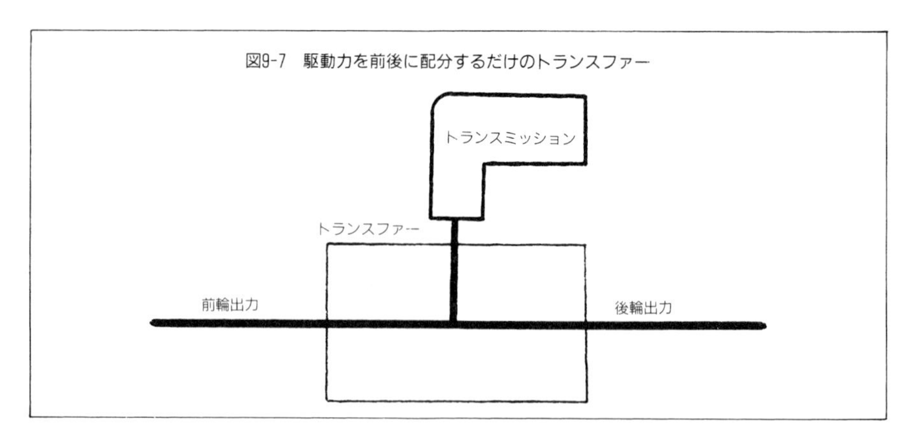

駆動力を前後に配分するだけのトランスファー

FF車をベースにしているが，リヤのドライブトレインへは回転数差を検知してトルクを発生するビスカスカップリングや油圧ユニットを通して後輪を駆動するシステムでは，トランスファーの仕事は駆動力を前後に配分するだけである。

ビスカスカップリングなどのユニットは，後輪へのドライブトレイン（プロペラシャフトが多い）の前後どこに配置しても良いので，トランスファー・ギヤボックスの直後あるいは後アクスルのデフの直前に配置する。

このシステムの詳細については，第６章(4)のトルク配分可変式4WDのところで説明した。

ベース車の形式によるトランスファーの分類

トランスファー・ギヤボックスの中に入っている機能は同じでも，取り付けられる自動車によってトランスファーの形状は千差万別である。しかし，その4WDのベースになった2WD車の形式によって大きく３つに分類することができる。

①FR車ベース

2WDでは図９－８の左のようにトランスミッションからプロペラシャフトで後輪を駆動するが，これを4WD化するために図右のようなトランスファーがトランスミッションの後部に取り付けられる。

前輪を駆動するためのプロペラシャフトはトランスミッションだけでなく，エンジンもさけて通さなければならない。

軍用ジープ以来の古典的な形式で，オフロード4WDはほとんどがこのタイプである。

②エンジン縦置きFF車ベース

エンジン縦置きのFFでは，図９－９の左のようにトランスミッションの中で動力が折

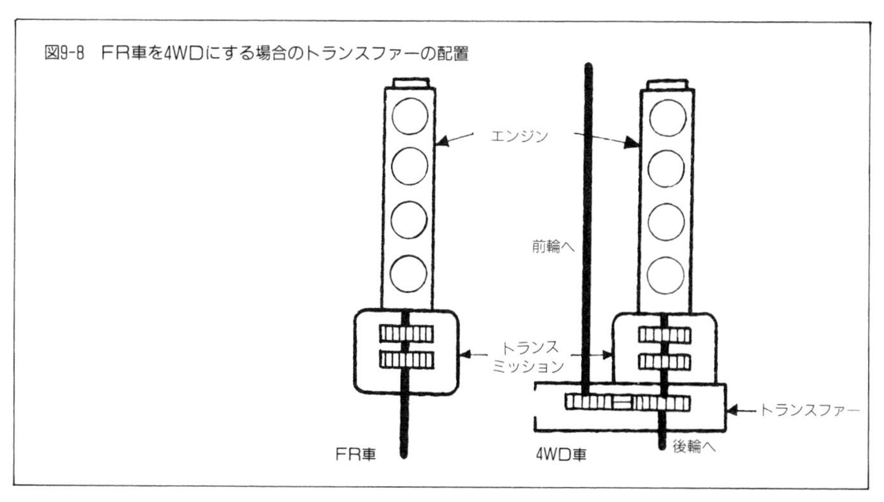

図9-8　FR車を4WDにする場合のトランスファーの配置

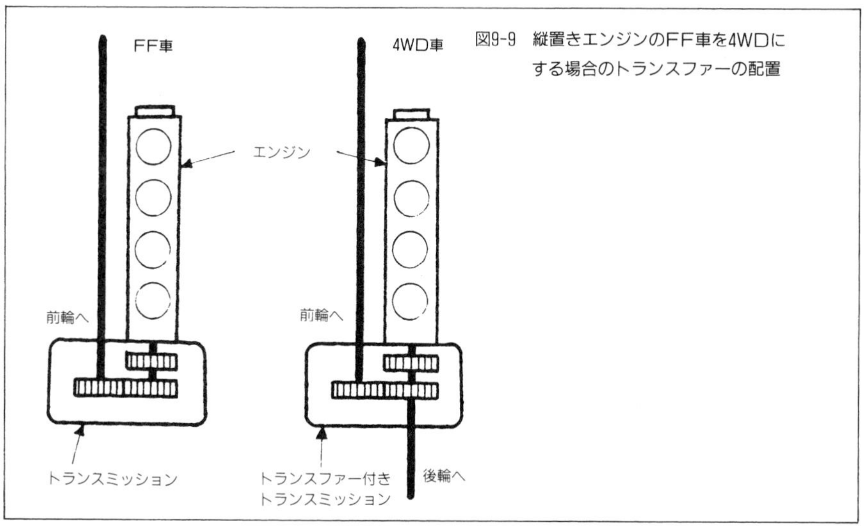

図9-9　縦置きエンジンのFF車を4WDにする場合のトランスファーの配置

り返されながら変速が行われ，再び前向きに戻ってきて最終減速機（ファイナルドライブギヤ＝ハイポイドギヤ）を駆動する。

このため，トランスミッション最後部にトランスファーを追加して動力を後輪側にも分配すると，非常にスマートに4WDが出来上がる。しかも，トランスファーから後部はFR車のドライブトレインと同じ形でよいので，ボディのフロアやリヤアクスルもごく普通の形ですむ。

もちろん，FFベースだからといって前輪駆動を主に動力を配分する必要はなく，トラ

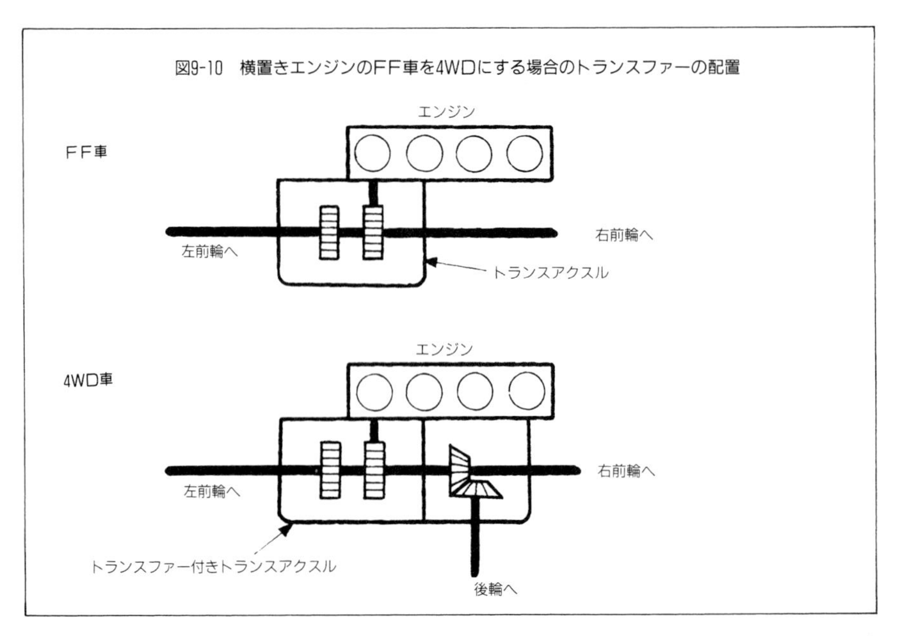

図9-10　横置きエンジンのFF車を4WDにする場合のトランスファーの配置

ンスファーで後輪側を主体に配分してもかまわない。常時後輪側を直結に(つまりFR), 前輪側配分を追加して四輪駆動状態にしても良い。あるいはプラネタリーギヤで前後輪への配分を行っても良い。これはどの形式のトランスファーでもいえることである。

このタイプの典型的な例は, 水平対向エンジンを使ったスバル車に多くみることができる。

③エンジン横置きFF車ベース

横置きエンジンFF車のトランスアクスル(トランスミッションとファイナルドライブギヤを同じケースに組み込んだもの)は図9-10のように取りつくシマがないような形をしている。これにトランスファーを取り付けて, 後輪を駆動し4WD化するのは簡単ではない。

しかし, 横置きFF車はかつてのFRに代わって今や乗用車のコンベンショナルな形式となったものである。これを4WD化するのは非常に重要なテーマであり, トランスファーとしていろいろなものが工夫されてきている。二重, 三重のシャフトを使ったり, 回転軸を90度向きを変えたり, 変速したりするので構造的には大変わかりにくい。

しかし, トランスファー以降のプロペラシャフトやリヤアクスルはFRと同じ形となるので, 比較的容易に4WD化することができる。今日の4WDのブームを可能にした形式といえよう。

図9-11　最終減速装置

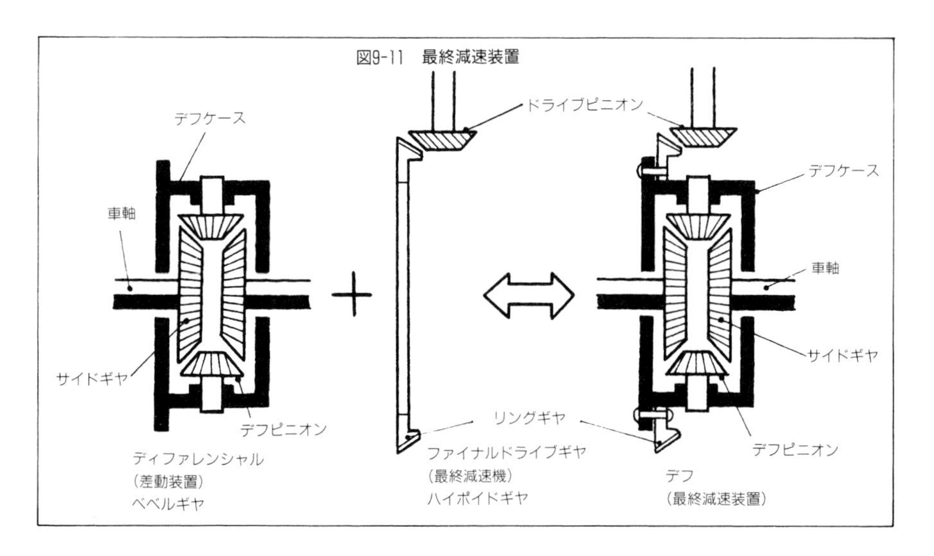

(2) 差動装置

差動装置は，パートタイム4WDでは左右のドライブシャフトの間に，フルタイム4WDでは前後のプロペラシャフトの間にも置かれる四輪駆動のかなめとなる重要な装置で，一般にデフと呼ばれている。

普通日本では「デフ」というと，最終減速機(ファイナルドライブギヤ)＋差動装置(ディファレンシャル)のことを指していることが多い。たとえば，エンジンが前にあって後輪を駆動するFR車のデフといえば，「ハイポイドギヤの最終減速機」と「ベベルギヤ(傘歯車)の差動装置」が一体のユニットとなった装置のことをまとめていう。走っている車の姿を後ろから見ると，ちょうど動物の急所のように見えることもあって，親しみの念をこめて「デフ」「デフ」と呼ばれる。

しかし，ここでいう差動制限装置は，デフの減速機部分を除いた差動装置＝ディファレンシャルの部分についての話であることはいうまでもない。

ベベルギヤ式差動装置

差動装置にはいくつかの形式があるが，もっともよく知られているタイプは，1825年にフランスのペクレールによって発明されたもので，サイドギヤと呼ばれる左右のドライブシャフトに取り付けられたベベルギヤに，ピニオンギヤを組み合わせた簡単なものである。

ペクレールの差動装置では，図9-12からわかるように2個のピニオンギヤが対称の

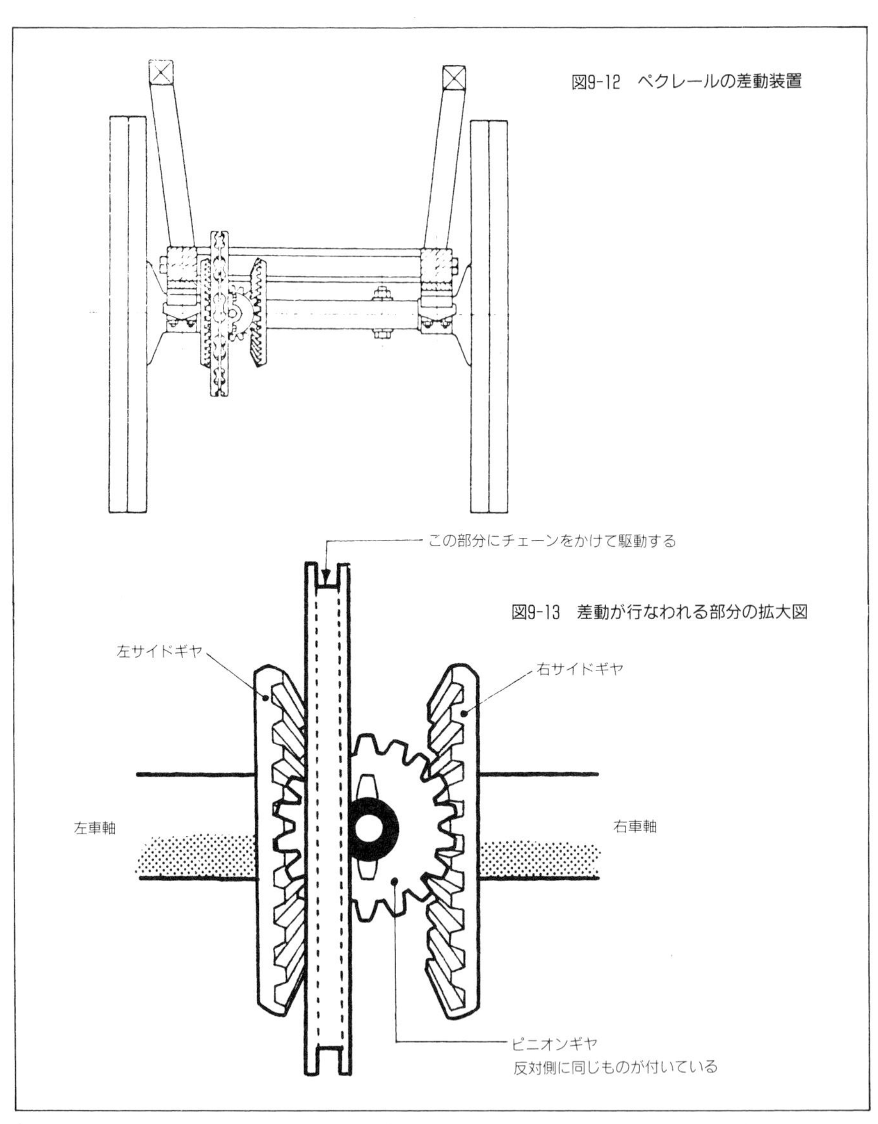

図9-12　ペクレールの差動装置

図9-13　差動が行なわれる部分の拡大図

位置に置かれており，このピニオンを保持するリングをチェーンで回すようになっていてギヤが外から見える。現在のデフはピニオンギヤを取り付けたリングを大きくしてサイドリングを覆うように作られており，この覆いはディファレンシャルケースと呼ばれている。

ピニオンギヤの数はオリジナルのままの2個が普通だが，ピニオンの負担を軽くするために4個使われている場合もある。

FR車のデフは，このディファレンシャルケースにハイポイドギヤの最終減速機を取り付け，一体のユニットにしてディファレンシャルキャリヤの中に納め，デフオイルで潤滑している。

差動装置の作動原理

作動原理は実に単純明快で，左右の車輪の回転速度が同じ場合にはピニオンギヤは動かないでデフキャリヤとサイドギヤが同じ速さで回転し，左右の車輪の回転速度が違うとその回転差をピニオンギヤが回転して吸収するというものである。

FR車では，プロペラシャフトによって導かれた回転力を直角に方向転換する必要があるので，デフケースにベベルギヤ(傘歯車)をリングギヤとして取り付け，このギヤをドライブピニオンで回しており，このときのギヤの歯数の違いによって減速も同時に行っ

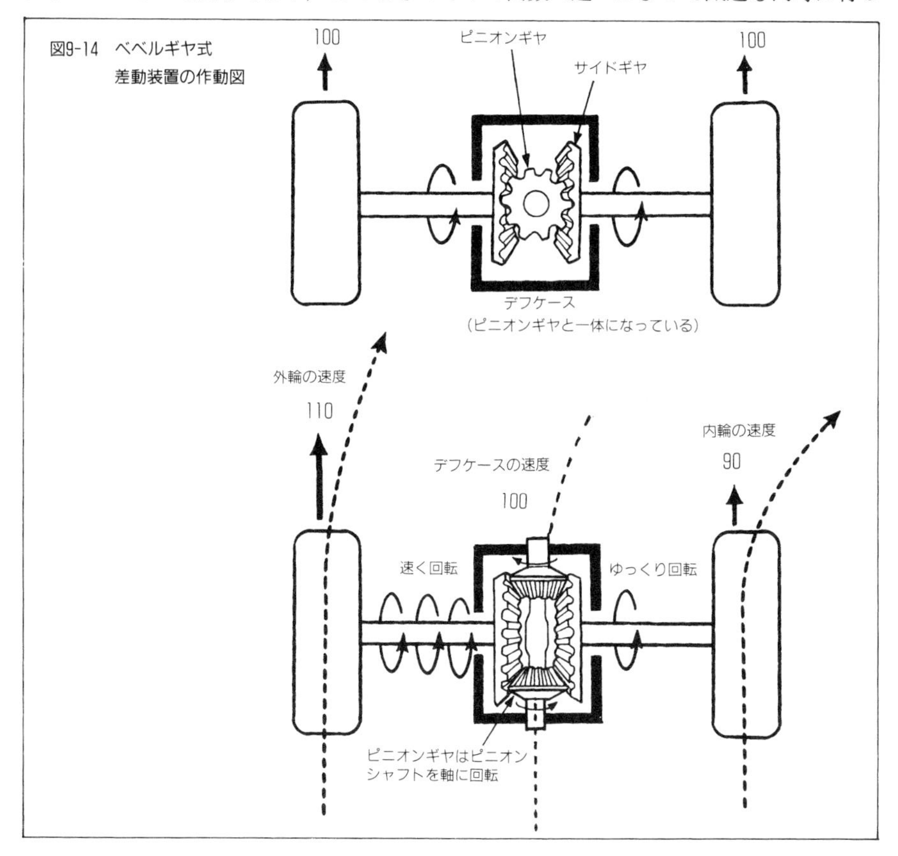

図9-14　ベベルギヤ式差動装置の作動図

ている。FF車でエンジンが横方向に置かれている場合には方向転換の必要はないので，デフケースの周囲にヘリカルギヤ(はすば歯車)が取り付けられ，トランスミッションの出力によってこれが回される。

以上，左右のドライブシャフトの間に置かれるデフについて説明したが，フルタイム4WDでは前後のプロペラシャフトの間にもデフが置かれる。この場合は，上の説明の左右が前後になるだけで，作動原理は全く同じである。

ダブルピニオン・プラネタリーギヤ式差動装置

差動装置にはこの他に遊星歯車を使う形式のものがある。

遊星歯車は中央にサンギヤと呼ばれる外周に歯を刻んだギヤを置き，このギヤをとりかこむ形で内周に歯を刻んだリングギヤを設け，この一対のギヤを両方のギヤとかみ合うピニオンギヤでつないだ構造になっている。

ピニオンギヤを，サン(太陽)ギヤの周囲を回るプラネット(惑星＝遊星)に見立てて，この一組のギヤ群をプラネタリーギヤ(遊星歯車)と呼ぶわけである。

遊星歯車にはいくつかのタイプがあるが，マツダ・ファミリア，トヨタ・エスティマ，三菱・GTOなどはピニオンギヤを2つセットにして使うダブルピニオン・プラネタリーギヤ式をセンターデフに採用している。

この装置は図9-15に示すようにデフケースの内面にリングギヤ(インターナルギヤ)を刻み，中央にサンギヤをおいて，リングギヤとサンギヤを2つのピニオンギヤを一組にしたプラネットギヤでつないだ構造になっている。サンギヤがフロントの出力軸につながれているとすれば，リヤの出力軸にはプラネットギヤを固定したプラネットキャリヤが取り付けられている。

図9-15　プラネタリーギヤ式センターデフの作動図

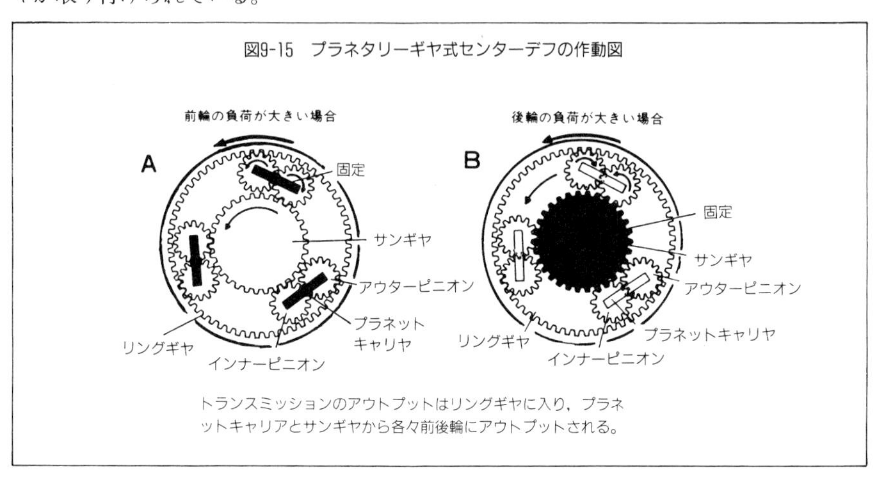

トランスミッションのアウトプットはリングギヤに入り，プラネットキャリアとサンギヤから各々前後輪にアウトプットされる。

トランスミッションからのトルクはリングギヤに伝えられ，前後のプロペラシャフトの回転速度が同じ場合にはピニオンギヤは動かず，全体が同じ速さで回転する。前後の回転速度が違うと，サンギヤとプラネットキャリヤの回転差をピニオンギヤが回転して吸収する仕組みである。ピニオンを2個使うのは，サンギヤの回転方向をリングギヤとプラネットキャリヤの回転方向に一致させるためである。

複合プラネタリーギヤ式差動装置

スバルは同じプラネタリーギヤ式だが，サンギヤを2個並べ，これをプラネタリーキャリアでつないだタイプのものを開発し，不等&可変トルク配分(VTD)電子制御4WDシステムに採用している。このシステムについては第6章で述べたので，ここでは差動装置についてだけ説明しよう。

上に述べたダブルピニオン・プラネタリーギヤ式では，外側のリングギヤから入力しプラネタリーキャリアから前輪へ，サンギヤから後輪に出力した。この装置では図9-17の左側のサンギヤから入力し，プラネタリーキャリヤから前輪へ，右側のサンギヤから後輪に出力する。

図9-16　複合プラネタリーギヤ式センターデフ

複合プラネタリーギヤは，一般的なプラネタリーギヤのリングギヤを除いたものを2個並べ，ピニオンギヤをつないだ構造となっている。
入力は一方のサンギヤに入り，ピニオンギヤを介して他方のサンギヤとプラネタリーキャリヤから出力する仕組みである。

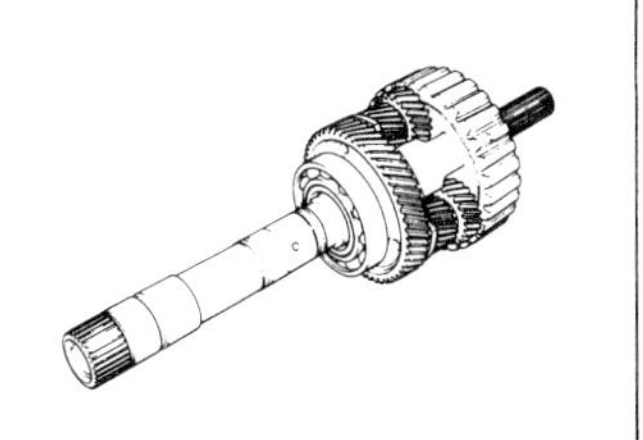

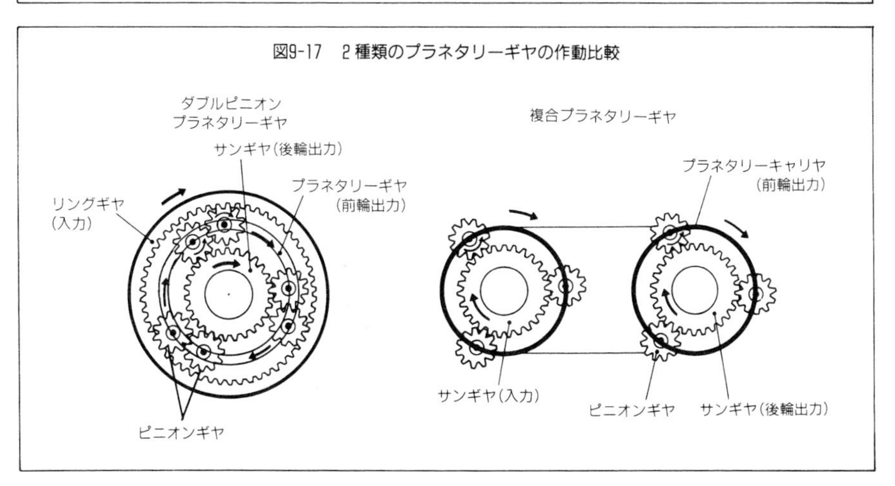

図9-17　2種類のプラネタリーギヤの作動比較

ダブルピニオン・プラネタリーギヤ式の場合は，リングギヤの大きさによって中のサンギヤやプラネタリーギヤは制約を受けるが，この複合式にはリングギヤがないので，サンギヤとプラネタリーギヤの大きさを自由にとることができるのが大きな特徴である。

図では説明をわかりやすくするために全てのギヤの大きさを同じにしているが，実際にはサンギヤ，ピニオンギヤ共に入力側と出力側で大きさを変え，デフがフリーの状態で前後輪へのトルク配分が35：65になるように設定されている。

差動の仕組みは上に述べたダブルピニオン式の場合と同じである。

差動装置の弱点

差動装置はガソリン自動車の歴史以前(つまり蒸気自動車時代)から存在する実に巧妙なカラクリで，回転数の異なる2つのシャフトに同じ大きさのトルクを分配することができる偉大な発明である。

たとえば,自動車がカーブを旋回中は左右のアクスルの回転数は異なっている(差動とはこのことを指している)が，それにもかかわらずエンジンから来たトルクは，デフによって左右均等に配分することができる。

ところが，せっかくトルクが配分されてきても，タイヤが路面から浮いていたりすると，このトルクを受け止めて駆動力として生かすことができない。その結果，配分されたトルクはのれんに腕押しになって「空振り」し，タイヤはスピンするが駆動力はわずかしか発生しない。

ここまでは止むを得ないとして，問題はその先である。空振りしている車輪に駆動力が生じないだけでなく，きちんと接地している車輪の側にも駆動力が生じないのである。なぜなら，たとえ回転数が異なっていても，2つの軸に同じ大きさのトルクを分配するのが差動装置であるから，スピンを起こしている側のアクスルに生じているわずかな駆動力を発生させるトルクと同じ大きさのトルクしか反対側のアクスルに分配されない。たとえ，ドライ路面の上でタイヤが十分な駆動力を発生できるようになっていても。

このように旋回中に車輪が道路から浮いたり，あるいは雪道などで片側の車輪だけがすべって駆動力を失っただけで，反対側の車輪もお付き合いして駆動できなくなり，自動車は動かなくなってしまうことはよく経験することである。これは偉大な発明の重大な欠点である。

センターデフを使用するフルタイム4WDがなかなか実用化できなかったのは，このようなデフの性質が障害になったからであった。

⑶ 差動制限装置

そこで，このようなデフの差動機能を制限して弱点をカバーするアイディアが数多く生まれて来た。つまり，普段は差動装置として機能し，片側の車輪だけがホイールスピンするような状態になった場合にはその働きを制限しようというもので，これが差動制限装置である。

この装置はリミテッド・スリップ・ディファレンシャル(LSD)，ノンスリップデフ，スピン制限装置などの名称でも呼ばれ様々な形式のものがあるが，従来からトラック(貨物車)やラリー，レース車によく使われて来た長い歴史のあるユニットが，湿式多板クラッチによる摩擦利用の差動制限装置である。

これを後輪駆動のデフに使用すると，すべりやすい路面や悪路でのスタックからの脱出やラリー・レース車のコーナリング特性の改善に効果があるため限られた数ながらよく利用されている。しかし，この方式はトルク検知方式であるためFR車のリヤアクスルデフにしか使用できず，操向を行うフロントアクスルデフや，4WDのセンターデフには使用不可能であった。

かといって，これらのデフに使用できる特性を持った都合の良いユニットは存在せず，そのことがフルタイム4WDの実用化のネックになっていた。

ビスカス・カップリング・ユニット(VCU)はこのような用途に適した特性を持ち，そのために長年の課題であったフルタイム4WDの実用化を可能にし，技術上のブレークスルーとなったキーユニットである。

その後，ウォームギヤの歯面の摩擦を利用するメカニカルなデフ(トルセンデフ)なども製品化され，その採用も広がって来ている。以下，代表的な差動制限装置を取り上げて説明する。

なお，LSDの分類を行う場合，差動を制限する力がデフケースに入力されるトルクに比例するタイプのものを「トルク比例式LSD」あるいは「差動トルク感応式LSD」，左右または前後の入出力軸の回転数差によって変化するタイプを「回転数感応式LSD」と呼んで区別する場合がある。前者の例は多板摩擦クラッチ式LSDやトルセンデフで，後者の代表的な例がビスカスカップリングである。

多板摩擦クラッチ式LSD

このタイプは，図９-18のように差動装置のサイドギヤとデフケースの間に摩擦板を置いた構造になっており，摩擦板は差動トルクによってカムで押しつけられ，差動を制限する力が発生する。

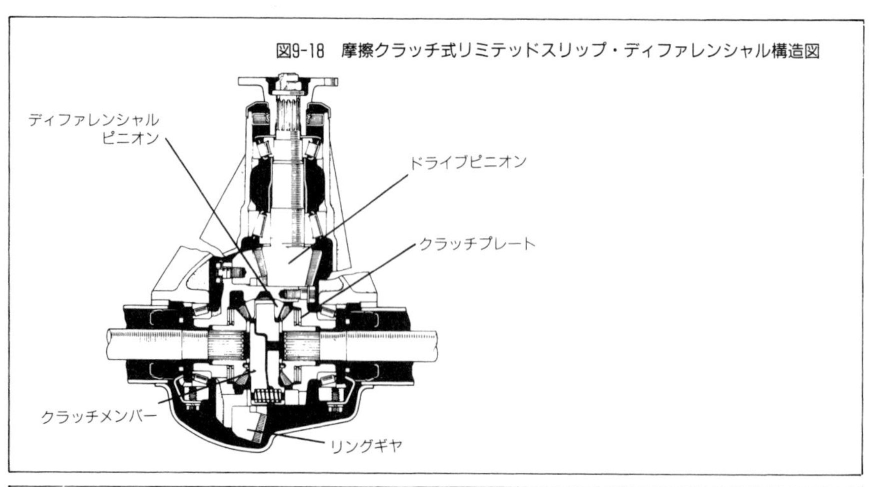

図9-18　摩擦クラッチ式リミテッドスリップ・ディファレンシャル構造図

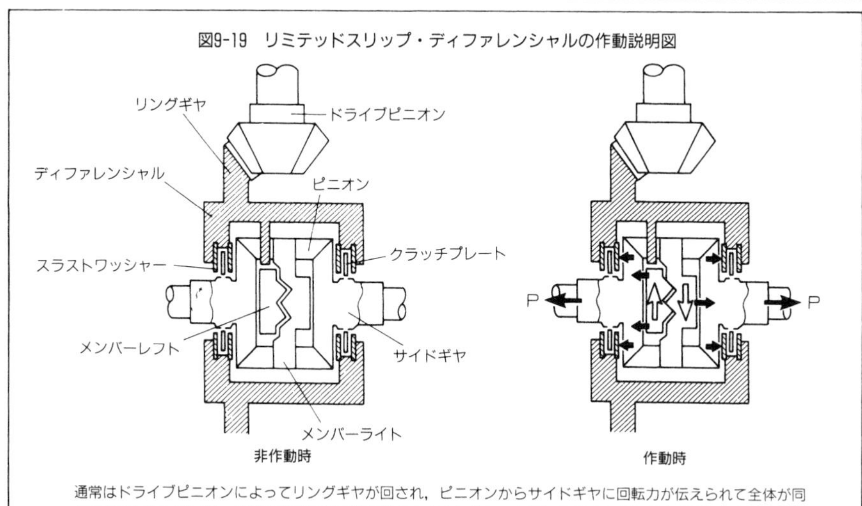

図9-19　リミテッドスリップ・ディファレンシャルの作動説明図

通常はドライブピニオンによってリングギヤが回され，ピニオンからサイドギヤに回転力が伝えられて全体が同じ速さで回転している。左右の車輪の回転数の差が大きくなると，中央にあるメンバーの山の形をした部分がぶつかり，クラッチが左右に開いてサイドギヤがデフケースに押し付けられる。このため片側のタイヤが空転しようとしても，クラッチが強く押しつけられて全体を回そうとする力になり，回転が遅くなると同時に反対側のサイドギヤの回転を上げる効果が生まれる。LSDの効きはじめは，クラッチのすき間の大きさによって決まる。

このLSDではスリップしている側のアクスルの最大で約2倍(これをバイアス比という。ノーマルデフではバイアス比は1である)までのトルクを反対側のスリップしていないアクスルに伝えることができる。

ちょっと話がこんがらかって来たので簡単な例で説明する。今，片側の駆動輪だけが氷雪路の上に乗っているとする。その部分の摩擦係数$\mu=0.2$とする。普通のアスファルト道路ではμ＝0.8程度であるから，0.2の氷結路はツルツルである。この車のデフがLSDなしのノーマルデフだとすると，反対側の駆動輪の実際の路面μがたとえ1であってもμ＝0.2に相当する駆動力しか発生しない。アクセルペダルをまともに踏んでもタイヤはスピンして加速できない。

そこでバイアス比2のLSDを使用すると，反対側の駆動輪にはμ＝0.2×2＝0.4の路面に相当するトルクが発生する。0.4なら砂利道程度のトラクションが得られるので，大分まともに走ることができるようになる。

レース，ラリー車で後輪の片側を浮かして，コーナリングしている場合はどうか？浮いているのだからトルクはゼロ，そうすると，バイアス比がいくら大きくても〔ゼロ〕×〔バイアス比〕＝〔ゼロ〕である。ところが，実際にはリヤアクスルを支持している部分の摩擦トルクが馬鹿にならないので，たとえ浮いていてもトルクはゼロではなく，接地している車輪にはある程度の大きさの駆動力が発生するのである。

この例からわかるように，LSDが働いているときは左右の車輪の駆動トルクが異なっている。車輪の回転数に関係がない。最初の動き出しから駆動トルクのアンバランスがある。左右対称のアクスルで左右の車輪の駆動トルクが違えば，自動車にヨーモーメント(重心を通る鉛直線まわりの回転力)を与えることになり，操縦安定性に影響を及ぼすことになる(その意味からもノーマルデフが常に左右同じトルクしか配分しないことは好都合なことである)。

このLSDはラリーやレース車によく使用されるが，差動制限効果と操縦安定性との兼ね合いでLSDのスペックを決める必要がある。

また，このLSDは4WD車や2WD車のリヤアクスルデフには効果があり副作用も許容できるが，FF車のフロントアクスルデフや4WD車のセンターデフには使用できない。

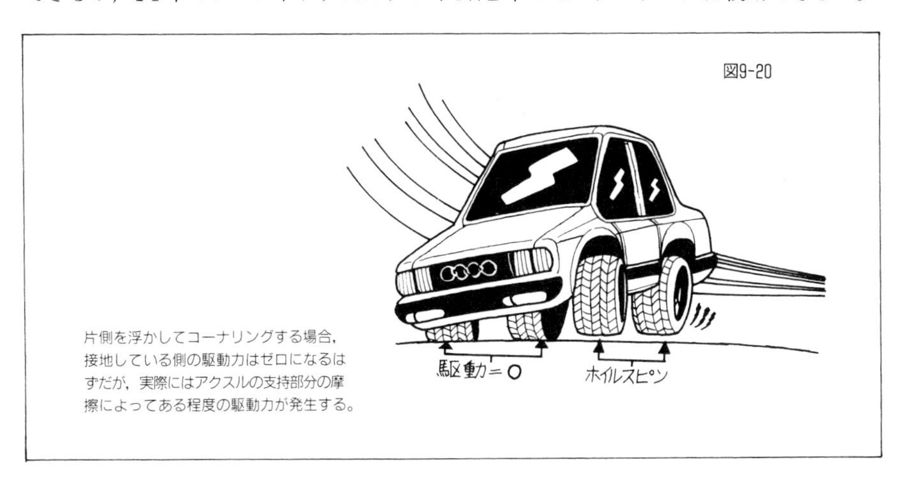

片側を浮かしてコーナリングする場合，接地している側の駆動力はゼロになるはずだが，実際にはアクスルの支持部分の摩擦によってある程度の駆動力が発生する。

トルセンデフ

トルセンとはアメリカのゼクセル・グリーソン社の商標で，トルクを感知することを意味するトルクセンシング〔torque-sensing〕から造られた呼称である。多板摩擦クラッチ式と同じく差動トルク感応型で，ウォームギヤの歯面摩擦を利用する巧妙なメカニズムをもち，アウディ・クワトロがセンターデフに使ってよく知られるようになった。日本ではセリカGT-FOURにリヤディファレンシャルとして初めて採用された。

トルセンLSDは図9-21のように6個のエレメントギヤ(ウォームホイールとスパーギヤの組み合わせ)と2個のサイドギヤ(ウォームギヤ)が主な構成部品である。

差動制限をする機能は「ウォームギヤはウォームホイールを自由に回転させるが，ウォームホイールはウォームギヤを回せない」というウォームの性質を利用している。

図9-21 セリカGT-FOUR のトルセンLSD

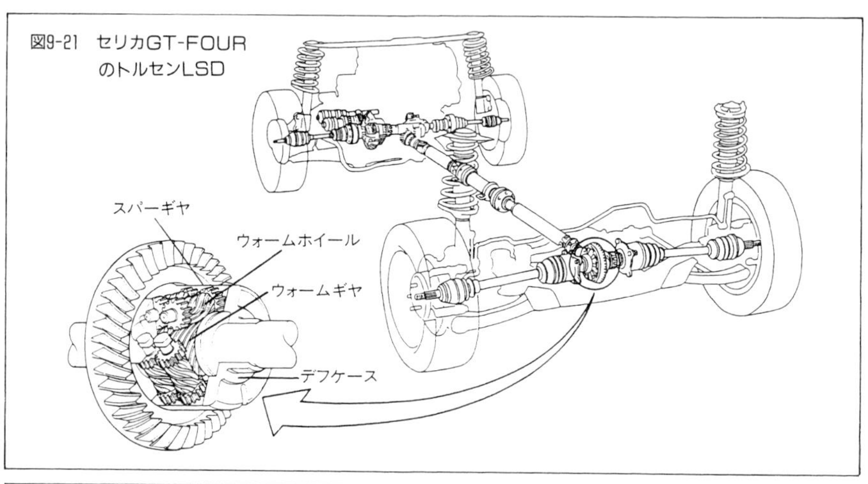

図9-22 トルセンLSDの構造

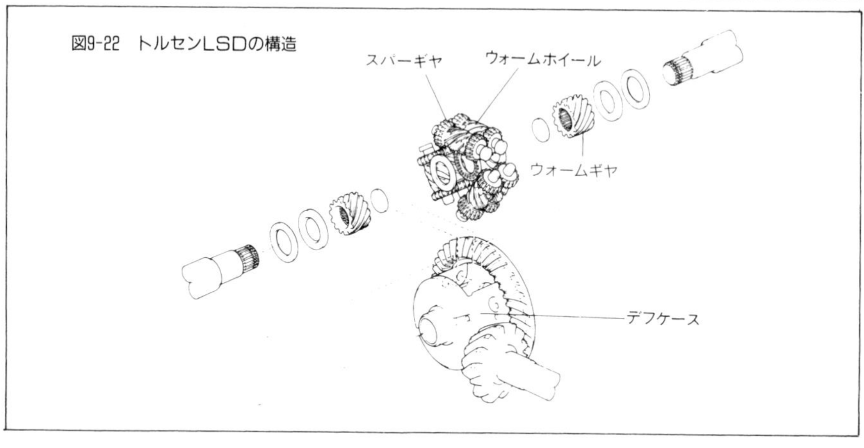

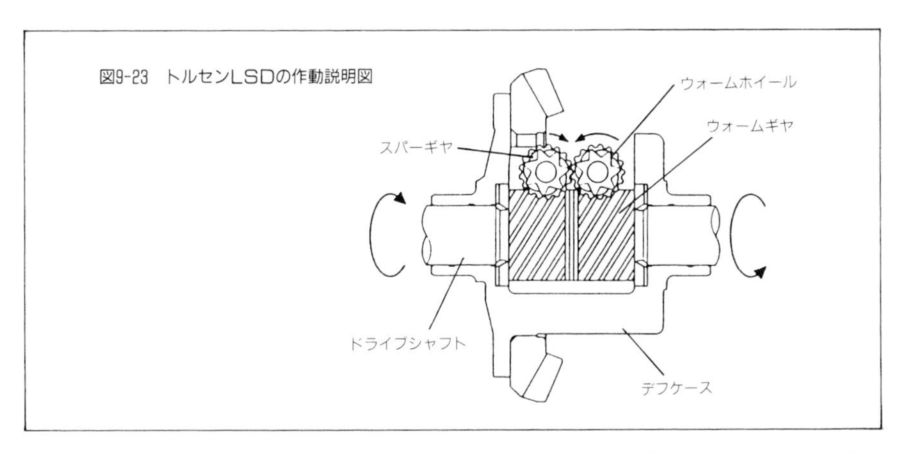

図9-23　トルセンLSDの作動説明図

このため，多板摩擦クラッチ方式のLSDに比べてバイアス比を大きく取れるという利点がある。このこと(大きいバイアス比)を利用してアクセルワークによる車両のコントロールを積極的に行うことができる。

差動制限の仕組みはわかりにくいが，要はトルセンデフはペクレールの差動装置のベベルギヤからできているサイドギヤをウォームギヤに，ピニオンギヤをエレメントギヤに置き換えたものと考えればよい。

今，図９-23でデフケースを固定し，片側の車輪を回した場合を考えてみる。ペクレール式の場合にはピニオンギヤが自由に回って反対側の車輪が逆方向に回転する。

トルセンデフの場合，たとえば左側の車輪を回そうとして力を加えると，ドライブシャフトが左側のウォームギヤを回し，ウォームギヤにウォームホイールを回そうとする力がかかる。ウォームホイールが回るとスパーギヤが回り，これにともなって右側のスパーギヤが回ってウォームホイールが回ろうとする。ここまではスムーズに行くが，次が問題である。上に述べたように，ウォームホイールはウォームギヤを回せないのでここで回転が止められてしまうのである。

実際にはデフケースが回転しており，両輪も回転しているので，回転速度差が小さいときには差動装置として働くが，一方の車輪がスピンしようとする動きは抑えられることが直観的にわかると思う。つまり，反対側のウォームギヤを車輪側から回そうという力があれば，これに組み合わせられたウォームホイールも回ることができるのだから。

(4) ビスカスカップリング

ビスカスカップリングは，英国の小さい開発会社ファーガソン社が長年かけて基本開発し，英国GKN社によって製品化されたユニットである。今日のフルタイム4WDの隆盛の立役者であり重要なユニットなのでややくわしく説明する。

差動制限に液体の粘性を利用

デフがいくら差動を許容する装置だからといって，自動車が正常な旋回運動をしているときに生ずる差動回転数は，アクスルのデフでも4WDのセンターデフでも，ごくわずかである。しかし，車輪が空転してスピン状態になった場合は異常に大きい差動回転が発生する。スピン回転制限が必要になるのはこのときである。

このような用途には，差動回転数が小さいときは制限機能がはたらかず，差動回転数が大きいとき(スピン状態)にはしっかり差動制限するような，差動回転数依存のトルク特性を持ったユニットが望ましいことがわかる。

このようなトルク特性で思いつくのは，ネバネバした粘性流体である。たとえば，蜂蜜や水飴をスプーンでかき混ぜる場合を想像する。急いでかき混ぜようとしてもなかなか混ぜられない。かえって，スプーンをゆっくり動かすと小さな力で混ぜることができる。これである。

ビスカスカップリングの構造は図9-24のようになっている。

外側のハウジングの内側のスプラインには多数の円板(アウタープレート)がスペーサーリングで一定間隔に固定されている。内側のシャフトにも多数の円板(インナープレート)がアウタープレートと交互に組み込まれていて，こちらの方はスプラインの歯の上をスライドできるようにはまっている。

中には粘性の高いネバネバした液体で満たされており，あとで述べるビスカスカップ

図9-24　ビスカスカップリングユニット機構図

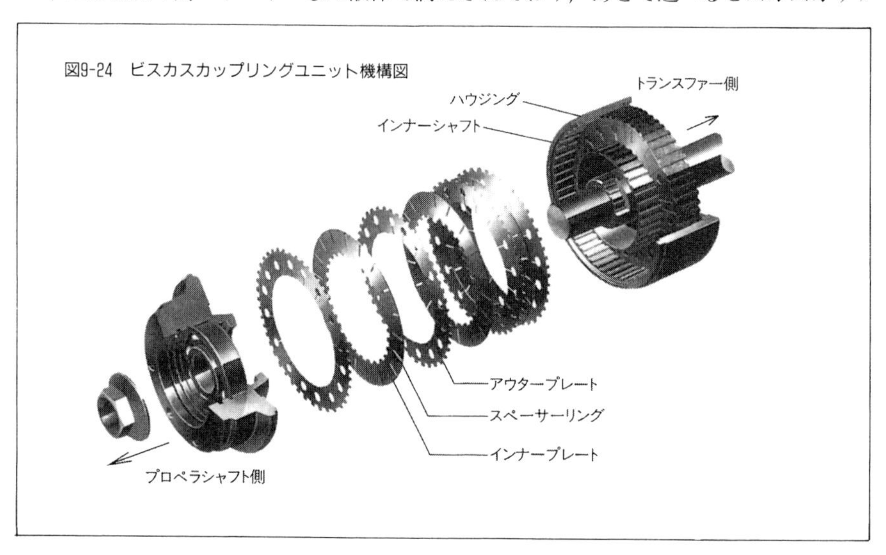

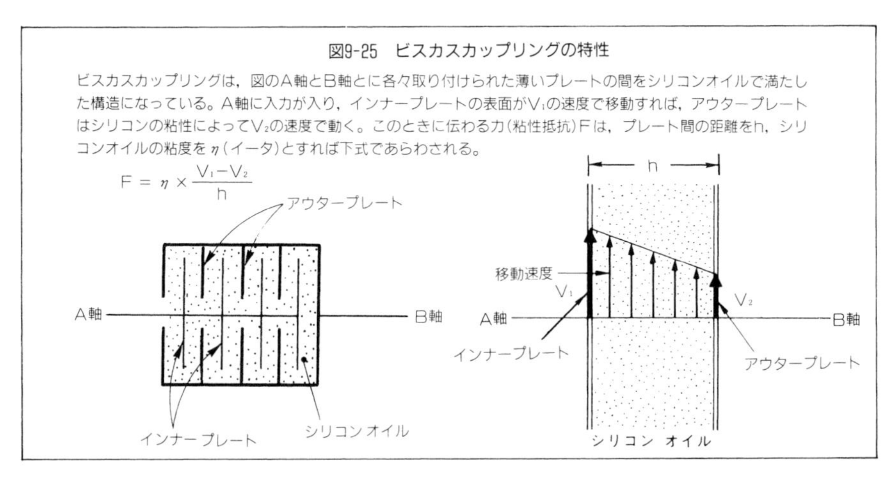

図9-25　ビスカスカップリングの特性

ビスカスカップリングは，図のA軸とB軸とに各々取り付けられた薄いプレートの間をシリコンオイルで満たした構造になっている。A軸に入力が入り，インナープレートの表面がV_1の速度で移動すれば，アウタープレートはシリコンの粘性によってV_2の速度で動く。このときに伝わる力（粘性抵抗）Fは，プレート間の距離をh，シリコンオイルの粘度をη（イータ）とすれば下式であらわされる。

$$F = \eta \times \frac{V_1 - V_2}{h}$$

リングに特有のハンプ現象のために，少し空気が入れてある。粘性流体としては高温度でも安定しているシリコンオイルの高粘度のものを使っている。

こうして，ハウジング側とシャフト側で相対回転があればアウタープレートとインナープレートにも相対回転が生じ，プレート間に充填されているシリコンオイルにせん断力が生じて，相対回転を制限するはたらきをする。

ビスカスカップリングの応用例

この装置をディファレンシャルの差動ギヤに並列に取り付ければ，差動ギヤの異常回転を防止することができる。

図9-26はデフとビスカスカップリングを一体にビルトインした三菱の例で，ディファレンシャルの回転をビスカスカップリングの粘性抵抗で抑えることができる。

図9-26　ビスカスカップリングを一体にした三菱のフルタイム4WDのデフ

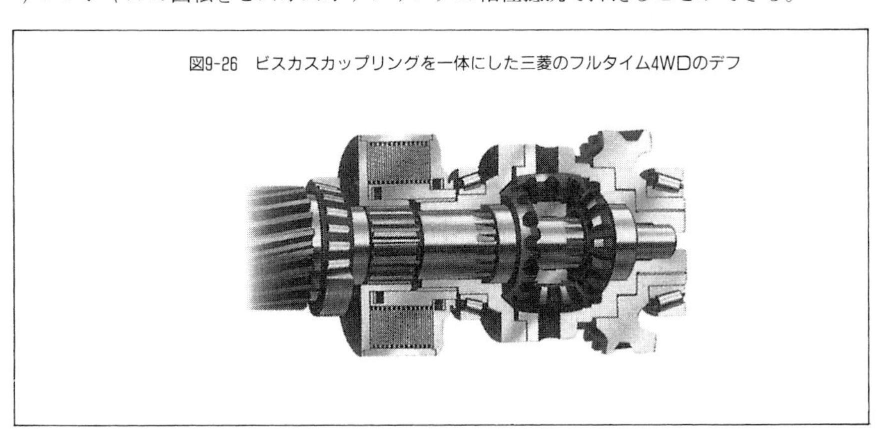

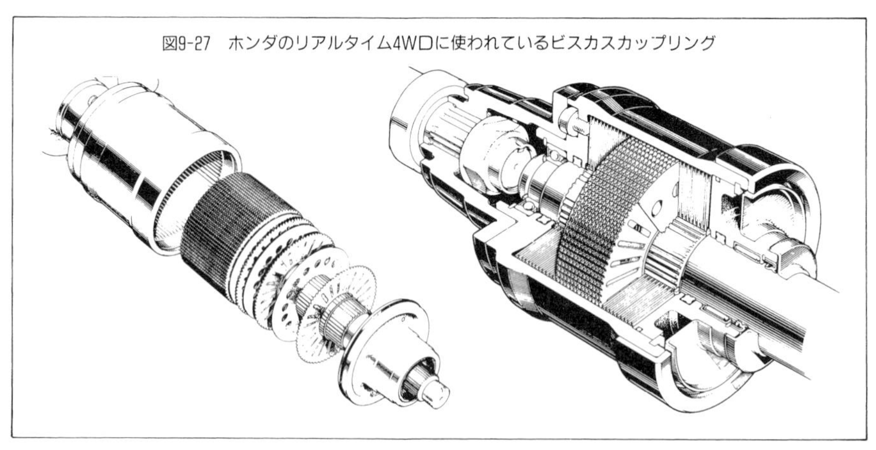

図9-27　ホンダのリアルタイム4WDに使われているビスカスカップリング

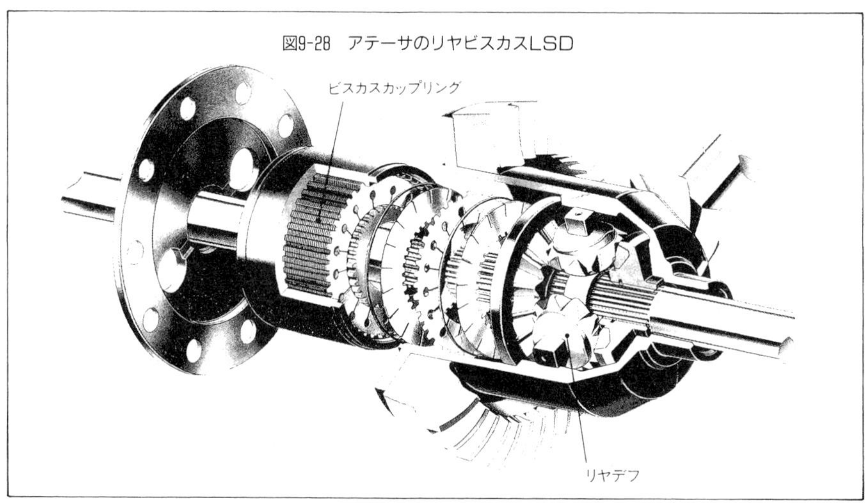

図9-28　アテーサのリヤビスカスLSD

図9-27はホンダの，FF車をベースに後輪も駆動するリアルタイム4WDに使われているビスカスカップリングである。ビスカスカップリングは後輪を駆動するためのプロペラシャフトの前後軸のほぼ中間に置かれており，フロント側とリヤ側の回転差に応じて駆動トルクを配分する。

図9-28は日産のアテーサでリヤのデフケース内に設けられているビスカスカップリングで，左右の後輪に回転差がでると，ビスカスカップリングがその回転差に応じて自動的にトルクを配分する。

このようにビスカスカップリングはセンターデフや後輪の駆動系に，従来からあった差動制限装置に代わる装置として使われるが，そのほかに前輪の駆動系にも使えるとい

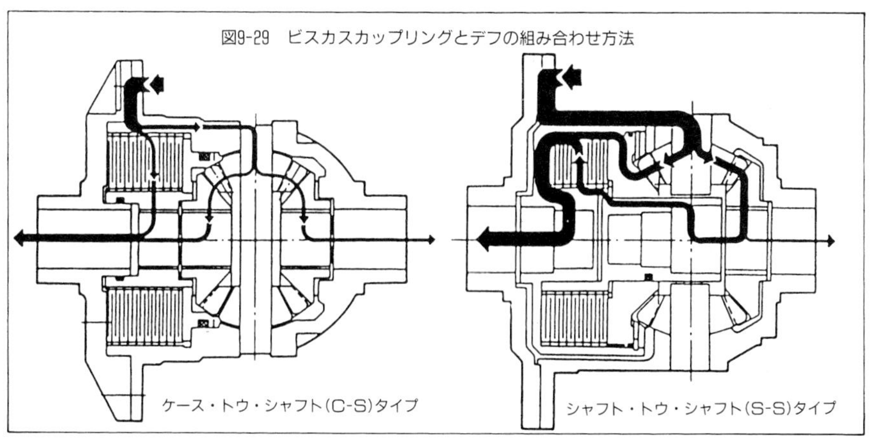

図9-29　ビスカスカップリングとデフの組み合わせ方法

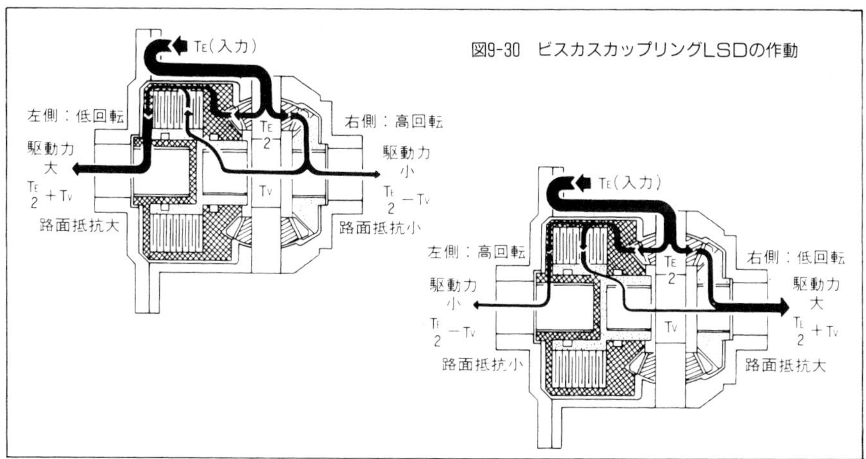

図9-30　ビスカスカップリングLSDの作動

う特徴をもっており，FF車のLSDに採用されている。

ビスカスカップリングが実用化されるまでは，FF車にはLSDは採用されなかった。その理由はFF車の場合駆動輪が同時に操舵輪であるため，差動の制限が急なときに内外輪の駆動力がアンバランスになり，ステア特性が大きく変化して自動車の運転がしにくいためである。

ビスカスカップリングのプレートの形状や間隔，シリコンオイルの特性を適当に設定することによって，左右の回転数差に応じて連続的に，しかもなめらかにトルク配分を行うことができるものが開発されFF車にも使えるようになった。

なお，ビスカスカップリングをディファレンシャルギヤと組み合わせてLSDとする場合，図９-29に示すようにケース・トウ・シャフト(C-S)タイプと，シャフト・トウ・シャフト(S-S)タイプの2種類がある。

C-Sタイプは，デフケースの一部がビスカスカップリングのハウジングとなっている形式で，S-Sタイプはドライブシャフト(図では左側のサイドギヤ)にビスカスカップリングを取り付けた形式になっている。S-Sタイプはビスカスカップリングが駆動軸に直結されているので差動回転数がC-Sタイプの2倍になり，差動制限トルクも2倍となるが，通常，FF車には熱容量の大きいC-Sタイプが多く使われている。

4WD車の前輪にもこのFF車用のビスカスカップリングが採用されている。図9-30は日産のアテーサのフロントビスカスLSDの例である。

ハンプ現象によって直結に

ところで，ビスカスカップリングの断面図を見ると，常識的な構造で何の変哲もないユニットに見える。長年かかって開発したといわれる特許製品にしては簡単すぎる。ところが，この一見簡単な構造の中に，構造図だけでは想像できないような働き「ハンプ現象」が備わっている。

たとえば，ビスカスカップリング付きのアクスルやセンターデフを持った4WDがスタックから脱出しようとしてうまく行かず，長い時間アクセルペダルを踏み続けてしまったとする。

ビスカスカップリングでスピンを制限している状態では，スピンのエネルギーがエンジンから供給され，そのエネルギーをビスカスカップリングが吸収する。その状態が続くとビスカスカップリングの温度はドンドン上がる。もちろん温度は周囲の空気や部品によって冷却されるが，エンジンから供給されるエネルギーとは比較にならない。

この状態が続けば，ビスカスカップリングは破壊される。破壊をさけるためにじっとお休みして熱が下がるのを待っても，次回のトライアルで脱出に成功する保証はない。

ところが，ビスカスカップリングは非常に巧妙な仕組みになっていて，粘性抵抗でスピン制限を長時間続けていると，やがてビスカスカップリングの中で変化が起こり，シャフトとハウジングの間の伝達トルクが急上昇して直結状態になる。

これをハンプ現象と呼んでいて，いったんハンプ現象が起きるとこの状態が続き，しばらくしてから直結状態が解除され，元通りの特性(粘性抵抗)が復活する。

ビスカスカップリングが粘性でトルクを伝達しているときは，インナープレート(スライド可能)はアウタープレート(固定)の中間で浮いているが，ハンプ現象が起きるときはアウタープレートに強力に押しつけられて金属間の摩擦力で直結状態になる。

アウタープレートを押しつける力は，シリコンオイルの圧力である。シリコンオイルはVCUユニットの内容積の80～90%の充填率(残りは空気)であるが，温度が上がり熱膨張によってユニット内部の空気が圧縮されて体積がゼロに近づくと，内部の圧力が急上昇しインナープレートがアウタープレートに押しつけられ，ハンプ現象が発生するわけである。

ハンプ現象が起きると直結状態になるので，それまで粘性トルクだけでは不足だった伝達トルクが大きくなり，スタックからの脱出がやりやすくなる。ちょうどデフの差動装置を働かなくするために手動でデフロックするのと同じことが自動的に行われる。ビスカスカップリングは自動デフロックの機能を持っているのである。

また，ハンプ現象はビスカスカップリングにとっては安全装置である。なぜなら，温度上昇によって破壊される前に，自動的に粘性によるトルク伝達を中止し直結に切り換わる。直結になるとエネルギー吸収は無くなるので温度上昇が止まり，冷却によって十分に温度が下がると直結状態を解除して粘性によるトルク伝達状態にもどるからである。

⑸ プロペラシャフトとドライブシャフト

4WDでは，駆動力を４つのホイールに伝えるためのプロペラシャフトとドライブシャフトが，大切な役割を担っている。

これらのシャフトは使用する場所によって必要な性能が異なり，いろいろな形式のシャフトがある。

プロペラシャフト

FRベースの4WDの場合，プロペラシャフトはトランスファーからリヤデフへつながる通常のFRと同様のリヤプロペラシャフトの他に，フロントデフへつながるフロントプロペラシャフトが必要となる。

プロペラシャフトは，エンジンのトルク変動とタイヤのグリップ変化によって，絶えずねじられながら高速で回転しており，ねじり振動や曲がり振動(ホワーリング)を起こしやすい。プロペラシャフトのもつ固有振動数と，これらの振動とがほぼ同じになって

図9-31　三菱・シャリオのプロペラシャフト

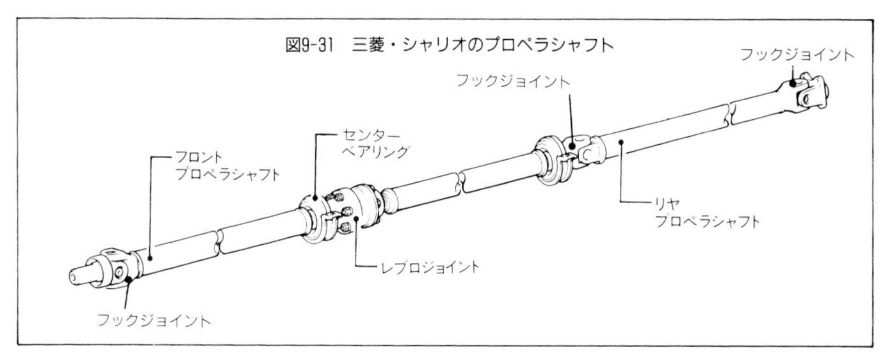

共振すると破壊してしまうので，常用回転速度域ではこのような現象が起こらないようになっている。共振の起こる回転速度を危険速度といっており，この速度は自動車の最高速度より高くなるように設定されている。

プロペラシャフトは丈夫に作る必要があるので，重量に対してねじりや曲げに強い中空の炭素鋼管が使われるのが一般的で，長くなると危険速度が低くなるため，２本に分割される場合もある。

ドライブシャフト

ドライブシャフトは前後のデフから車輪へ駆動トルクを伝達する軸で，その長さが一定のものと伸び縮みするタイプのものとがあり，必要によって使い分けられている。

4WD車のフロント・ドライブシャフトは，FF車の場合と同じく前輪を操舵する関係で，外側は大角度のジョイント角が取れる等速ジョイント，内側はサスペンションとステアリングの動きを吸収できるスライド可能な等速ジョイントが必要となる。

リヤ･ドライブシャフトは後輪独立サスペンションのFR車と同様，両端の等速ジョイントの他にサスペンションの動きを吸収できるスライド部分が必要である。

後輪がリジッドアクスルの場合には，等速ジョイントもスライド部分も不要となる。ただし，オフロード型の4WDで前輪が独立サスペンションでないリジッドアクスルの場合には，内側のスライド型等速ジョイントは不要となるが外側の大ジョイント角が取れる等速ジョイントが必要である。

図9-32　三菱・シグマのリヤアクスル構成図

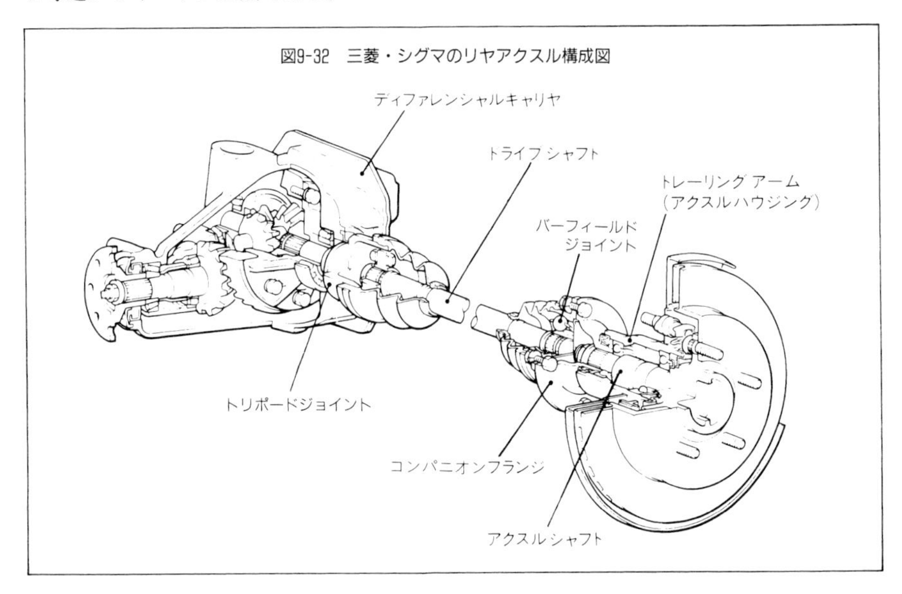

(6) ユニバーサルジョイント

4WD車は4つのホイールを駆動するために，プロペラシャフトやドライブシャフトをつなぐユニバーサルジョイントが多く使われており，特に等速ジョイントは4WDの性能向上と普及に大きな影響を及ぼした重要部品である。

ドライブシャフトでもプロペラシャフトでも，シャフト類は多くの四輪駆動ユニット間を結合する関係上，どうしてもジョイント作動角度が大きくなりがちである。特にフロントプロペラシャフトはジョイント角が大きくなることが多い。さらにサスペンションやエンジンの動きにともなって作動角が変わるので，ユニバーサルジョイントが必要である。

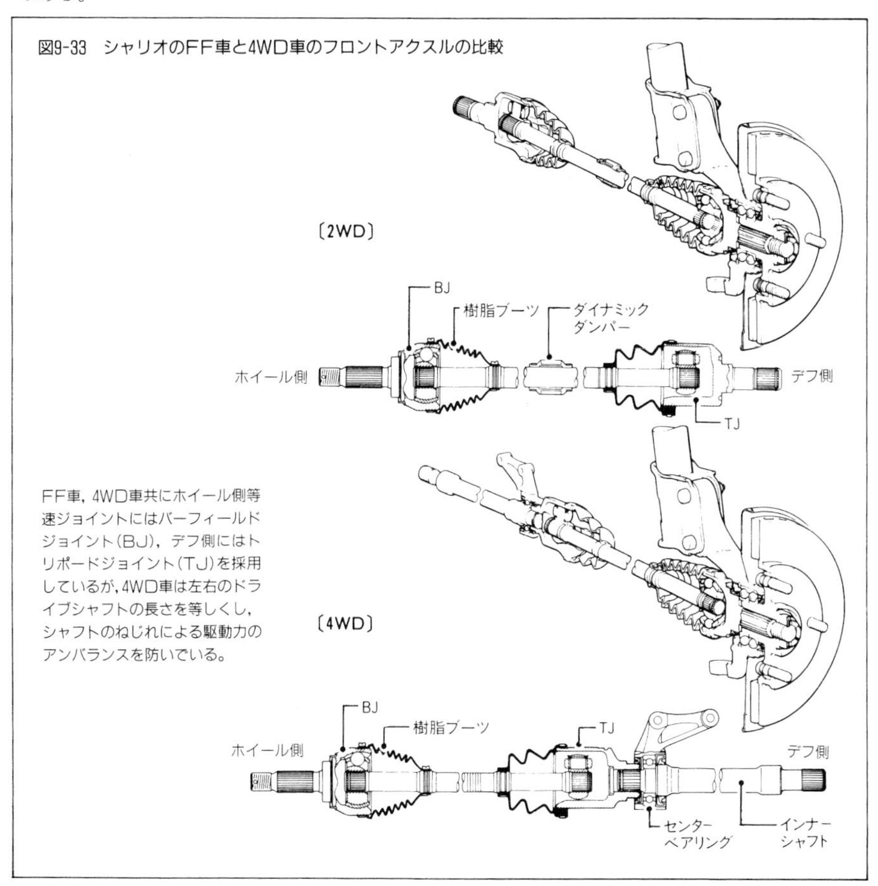

図9-33　シャリオのFF車と4WD車のフロントアクスルの比較

FF車，4WD車共にホイール側等速ジョイントにはバーフィールドジョイント(BJ)，デフ側にはトリポードジョイント(TJ)を採用しているが，4WD車は左右のドライブシャフトの長さを等しくし，シャフトのねじれによる駆動力のアンバランスを防いでいる。

ユニバーサルジョイントは自在継手と訳されており，入力軸と，この軸によって回される出力軸がある角度でつながれている部分に用いられる装置で，大きく分けてフレキシブルジョイント，フックジョイント，等速ジョイントの3種類がある。

フレキシブルジョイントは，ジョイント部分にゴムや繊維を使って曲がった状態でも回転が伝えられるようにしたもので，4WDの駆動システムにはプラモデルは別にして使われていない。ここではフックジョイントと等速ジョイントについて説明する。

フックジョイント

ユニバーサルジョイントの中でもっともポピュラーな継手がフックジョイント（カルダンジョイントともいう）である。構造が簡単で強度・耐久性が高く，生産性も優れていてコストも安いので，作動角の小さいプロペラシャフトのジョイントとして広く使用されている。

しかし，このジョイントを作動角の大きいドライブシャフトに使用した場合には，どうにもならない欠点が目立ってくる。それは，入力軸の回転速度が一定であっても，出力軸の回転速度は1回転に2回の変動があり，この変動の大きさはジョイントの作動角が大きくなるほど大きいという，この装置のもつ基本的な性質である。

このために「作動角があるからユニバーサルジョイントを使用するのに，作動角がある

図9-34 フックジョイント

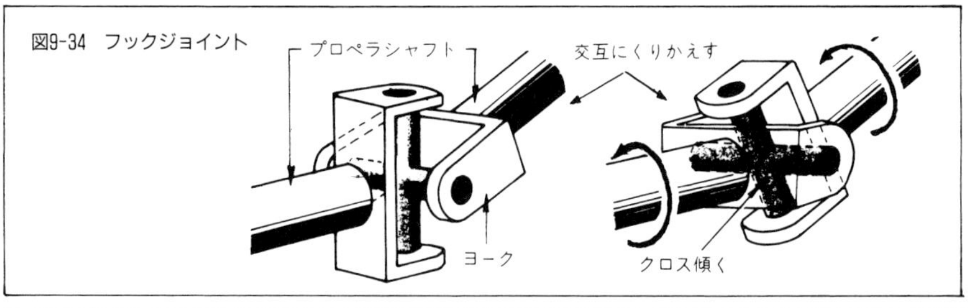

図9-35 プロペラシャフトに使われているフックジョイント

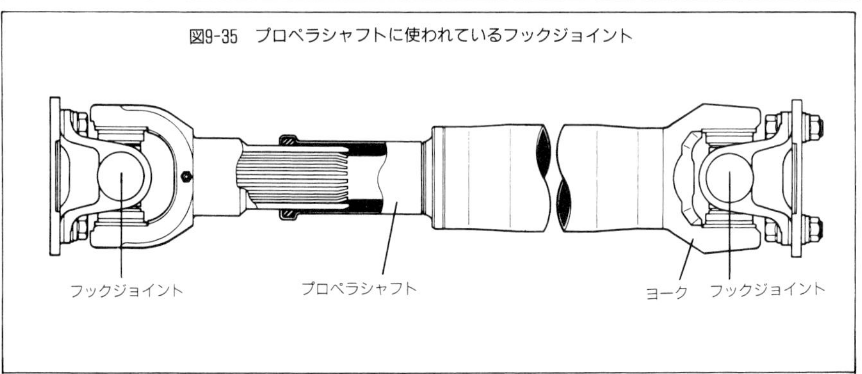

から回転速度の変動が出て騒音・振動が発生する」という矛盾が生じる。特に4WDのように大量のジョイントを使用する場合には始末に負えないことになる。軍用車なら多少の振動より信頼性を重視するかも知れないが，平和な世の中で大都会の舗装道路を走るレジャービークルはそういうわけにはいかない。まして乗用車，それも高性能乗用車4WDでは徹底的に騒音・振動を抑えなければ商品性がない。

フックジョイントの，入力軸が一定の速度で回転しても出力軸の回転が増速と減速を繰り返すような回転をするという性質は，フックジョイントの不等速性と呼ばれており，面白い現象なので少しくわしく調べてみよう。

図９-36はフックジョイントの入力軸と出力軸がθの作動角でつながれている状態を示したものである。フックジョイントは十字継手とも呼ばれるように，十字形に交差した軸（十字軸）の先端に，ヨークと名付けられたＹ字形の枝を向かい合わせに取り付けたものからできている。

入力軸のヨークの先端は面Ａの上を円運動し，出力軸の先端は面Ｂの上を同じく円運動するが，今，図でこの入力軸と出力軸のヨークの先端の動きを見ると，入力軸のヨークの先端が点Ｐからスタートして45度回転し点Ｑまで動いたとき，出力軸のヨークの先端は入力軸のヨークの先端の動きを面Ｂの上に投影して得られ，図の点P'から点Ｘまで動く。

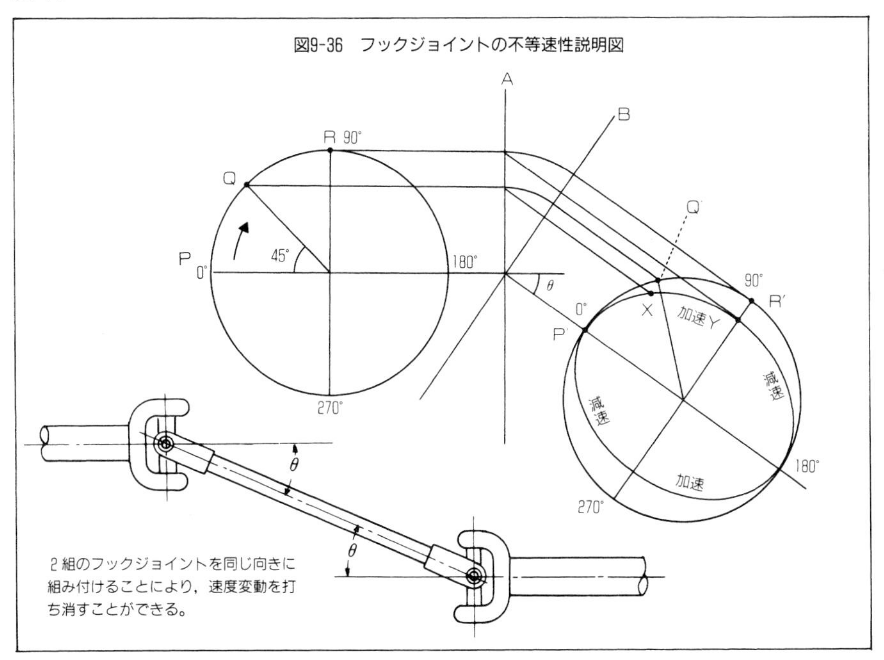

図9-36　フックジョイントの不等速性説明図

さらに回転が進んで軸が90度回転すると，入力軸のヨークの先端は点QからRに進み，出力軸のヨークの先端は点Xから点Yに進む。この関係を同じ図の上に示すと右下の図のようになり，入力軸側が点P'からQ'まで回転する間に出力軸側は点P'からXまでしか回転しないわけである。

この関係は一定の速度で回転する円板の端の1点の動きを，斜めの方向から見たときの見掛けの運動の関係と同じで，手前と向こう側で速く，両側で遅く見える。つまり，1回転の間に速度が最大になる点と最小になる点が2回ずつあり，加速，減速も2回あるわけである。

このフックジョイントの不等速性による回転変動をさけるには，2組のフックジョイントを図のように同じ向きに取り付けて，その変動を打ち消せばよいが，中央のシャフトの回転速度は周期的に変わるので，これによって発生する振動はさけられないわけである。

そこでドライブシャフトにはフックジョイントの代わりに等速ジョイントが使われることになる。等速ジョイントは英語でConstant Velocity Jointといい，略してCVJと呼ばれる。

等速ジョイント

等速ジョイントは作動角が付いても入力軸と出力軸の間に回転変動が発生しないジョイントである。フックジョイントが非等速で，等速ジョイントが等速である理由は次のように説明される。

等速になるためには図9-37のように「入力軸と出力軸間の動力伝達点が，入出力軸のなす角の2等分面に維持されること」という，持ってまわったようなむつかしい言い方になる。これでは何を言っているのかよくわからないが，先のフックジョイントの場合に当てはめてみると，不等速の原因はトルクの伝達面がA面とB面の2面あるためで，等速になるためには図のようにA面とB面の円運動の投影が一致すればよい。

図9-37　回転変動をさけるフックジョイントの取り付け方

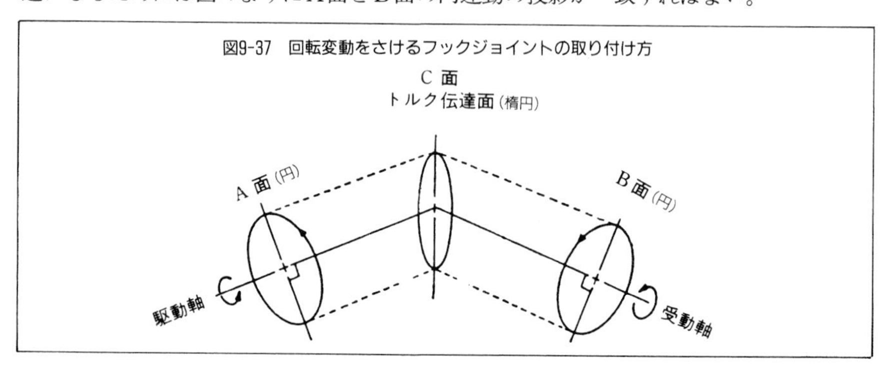

このようにメカニズムを幾何学的に理解するのが苦手な人は，少し乱暴だが曲げたゴムのホースで回転を伝えるイメージで考えてもらうとよいだろう。曲げたゴムホースの一端を回すと，ちゃんと等速で他端に回転が伝わるが，これは曲がった部分でゴムが伸び縮みしながら力を伝えるからで，以下の例に見られるようにスチールボール（鋼球）やこれを支持するボールケージ，レースなどをうまく使って機械的に伸び縮みさせながら回転力が伝わる方向を変えるのがCVJというわけである。

このような条件を満たした等速ジョイントの種類は多数あり，自動車の歴史にも採用例は多い。しかし，長年の実績から大体次のようなジョイントに淘汰されてきている。

①ダブルカルダンジョイント

フックジョイントを2個つなぎ，一方のジョイントで発生する不等速をもう一方のジョイントで打ち消すようにしたもの。

かってはドライブシャフトに使われたこともあるが，ジョイントの寸法が大きく，構造が複雑でコスト高であるため，現在は一部の自動車のプロペラシャフトに使われるだけになった。

図9-38　等速ジョイントの作動原理

ゴムホースを曲げて回転を伝えると，曲がった部分でゴムが適当に伸び縮みし，等速で回転を伝えることができる。

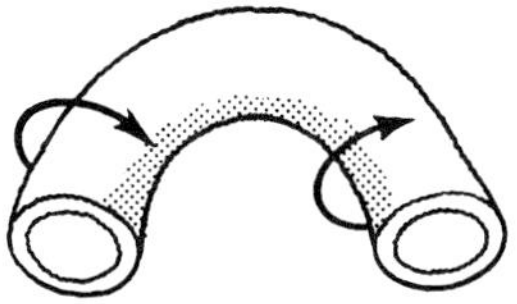

図9-39　ダブルカルダン型ジョイント

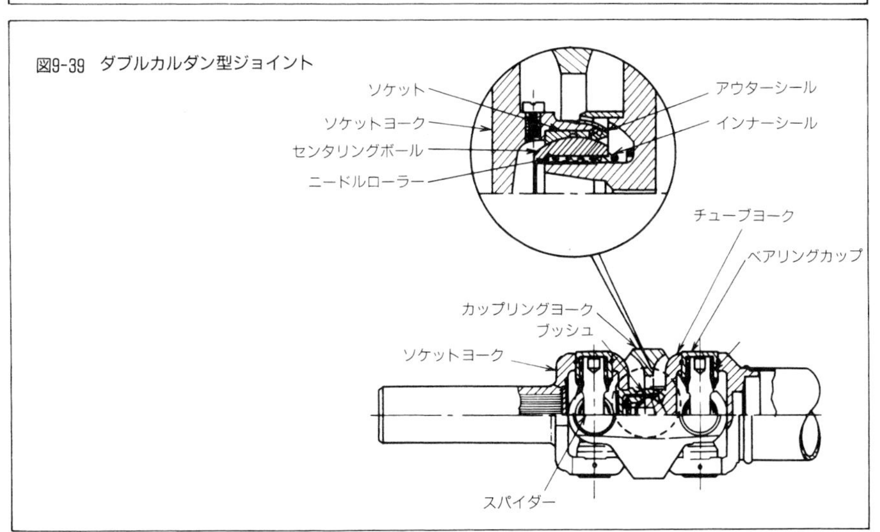

②ツェッパジョイント

バーフィールドジョイントとも呼ばれ，フロント・ドライブシャフトの車輪側ジョイントとしての決定版である。ケージに保持された6個のボールによってトルクを伝達する。非常に高精度が要求される部品で成り立っているが，生産技術の高度化によって大量生産が可能になり，自動車のFFの普及を可能にした部品といえる。

40度以上の大屈曲角がとれること，強度が高く無理が効くことから多数使用されている。当然4WDのフロント・ドライブシャフトに使われている。

③ダブルオフセットジョイント

スライド型のツェッパジョイントで，やはりケージで保持された6個のボールでトルクを伝達する。フロント・ドライブシャフトの内側(デフ側)に使用されることが多い。

④スライド型トリポードジョイント

トリポードジョイントは3個のローラーでトルクを伝達するジョイントで，スライド抵抗が少ないため振動が伝達されにくい特徴がある。リヤ・ドライブシャフトの車輪側とデフ側，あるいはフロント・ドライブシャフトのデフ側に使用される。

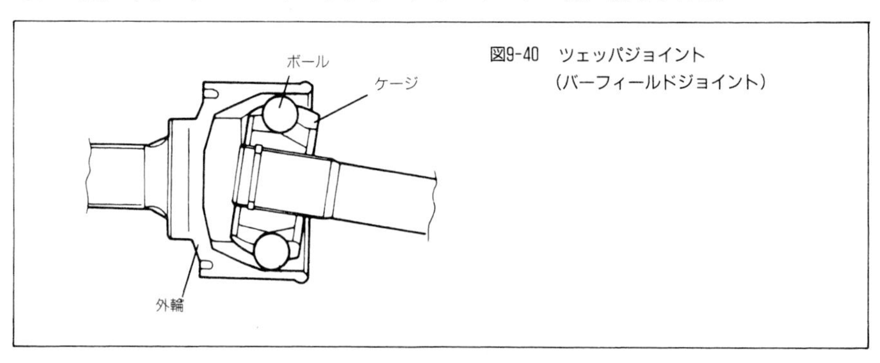

図9-40　ツェッパジョイント
（バーフィールドジョイント）

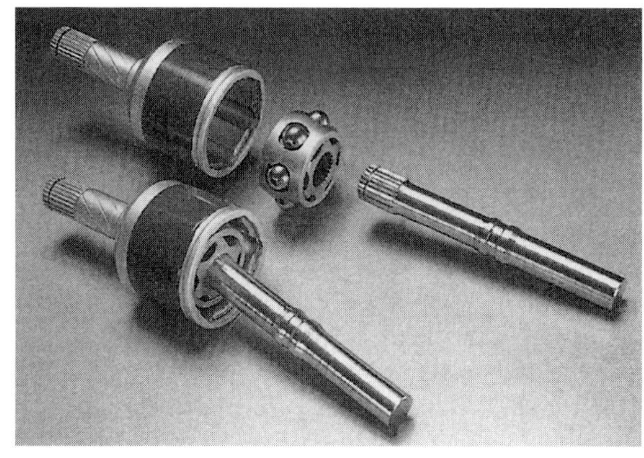

図9-41　ダブルオフセットジョイント

図9-42　スライド型トリポードジョイント

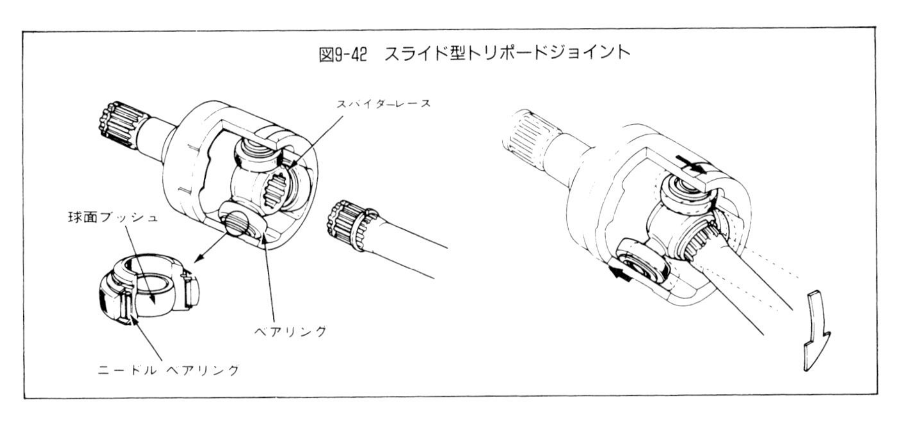

図9-43　クロスグルーブジョイント

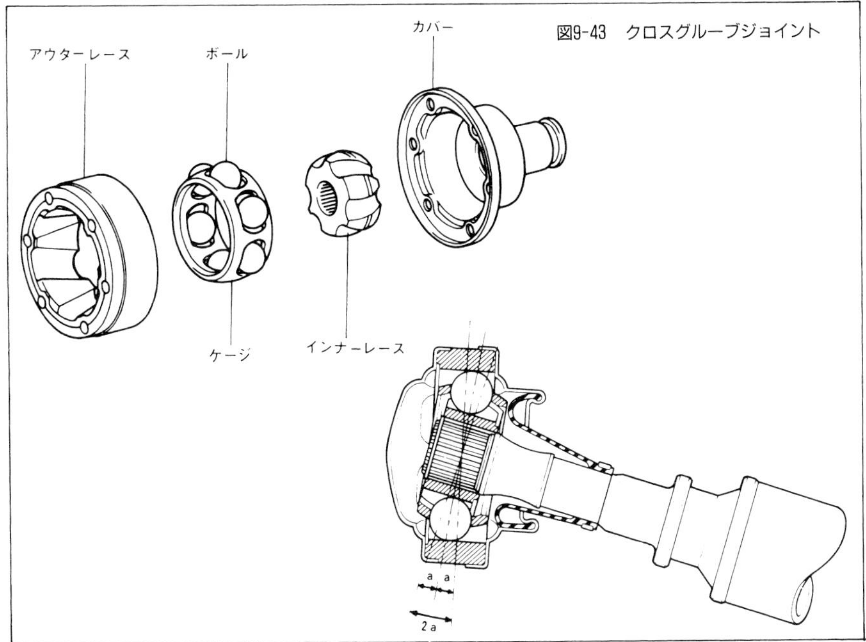

⑤クロスグルーブジョイント

図のように内輪と外輪のボール溝を対称に傾けることにより，等速性を保つと同時にスライドを可能としたジョイントである。ボールに締め代を与えてガタを無くすことができるので，ドライブシャフトだけでなくプロペラシャフトにも採用が増加してきている。

ところで等速ジョイントといえども万能ではない。それぞれの等速ジョイントの作動可能な角度内でも，やはりジョイント作動角は小さい方が良い。作動角が大きいと(幾何学的な等速性は問題ないが)振動が出たり耐久性が著しく低下したりする。それに，いくら量産効果でコストが下がったとはいえ，フックジョイントに比べれば高価な部品である。

ドライブシャフトは作動中のジョイント角変動が大きいこともあってほとんど等速ジョイントが使われるが，プロペラシャフトはなるべく直線になるようにレイアウトした上で基本的にフックジョイントを使い，必要な場所にのみ等速ジョイントが使われるのが普通である。

第10章

アンチロックブレーキ・システム

4WD車が必ずしもアンチロックブレーキ・システム(ABS)付きでなければならない，ということはない。しかし，自動車の高機能化，高級化が指向される今日，4WD車にブレーキの機能を高めたABSは必須である。オフロード4WDでもオフロード用であるからこそABSが必要ということもできる。

ところが困ったことに，4WDとABSは相性がよくないのである。すでに技術的に完成している2WD用のABSシステムを4WDに取り付けても誤作動してしまう。このため4WD専用のABSが必要になる。

ところで，ABSの話は大変わかりにくい。話の順序としてまず2WD用も含めてABSの原理・構造を解説し，そのあとで4WD用のABSについて取り上げる。

なお，アンチロックブレーキ・システムという名称は，実用化がもっとも早かったドイツでの呼称(ドイツ語)から来ている。すでにALB(アンチ・ロック・ブレーキ)，ASB(アンチ・スキッド・ブレーキ)などいろいろな名称が使われてきたが，どうやらABSという言い方が市民権を得たようである。

(1) アンチロックブレーキ・システムが必要なわけ

まず，ABSが必要な理由から始める。

ABSが必要な理由は，すべて第８章で説明したタイヤと路面の摩擦の性質から来ている。今，走行中の自動車のタイヤに着目しながら急ブレーキをかけるとする。ブレーキペダルを踏みこむとブレーキには制動トルクがはたらき，ブレーキは路面の摩擦力によるトルクに抗してタイヤの回転を止めようとする。

ところが，あまり強くブレーキをかけると自動車はまだ走っているのに，タイヤの回転だけが停止(ロック)してしまう。タイヤがロックして何が悪い！ブレーキがよく効いている証拠ではないか。

大変ぐあいが悪いのである。

直進中のブレーキング

急ブレーキをかけると，悲鳴のような音とともにまだ走っている自動車のタイヤがロックし，そのままスリップしながら停止する，というのは比較的見慣れた光景である。

事故になると，警官はタイヤのスリップ跡を調べて，ブレーキをかけたかどうかを判定したり，制動距離をチェックしたりする。タイヤはロックしなければブレーキがちゃんと効いていないと思われていることが多い。

ところがタイヤのスリップ率と路面の摩擦力との関係を調べると，第８章で説明したように，タイヤの摩擦力は路面にもよるがスリップ率が大体10％～20％位のときに最大になり，あまりスリップが大きくなると，かえって摩擦力が低下するのが普通である。もしタイヤのスリップ率がこの付近にくるようにブレーキをかけることができたら，もっと短い距離で止まることができる。

ところで図10-１のグラフだが，このグラフはスリップ率10～20％の摩擦係数が最大になった付近から先は，かなりバラツキの大きいデータから推定した値を結んだ線で，100％のところだけが計測値になっているのが普通である。

つまり，実際に制動力を調べながら自動車の速度Ｖとタイヤの回転速度ＶＴを計測し，

図10-1　種々の路面におけるタイヤのスリップ率と摩擦係数との関係

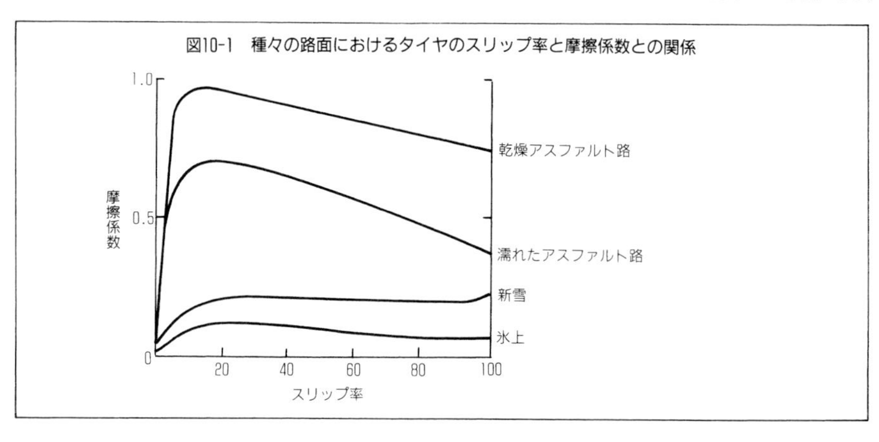

(V-VT)/V×100でスリップ率を求める試験を行うとき，特別な仕掛けをつけておかないと，制動力がピークを過ぎたとたんにタイヤがロックし，スリップ率がいきなり100%に飛んでしまうのである。

こういうことになるのは，ブレーキ力を次第に強くしていくとタイヤが少しずつすべり出し，スリップ率が大きくなっていって，制動力が最大になると，タイヤがこらえきれなくなって一挙にすべりだしてロック状態になってしまうからである。

この現象を利用し，まず，制動力のピークを過ぎてタイヤがロックするまでブレーキを強くかける。ロックした瞬間にブレーキをゆるめ，スリップ率が小さくなって，タイヤが回り出すまで待つ。タイヤがグリップをはじめたら，すかさずロックするまでブレーキをかける。という操作を繰り返せば，グラフの摩擦係数が最高になるあたりを使ったベストのブレーキングができるはずである。

コーナリング中のブレーキング

コーナリング中の急ブレーキは，直進中と同様効きが悪くなることも問題だが，タイヤがロックし，コーナリングフォースがゼロになって，タイヤが横すべりを始めることがもっと大きな問題になる。自動車のコントロールが失われる方が危険が大きい。

第8章で説明したように，タイヤの横方向の踏んばり力であるコーナリングフォースはブレーキ力の大きさによって変化する。ブレーキがかかっていない状態，すなわち前後方向のスリップ率がゼロのときが最大であり，ブレーキペダルを踏んでブレーキトルクが大きくなるにつれ，コーナリングフォースは次第に小さくなる。

最後にスリップが100%になってタイヤがロックするとコーナリグフォースはほとんど失われ，タイヤは横すべりする。

タイヤがロックしたときの自動車はステアリングハンドルを切っても操縦できないノ

図10-2　スリップ率とタイヤ特性の関係

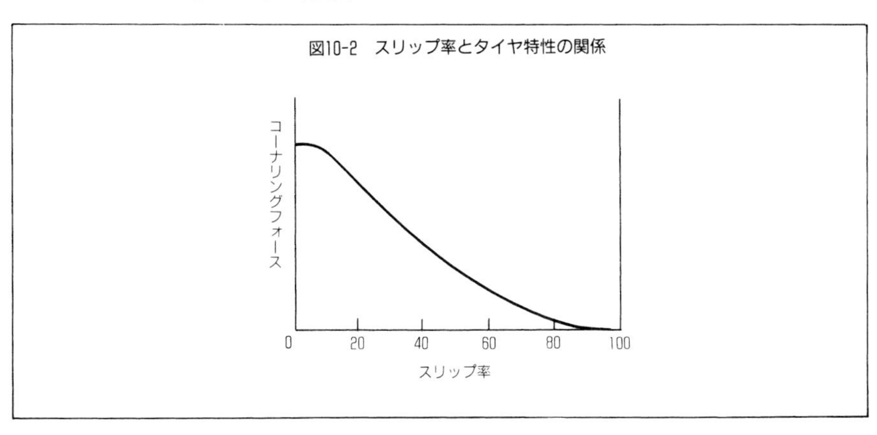

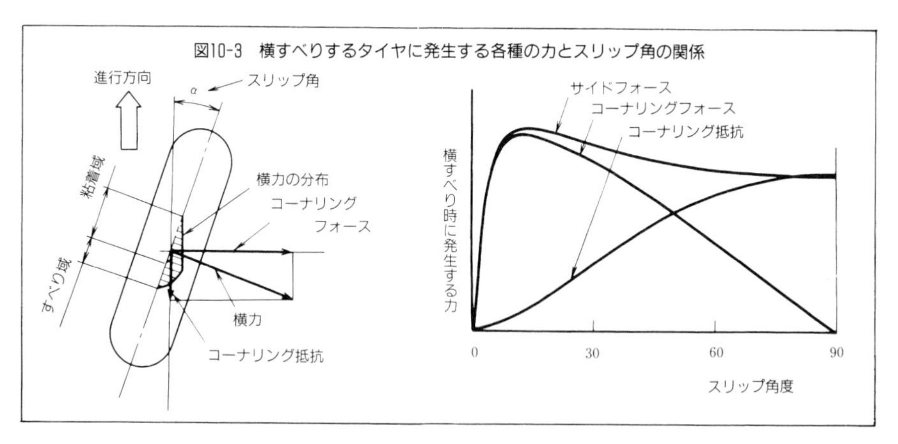

図10-3　横すべりするタイヤに発生する各種の力とスリップ角の関係

ーコントロール状態に陥る。そして自動車の挙動は先にのべたように，前輪だけがロックすると直進停止，後輪だけがロックするとスピン停止，前後輪ともロックすると方向不安定となる。

この状態は極めて危険であるので，ブレーキをかけるときはほどほどにしなければいけない。図10-2で説明すれば，スリップ100%(＝タイヤロック)ではコーナリングフォースはゼロになるが，スリップ率20%以下であればブレーキの効きも最大，コーナリングフォースも充分残っている。このようなブレーキの踏み方ができれば良い。

(2) ベストのブレーキングを行うシステム

以上2つのケースをあわせて考えると，いずれにしてもタイヤのスリップ率10～20%の状態をできるだけ長く維持するようにすれば，最短距離で止まれるはずである。

具体的にはタイヤがロックするまでブレーキをかけ，ロックした瞬間にブレーキをゆるめ，タイヤが回り始めたら再びロックするまでブレーキをかけるという操作の繰り返しである。

ドライバーがすべりやすい路面で急ブレーキをかけるようなとき，タイヤをロックさせないように心掛けてもうまく行かないのは，どの位ブレーキを強くかけたらどのタイヤがロックするかわからないからである。

もちろん，タイヤがロックしているかどうかを運転席から見ることはできない。スリップ率がある値になるようにブレーキペダルの踏み方を加減するのは，これはもう神業(カミワザ)である。

その上，路面の状況は時々刻々変化し，タイヤの接地状態も変わり，自動車の重量配分も変わる等々，条件も変わる。ベテランならブレーキを小刻みに踏み増しして，自動

図10-4
濡れた路面でタイヤをロックさせないように急ブレーキがかけられるようになるには，かなりの熟練が必要である。

車の挙動からある程度判断することはできるが，イザ緊急事態でパニックになれば，どうしても目一杯ブレーキペダルを踏んでタイヤをロックさせてしまうのが普通である。

また，とっさの状況判断はいるが，一般にはパニックブレーキはためらわずにタイヤをロックさせるほど強く踏むように指導される。こういうことは，人間の勘とスキルに頼るより電気と機械にやらせる方がよろしい。

ドライバーに感知できないことでもセンサーで取り出すことができる。その結果を整理して必要な情報に直すのはコンピューターの得意な仕事である。その情報にもとづいて最適なブレーキ力をかけるのはメカトロの役割である。そこでアンチロックブレーキ・システムの登場となる。

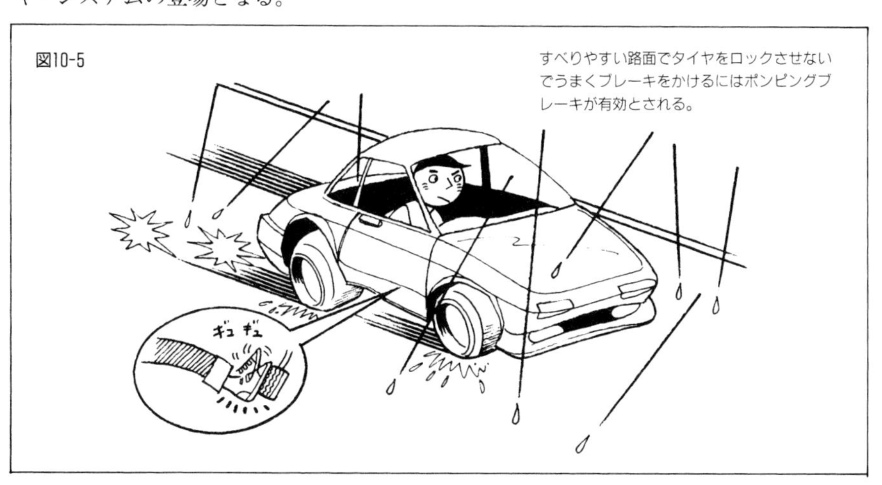

図10-5
すべりやすい路面でタイヤをロックさせないでうまくブレーキをかけるにはポンピングブレーキが有効とされる。

⑶ アンチロックブレーキ・システムの構成

図10-6にFF車のABSの構成例を示す。まずこのシステムを構成する部品について簡単に紹介しよう。

①車速センサー

車輪の回転数を検出するためのセンサーが前輪の左右に1個ずつ後輪の左右に1個ずつ，計4個ある。こういうセンサーの配置を4センサーと呼んでいる。

FR車ではデフの前部に1個だけセンサーを付けて，左右の後輪の平均回転数を検出する3センサー方式も使用されている。

車輪に付けられているギヤパルサーの回転速度に比例して発生するパルスを，センサーが感知してコントロールユニットに信号を送る。

②モジュレーター

モジュレーターはコントロールユニットから送られる制御信号(電気信号)にしたがって，右前輪，左前輪，左右後輪(油圧が3系統なので3チャンネルと呼ぶ)の4つのホイールシリンダーの油圧を3ヶ所別々に増圧，保持，減圧(ペダルを踏んで発生している油圧に対して)することができる。

③パワーユニット

モジュレーターは専用のパワーユニットを持っており，油圧が必要になると電気モーターが作動して油圧を発生する。

図10-6　アコードのアンチロックブレーキ・システム

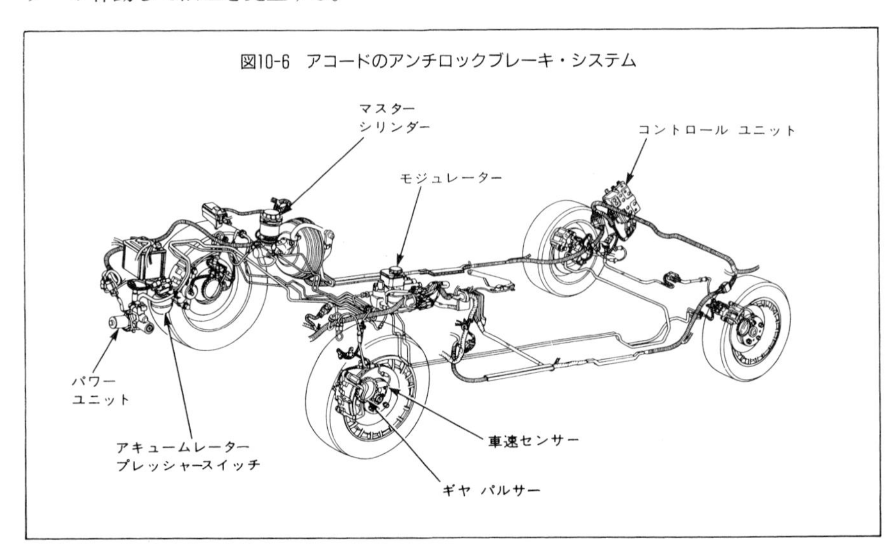

④コントロールユニット

各車輪のセンサーから送られてきた信号にもとづいて，コントロールユニットの中のマイコンであらかじめ決められたロジックにしたがって車輪ごとのブレーキ力が演算され，その結果によってブレーキをかける場合にはインレット・ソレノイドバルブが開けられ，解除する場合にはアウトレット・ソレノイドバルブが開けられる。

(4) アンチロックブレーキ・システムの作動原理

ABSを一口にいうと，ブレーキ力をなるべく大きく，かつコーナリングフォースをなるべく大きくするために，ブレーキトルクを自動的にコントロールすることによって車輪のスリップ率を最適な値に保つシステムということになる。

スリップ率の計算

このシステムでは，タイヤのスリップ率が20％付近にくるようにするのが目的だから，まず何はともあれ，すべてのタイヤごとにスリップ率を出さなければならない。

スリップ率Sは先に述べたように，自動車の速度Vとタイヤの回転速度V_Tがわかれば，$(V-V_T)/V\times100$で求められる。

車輪速度V_Tはタイヤの回転速度でタイヤがすべらずに転がるときの速さである。ブレーキをかけていないときにはV_Tは車両速度Vに等しいから，S＝0となる。ブレーキを目一杯かけてタイヤがロックするとタイヤの回転速度はゼロになるので，V_Tもゼロとなる。このときSは100％になる。ここまではよろしい。

ロックしないようにブレーキをかける場合にはVがわからないとSは計算できない。

肝心の車両速度Vはどうやって知ることができるのか？タイヤの回転速度から出せ！ところがブレーキ作動中は4輪ともタイヤはスリップしているので当てにならない。他に車両速度を求める方法は簡単には見つからない。

そこでやむをえず次のような妥協をする。

すなわち，ブレーキング中の4つの車輪の回転速度はバラバラである。この中でなるべく速い車輪を時々刻々選択し，これをもって車両速度と考えるのである。そうすれば実際の車両速度よりは小さいが，車輪速度の中ではもっとも車両速度に近い値を得ることができる。これをセレクトハイ(高い方を選択する)の原理と称している。

こうして得られた車速は，実際の車速とは異なるので疑似(ぎじ)車速と呼んでいる。

この疑似車速と車輪速度からタイヤのスリップ率を計算し，その値が狙いの数値になるようにブレーキ力をコントロールするわけである。

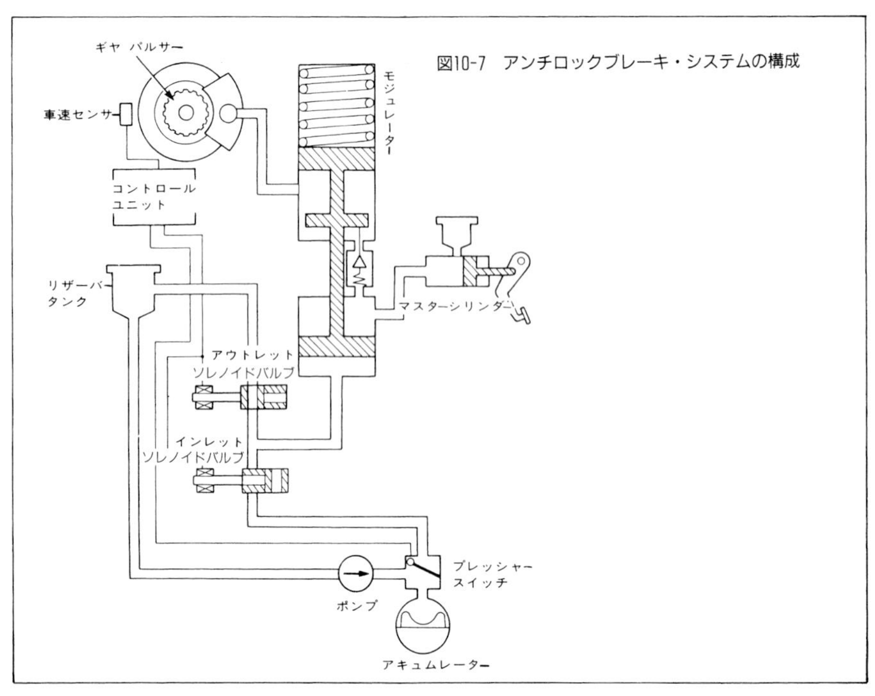

図10-7 アンチロックブレーキ・システムの構成

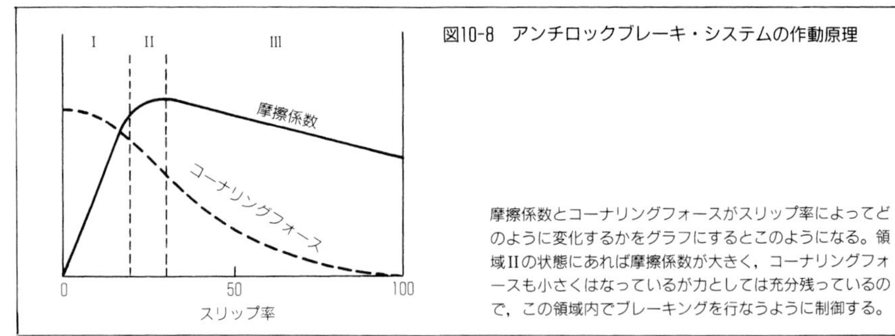

図10-8 アンチロックブレーキ・システムの作動原理

摩擦係数とコーナリングフォースがスリップ率によってどのように変化するかをグラフにするとこのようになる。領域IIの状態にあれば摩擦係数が大きく，コーナリングフォースも小さくはなっているが力としては充分残っているので，この領域内でブレーキングを行なうように制御する。

ブレーキ力のコントロール

スリップ率をコントロールするために，ABSを構成する役者達に次のような働きをさせる。

「ホイールセンサーで各タイヤの回転数を検出」
⇨「コントロールユニットで各タイヤのスリップ率と加減速度を演算」
⇨「コントロールユニットから各タイヤのブレーキ力の増減を指示」
⇨「モジュレーターで各タイヤのブレーキ力を増減」

たとえば今，図10-8でスリップ率が領域Ｉの状態である時はブレーキ力が不足しているので，すみやかにブレーキ力を大きくする。また，領域IIIの状態であれば，スリップ率100%すなわちタイヤロックにいたる不安定な状態なので，ただちにブレーキ力を小さくする。

セレクトロー制御

先にセレクトハイ制御について説明したが，これに対してセレクトロー制御がある。

ABSが左右で摩擦係数μが異なるスプリットミュー路面でブレーキをかけ，タイヤがロックする場合を考える。前輪も後輪も左右路面のμに応じてブレーキ力が制御されると，左右輪のブレーキ力の差が大きくなりヨーモーメントが大きくなって，自動車は摩擦係数の高い路面の方向に曲がってスピンを起こしてしまう。

これを防ぐために摩擦係数の低い側の路面で先にロックが始まったら，低μ側だけでなく摩擦係数の高い側のブレーキも同時に減圧する。そのために，後輪のブレーキは１チャンネルだけで共通になっている。これをセレクトロー制御といっている。

(5) 4WD用アンチロックブレーキ・システム

以上は2WD車用のABSであるが，これをそのまま4WD車に適用しようとすると，うまく機能しないケースがある。

まず，自動車の速度が検出できない場合がしばしばでてくる。

二輪駆動車でもABSの一番の難問は車両速度で，セレクトハイの原理で求めた近似値で代用した。ところが，4WDではそれが使えない。

なぜなら，4WDでは前後のドライブトレインが直結になっていたり，あるいはビスカスカップリングなどで差動制限されているので，４輪の車輪速度が同期してしまう。特に摩擦係数の低い路ではロック車輪があると全車輪が一斉にロックしようとする。こうなると，セレクトハイの原理どころではなくなる。

また，ブレーキ系に振動が発生することがある。

ABSでは前後の車輪のブレーキは独立してコントロールする。ブレーキはABSの作動原理からわかるように，強くかけたりゆるめたりの繰り返しであり，言いかえるとブレーキ系に一種の振れを与えていることになる。このような力が各車輪ごとに加えられると，ドライブトレインがつながっている4WDでは前後の振れが干渉し，大きい振動が出てとまらないことがある。

そこで4WD用のABSでは，たとえば前後の差動制限を弱くして(ビスカスカップリングの伝達トルクを小さくする，あるいは正逆転で伝達トルクを変えるなど)前後のドライブトレインの干渉を小さくしたり，ABSが作動する時（あるいはブレーキをかける時）にはその時だけ2WDに自動的に切り換える方式などが実用化されている。

実例については第6章でくわしく述べたのでここでは略すが，いずれにしてもビスカスカップリングの伝達トルクを小さくすると，4WDとしての性能が不充分になる可能性があり，2WDに切り換える方式ではこうした問題はないがコストがかかる。

そこで4WD用のABSとしてGセンサー（加速度センサー）を用いる方法が一般化してきている。

そもそもABSが必要でかつもっとも威力を発揮するのは摩擦係数の低い路面である。ところが2WD用のABSを4WDに流用した場合にうまく働かないのは主としてこのような路面で，簡単に全輪ロックが起きてしまい肝心の自動車の計算速度が狂ってしまうことが問題である。

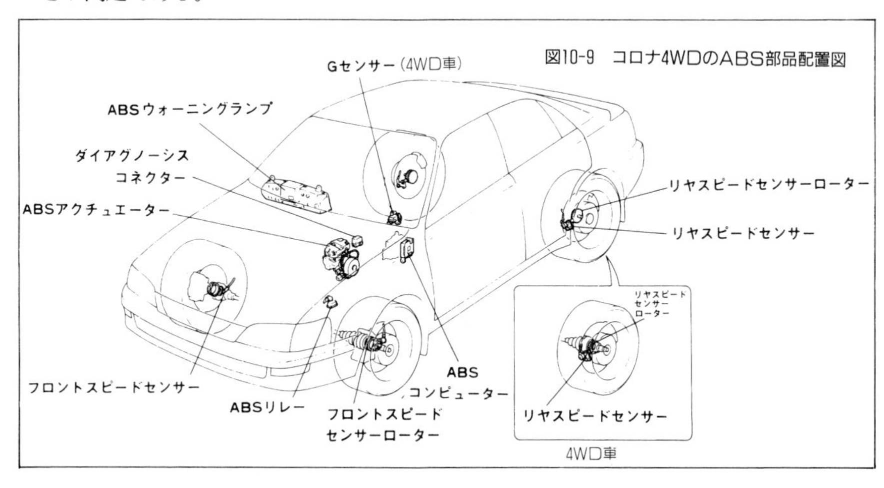

図10-9　コロナ4WDのABS部品配置図

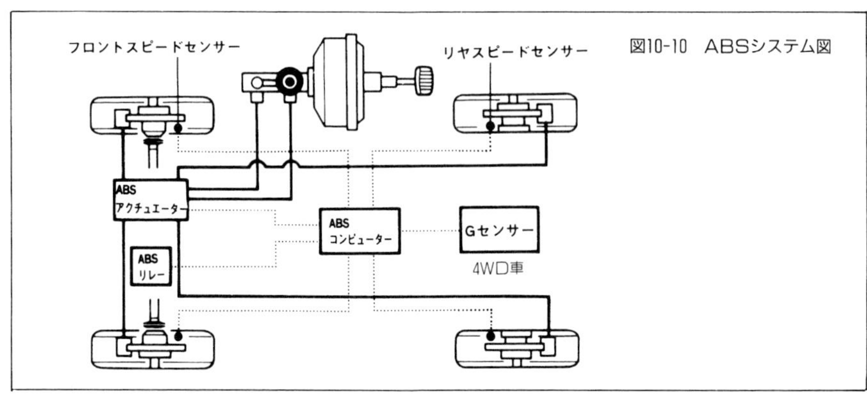

図10-10　ABSシステム図

この問題の解決のために，ブレーキをかけてロックが起きている路面の摩擦係数が低いか高いかを判別するのにGセンサーを使用し，車両の減速度を測定する方法が考案された。タイヤがロックしそうになっているのに減速度が小さければ，路面の摩擦係数は低いので制御を低摩擦用に切り換えてうまくブレーキをかけるわけである。

その実施例を図10-9，10に示す。この4WD車は，FF車のシステムにGセンサーを加えただけで，あまりコストをかけずにうまく4輪ABSを成り立たせている。

⑹ アンチロックブレーキの特徴

最後にABSの特徴をまとめておこう。

①摩擦係数の低い路やパニックブレーキで作動

摩擦係数の高い路面で普通に走っていればABSが作動するチャンスはほとんどない。作動するのは氷雪路や降雨時等のすべりやすい路面で強いブレーキをかけた場合，あるいは摩擦係数に関係なく事故回避のために思わず力一杯かけるパニックブレーキ時などの，タイヤの摩擦力をこえてブレーキをかけた場合である。

ドライバーが過大なブレーキをかけることがまず必要で，ブレーキのかけ方が不足ではABSは作動しない。ABSは自動ブレーキではないのである。したがって，ベテランドライバーのような車輪ロックさせないブレーキのかけ方ではダメで，目一杯ブレーキをかけたときに作動する。あとはABSに任せればよいのである。

②短い停止距離

氷雪路やすべりやすい路面では，どうしてもブレーキを強くかけすぎて，タイヤをロックさせ停止距離が長くなる。ABS付きの車では，タイヤの摩擦係数が最大になるようなブレーキのかけ方を自動的にするので停止距離が短い。

③方向安定性と操縦性を失わない

メリットが大きいのはこちらである。目一杯ブレーキをかけても車をコントロールできる。曲線路でもブレーキをかけながらコーナリングすることが可能である。

左右スプリットミューの路面では，ABSなしの自動車では摩擦係数の低い側のタイヤはロックするので高い側の路面の方にスピンしようとするが，ABS付きの車では後輪のセレクトロー制御のおかげで方向安定が保たれる。

以上のようにABSの効果は絶大であるが，ABSは路面とタイヤの間の摩擦力を最大限に利用しようとするものであって，それ以上のことは不可能である。たとえば氷雪路や濡れた路面でブレーキをかけても乾燥路面と同じように止まることができるなどと誤解してはいけない。

第11章

4WD用タイヤ

本書をここまで読みすすめられた読者はすでにお気付きのことと思うが，実は4WDのメカニズムを理解し，その機能をフルに生かすことができるかどうかは，タイヤにどれだけ通じ，その知識をいかにドライビングの中で生かすことができるかどうかによって決まると言ってもよい。

第８章の4WD車の走行特性は，タイヤのグリップの話に終始せざるを得なかった。そもそも4WD車とは，FR車で自動車の進む方向を変える仕事に専念しているフロントタイヤや，FF車で重量を支えるだけで遊んでいるリヤタイヤに駆動トルクを与え，自動車の総合的な機能をアップしようという狙いでつくられたものである。

四輪駆動車の本来の機能を生かすことができるか否か，あるいはせっかくの宝を持ち腐れにしてしまうかどうかは，４本のタイヤをうまく使いこなすことができるか否かにかかっているといっても過言ではないだろう。

タイヤの性能特性についてはすでに説明したので，ここでは実際にタイヤを選んだり，使いこなしていく上で必要な事柄について話を進めていくことにしよう。

(1) タイヤの選定

4WD車を本格的にドレスアップするのであれば，まずタイヤとホイール選びから始まるというのが常識のようになっていて，いわゆるクロカン四駆ではほぼ半数のオーナーがタイヤを交換するというデータもある。

4WD車に自分流に手を加え，個性をアピールするためのパーツは，メーカーがオプションとしてふんだんに準備しているが，それだけでは物足りないオーナーが四輪駆動車の専門店に足を運ぶと，まず目にはいるのはタイヤとホイールである。

書店の雑誌コーナーにあふれている4WD専門誌には，どの号をとっても必ずといっていいほどタイヤに関係のある記事や広告がのっていて，その重要性をアピールしている。タイヤのサイズやパターンは，その自動車が使われる目的をドライバーが総合的に考えた上で決められるものであり，タイヤが決まるとホイールは自ずから決まる。走るためのサスペンションにどの程度手を加えるかの範囲が決まってくる，外観がかなり変わるので自動車としてのバランスをとるためのパーツを付ける，と連鎖反応である。

ついでに付け加えれば，よい専門店を選ぶコツは，その規模の大きさや見事なディスプレーとは関係なく，店主がタイヤとホイールにいかに精通しているかを見極めることにある。

こうした風潮から，4WDの新車用タイヤは間に合わせのもので，本格4WDというのであれば，まずタイヤを履き換えなくてはならないと思い込んでいる人が意外に多い。ノーマルタイヤのまま走行すると，なんとなく肩身の狭い思いをする気にさえさせられる。

だが，これは全くの誤解である。特別なイベントや競技に参加するのでなければ，タイヤは新車用で充分である。充分どころか，自動車は新車時に装着されたタイヤでないと，その性能はフルに発揮できないと言い切るメーカーもある。

自動車と全くバランスのとれていないタイヤ/ホイールを付けながら，これぞ究極の4WDと得意になっている人をよく見掛けるが，ほんとうに四駆に通暁している人は疑問を持って見ているかもしれない。シンプル・イズ・ベスト，4WDもオリジナルに徹底的にこだわる人がいてもおかしくはない。

(2) 乗用車やワゴンのオールシーズンタイヤ

4WD車は，オフロード走行をメインとした本格四駆はもちろんだが，二輪駆動の乗用車を四輪駆動にしただけの場合でも，新車用としてはその自動車に合うように特別に開発されたタイヤが装着されている。

特に，4WDを前提として開発された高性能をセールスポイントにしている自動車の場合には，その自動車専用に開発されたタイヤが新車装着されており，そのタイヤでないと期待される性能が発揮できないので，指定タイヤ以外は使用すべきではない。

二輪駆動車をベースにしてつくられた4WDでも，自動車の開発にあたっては駆動系の変更と同時にタイヤのマッチングが慎重に検討されており，オーナーの好みだけでタイ

図11-1

4WD乗用車に装着されているオールシーズンタイヤ

ブリヂストン　SF-405

一般乗用車の新車装着タイヤの例

ブリヂストン　ポテンザRE88

ヤを安易に交換すると問題が起こるケースもある。

たとえば前輪駆動のファミリーカーをフルタイム4WDにしたものは，ボディの隅の方に小さく4WDとエンブレムが付けてあるだけで，運転席に座っても変わったものは何一つないのが普通である。だが，タイヤだけはFF仕様車とは違ったトレッドパターン（接地する部分の模様）のものが付けられいる。

FF車はFR車に比べると前輪で自動車をひっぱるという機構上の有利さからすべりやすい路面に強いが，4WD仕様にしても普通のタイヤ（タイヤメーカーでは雪路用のスノータイヤと区別して夏タイヤと呼んでいる）では雪路は走れないし，ぬかるみなどに足をとられることがある。四駆でちょっとした雪路も走れないようでは面子にかかわるので，乗用車やワゴン，ワンボックスカーなどの4WD仕様の新車には，本格的なスノータイヤほどではないが，夏タイヤとの中間的な雪上性能をもつタイヤが付けられており，オールシーズンタイヤと呼ばれている。

このタイヤは，本来アメリカで生産されている一般乗用車やワゴンの新車用タイヤとして開発されたもので，現在アメリカ車は例外はあるが，すべてこのタイヤを装着して販売されている。日本のように，ほとんど雪路は走らなくても冬はスノータイヤに履き換える，というわずらわしさを嫌うお国柄であることと同時に，自動車での移動距離が日本とは比較にならないほど長いために，いちいちタイヤを路面に合ったものに換えてはいられないからである。

オールシーズンタイヤは，日本やヨーロッパのスムーズな舗装路での走行を前提とした夏タイヤとくらべれば，高速走行時の操縦性安定性では一歩ゆずり，トレッドパターンが雪上性能を加味したものとなっていることから若干静粛性に欠けるといわれるが，どんな路面でもそこそこに走れるという点では全く問題ないレベルのタイヤである。

そこで，ほとんどが舗装路の一般走行に使われ，四輪駆動車としての機能が本当に必要なチャンスの少ない，日本の4WDの新車用にぴったりのタイヤとしてこのタイヤが選ばれているわけである。夏タイヤと見分けがつきにくいが，タイヤのサイドウオール(横面)をよく見ると，ALLSEASONとかM＋S（マッド；泥　アンド　スノー；雪の意)の刻印がしてある。

このような理由から，冬用としてスタッドレスタイヤを準備している人には，雪のない季節には新車用のオールシーズンタイヤでもかまわないが，少しでも乗り心地がよく静かなタイヤに交換したいというのであれば，夏タイヤがおすすめである。この場合，その自動車に装着可能なタイヤのサイズが指定されている（ドライバー側のドアや，センターピラーの下の方に貼られているステッカーに，推奨空気圧とともに表示されている)のでその中から適当なものを選ぶことになる。

また，北海道のような雪路での使用頻度の高い地方では，新車用のオールシーズンタイヤでは役不足なので，冬季にはスタッドレスタイヤを使う必要がある。

なお，はじめに述べたように，最初から4WDを前提として開発された乗用車の場合にはこの話は当てはまらない。たとえばインプレッサにはFF車もあるが4WD車がメインであり，タイヤも4WD車の方が充実したラインアップとなっている。また，スカイラインGT-RのアテーサE-TSのような4輪電子制御システムをもつ乗用車は，もちろん専

表11-1　スバル・インプレッサの新車装着タイヤサイズ一覧表

	ハードットップセダン									スポーツワゴン					
	2WD			4WD						2WD		4WD			
	1.5ℓ			1.6ℓ		1.8ℓ		2.0ℓターボ		1.6ℓ		1.8ℓ			
	CF	CS	CX	CF	CS	HX	HX Edtion-S	WRX	WRX type RA	CS	CX	HS	HX	HX Edtion-S	HX エアサス
165 R13	●	●		●	●					●					
175/70 R14			●								●	●			
185/70 R14						●							●		●
195/60 R15							●							●	
205/55 R15								●	●						
アルミホイール&フルホイールキャップ		13インチ フルホイールキャップ	14インチ フルホイールキャップ		13インチ フルホイールキャップ	14インチ フルホイールキャップ	15インチ アルミホイール	15インチ アルミホイール	15インチ アルミホイール		14インチ フルホイールキャップ	14インチ フルホイールキャップ	14インチ フルホイールキャップ	15インチ アルミホイール	14インチ フルホイールキャップ

用タイヤが新車装着されており，システムが指定されたタイヤの特性を前提に構築されているので，指定タイヤ以外は使ってはならない。

(3) 本格4WDの新車用タイヤ

本格的な四輪駆動車となると，はじめに書いたように，オフロードを全く走らないという人はいないだろうが，四駆が必要なのは年に数回のスキーだけという人でも，太いタイヤでないとかっこうがつかないので履いているというのが昨今の流行である。

かつてはランドクルーザーやパジェロなども常識的で機能本位のタイヤしか新車装着をしていなかったが，最近では競ってこの種のタイヤを標準装着したり，オプショナルサイズに指定している。

この種のタイヤが4WD車に装着されるようになったのは，アメリカ西海岸の砂漠(といってもソフトサンドから岩山までさまざまだが)で，どんな地形でも走行できるように太いタイヤを装着した改造4WDが目立ち，それがカッコイイというので日本ではやりだしたのがきっかけである。

どんな地形でも走行するとなると，できるだけ大きなタイヤを付けて空気圧を下げ，大出力エンジンのパワーによって強引に突破するというのが定石である。こうしたタイヤはいろいろな呼び方がされるが，悪路での浮上性がよいということからフローテーションタイプのタイヤと呼ばれることが多い。こうした自動車を使った競技があることは，テレビ放映によって日本でも広く知られている。

だが，本家のアメリカでもこうした特別に太いタイヤを装着した4WDは，自動車社会全体として見ると極めて限られた存在である。もちろん，こうしたタイヤが新車装着でユーザーにわたる例はまれである。というのは，万一のことがあった場合にメーカーが

図11-2

クロカン四駆にオフロード用のフローテーションタイヤが装着されるようになったのは，アメリカ西海岸のオフローダーが履いているタイヤの影響が大きい。

訴訟の対象になり，巨額の賠償金が請求される社会だからである。

日本でもたまに話題になるが，アメリカにはプロダクト・ライアビリティー(略してPL：製品責任)といって，商品の欠陥によって消費者が損害をこうむった場合，その商品を製造・販売した当事者が民事責任を負わなくてはならないという制度がある。いわゆる欠陥商品で，物自体に問題があればメーカーもあきらめがつくというものだが，ユーザーが使い方を誤って事故が起こっても，そうした誤った使い方ができるようにしたメーカーが悪いとされるのだから事はめんどうである。

もし読者がアメリカ製のタイヤを見る機会があれば，ぜひいちどそのサイドウオールをよく見ていただきたい。もちろん，虫眼鏡がないと絶対に読めないが，タイヤの使用上の注意事項がことこまかく刻印されているはずである。

こうした背景があるので，たとえば読者がチェロキー(新車はP215/75R15またはP225/75R15)やエクスプローラー(P215/75R15)などアメリカ車を扱っている輸入代理店に行って，フローテーションタイヤの装着をたのむとまず余程のことがないかぎり断わられるはずである。

PL問題もさることながら，設計・開発段階で検討されていないタイヤを装着して自動車を売ると，百害あって一利なしで，自動車本来の性能は大なり小なり犠牲になり，ユーザーは見栄のために我慢するかもしれないが，自動車としてはイメージダウンになりかねないからである。

ベンツのゲレンデヴァーゲン(新車は225/75R15)やイギリスの名門レンジローバー(205R16)も全く同様である。自分でタイヤを換えるからサイズだけでも教えてほしいと

図11-3
クロカン4WDの新車用オールシーズンタイヤの例

ブリヂストン　デザートデューラー682

頼んでも，トラブルがあった場合に備えて一応いくつかのサイズは検討されているようだが，絶対に教えてもらえない。

日本のメーカーは顧客第一主義に徹しているから，こうしたトレンドは決して見逃さず，以前からフローテーションタイヤをオプションに指定しており，最近では新車装着されている自動車もめずらしくはない。これらの自動車は，始めからこの種のタイヤの装着を前提に設計されており，実用上問題のないレベルに仕上げられているが，基本的に次に述べる技術的な難点を克服した上のものであることを知っておいていただきたい。

(4) クロカン4WD用タイヤ

4WD車というと，今話題の中心はクロスカントリー4WD，略してクロカン四駆である。クロカン四駆にはピックアップもあるが例外で，いわゆるバン型の2ボックススタイルと決まっており，今やクロカンのドレスアップは花盛りである。

そのクロカンだが，かつてクロスカントリーカーといえばその名のとおり，現実にその自動車が街乗り専用で，山に入ることはなくても悪路走破性だけが追求された。しかしRVの普及と，乗用車から乗り換える人達が多くなった結果，今では高級乗用車としての快適性や舗装路での運動性能も求められ，多様化している。

タイヤもクロカンといえばアメリカから輸入されたBFグッドリッチのオールテレーンが代表的なタイヤとされているが，国内のタイヤメーカーも様々なタイヤを市販して

図11-4

おり，どのタイヤがいいのか選択に迷うというのが現状であろう。

上に書いたように，競技に参加する場合は別にして，オプションに指定されているサイズや，トレッドパターンの違うタイヤと交換することは問題ないが，これらの範囲をこえたタイヤに交換することはすすめられない。しかし，ユーザーが自分の責任で行うというのであれば，法にふれない限りタイヤを交換するのは自由な世の中であり，現実に様々なタイヤが使われている以上，タイヤを交換したときの問題点をよく知っておくことが大切だと思うので，以下に列記してみよう。

タイヤのサイズ

4WD車に限ったことではないが，タイヤサイズは自動車の構想が現実のものになる場合に，具体的に決めなくてはならない基本的な要素のひとつである。また，極端にいうと先に述べたように，タイヤサイズで自動車の性格が決まってしまう。

タイヤサイズはその外径と幅であらわされるが，大きさが同じでもタイヤの高さと幅の比率(偏平率)が異なると性能が違い，一般に偏平になるほど高速性能や運動性能がよくなり，逆に乗り心地は悪くなる傾向にある。そこでタイヤには大きさのほかに偏平率も表示されており，その偏平率(%)によって70シリーズとか60シリーズとか呼んでいる。

たとえば乗用車で一口にスポーティな自動車といっても，70シリーズのタイヤが装着されていたらファミリーカーに少し手を加えた程度の自動車のはずだし，50/55シリーズのタイヤを履いているとなると半端なスポーツカーではない。

偏平率と並行して検討されるのがタイヤの大きさであり，その負担荷重である。タイヤの外径はいうまでもなく車高を決め，自動車の運動性能のかなめの一つである重心の高さをほぼ決定的なものにする。負担荷重はタイヤの大きさと空気圧によって決まる。

一般的にいうと，車高を上げる，あるいは高くなってもかまわない場合には同じホイール径，偏平率でサイズアップする。また，同じ外径でタイヤの幅だけ広くしたい場合には，ホイールを外径が1インチ大きいものを使いタイヤの偏平率の小さいタイヤを使

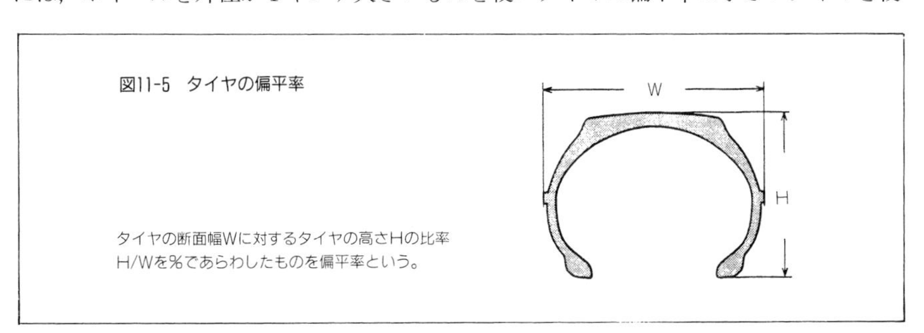

図11-5　タイヤの偏平率

タイヤの断面幅Wに対するタイヤの高さHの比率H/Wを%であらわしたものを偏平率という。

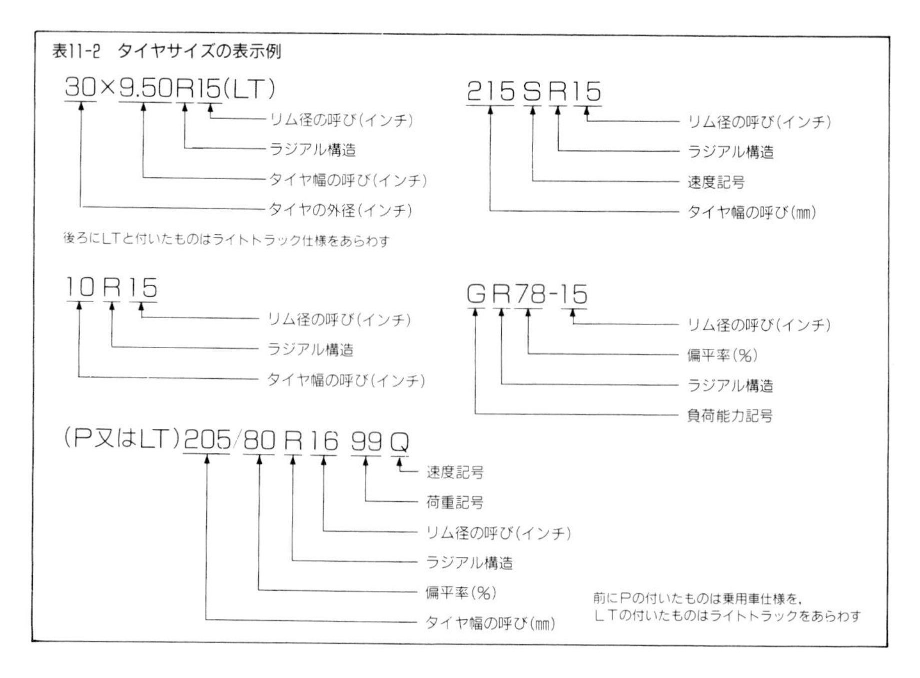

う。これをホイールのインチアップといっている。タイヤの外径を変えないで内径を大きくすれば，必然的にタイヤがより偏平になるわけである。

さて，これだけの基礎知識をもとに，実際に自動車に装着されているタイヤのサイズを調べて見る。表11-3, 4はパジェロとランドクルーザーの新車に装着されているタイヤのサイズを車種ごとに示したものだが，なんとサイズ表示の仕方だけでも3種類あることがわかる。このほかにアメリカ車に装着されているタイヤにはサイズ表示の前にＰとかＬＴなどという表示が付いているものもある。

それぞれの表示の数字や記号が何をあらわすかは表11-2を見ればわかるが，それにしても先に述べたタイヤサイズの基礎知識だけでは，具体的にそれらのタイヤの大きさはわからず，実際の寸法をタイヤメーカーに聞かなければ比較できない。

どうしてこのようになったのかというと，タイヤが装着される自動車と使用される路面によってこまかく分類されているためである。つまり，操縦性安定性や乗りごこちが重視される乗用車用タイヤと，丈夫さが最優先のトラックタイヤではタイヤのつくりは全く異なり，サイズ表示のしかたも違う。

またタイヤは，新しいコンセプトのものが開発されると，サイズ表示を変えるという慣習がある。世界的に統一する努力はされているが，古くから市販されているタイヤと新しいタイヤとが共に市場にあることが，サイズ表示の多様化に拍車をかけている。

表11-3　三菱・パジェロの新車装着タイヤとホイールの一覧表

車種			装着ホイール	タイヤ 標準装備	タイヤ バックオプション
メタルトップ	ワイド		アルミ7JJ-15	265/70R15	31×10.5R15
	標準	XP	アルミ6JJ-15	225/80R15	——
		XG	スタイルド6JJ-15	215SR15	——
		バン	スタイルド6JJ-16	205/80R16	——
Jトップ			アルミ6JJ-18	215/85R18	——
ミッドルーフ	ワイド		アルミ7JJ-15	265/70R15	31×10.5R15
	標準	XP	アルミ6JJ-15	225/80R15	——
		XG, XL	スタイルド6JJ-15	215SR15	——
キックアップルーフ		XP	アルミ6JJ-15	225/80R15	——
		XG	スタイルド6JJ-15	215SR15	——
		バン	スタイルド6JJ-15	225/80R15	——

表11-4　トヨタ・ランドクルーザーの新車装着タイヤとホイールの一覧表

車種 / タイヤ&ホイール	80ワゴン 4500ガソリン VXリミテッド	80ワゴン 4500ガソリン VX	80バン 4200ディーゼルターボ VXリミテッド	80バン 4200ディーゼルターボ VX	80バン 4200ディーゼル GX	80バン 4200ディーゼル STD
275/70R16 8JJアルミホイール	○	○	○	○	—	—
275/70R16 8JJシルバー塗装ホイール	—	○	—	○	—	—
215/80R16 6Jメッキホイール	—	—	—	—	○	—
215/80R16 6Jシルバー塗装ホイール	—	○	—	—	○	○

車種 / タイヤ&ホイール	70バン 4200ディーゼル(IHZ) ZX 4ドア	70バン 4200ディーゼル(IHZ) ZX 2ドア(FRPトップ)	70バン 3500ディーゼル(IPZ) LX 4ドア	70バン 3500ディーゼル(IPZ) LX 2ドア	70バン 3500ディーゼル(IPZ) STD 4ドア	70バン 3500ディーゼル(IPZ) STD 2ドア	70バン 3500ディーゼル(IPZ) STD 2ドア(幌)
31×10.50R15-6PRLT 7JJアルミホイール	○	○	—	—	—	—	—
215/80R16 6JJアルミホイール	—	○	—	—	—	—	—
215/80R16 6Jシルバー塗装ホイール	—	—	○	○	○	○	○

クロカン四駆は乗用車とトラックの中間的な自動車で，しかもその用途が多岐にわたっているため，この2つの要素がからみあい，タイヤサイズはこのように複雑になってしまったのである。

以上のことから理解いただけると思うが，タイヤサイズの変更を自動車のオーナーの知識だけで正しく行うことは，不可能に近い状況にある。この章のはじめに，店主がタイヤについていかによく知っているかの見極めが四駆の専門店選びのコツと書いたのはこのためである。

結論をいうと，タイヤのサイズを変えるのであれば，この章に述べた知識をもとに，その自動車のオプションの中から選び，タイヤにくわしい人のアドバイスを受けることである。

なお，タイヤのサイズ変更を行うとき，メーカーがオプションに指定していないサイズにする場合には，陸運局に届けて車両検査を受けなくてはならない。具体的な手続きはタイヤの販売店や4WDのショップで相談に乗ってくれる。

ホイールの幅とオフセット

タイヤのサイズ変更を行う場合には，原則としてディスクホイールを交換しなくてはならない。インチアップであれば当然ホイールの径を大きくしなくてはならないが，ホイール径が同じなら多少タイヤが大きくなっても問題なさそうに思われる。ところがタイヤの寸法，形状は半インチきざみに決められたリム（タイヤがはめられている部分）の幅に合わせて設計されており，規定のリム（標準リム）に組み付けないと本来の性能が出ない。ときには不具合が生じることもある。

もっとも，タイヤの大部分は伸び縮み自在のゴムでできているので，前後半インチ程度違ってもいい場合がある（許容リム）が，タイヤを扱っている店で調べてもらう必要がある。

表11-5　リムサイズの表示例

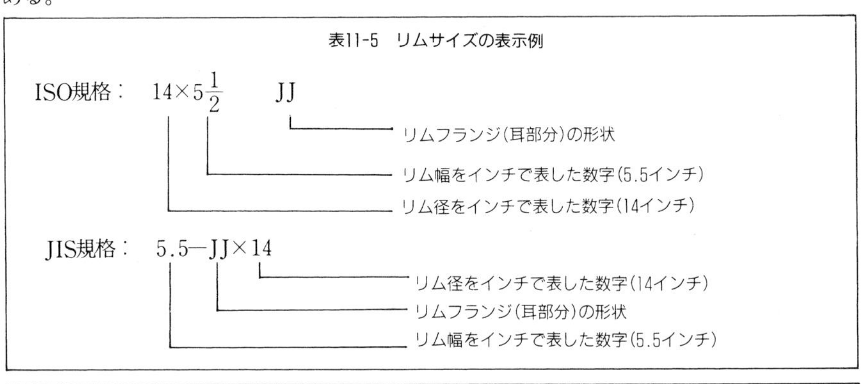

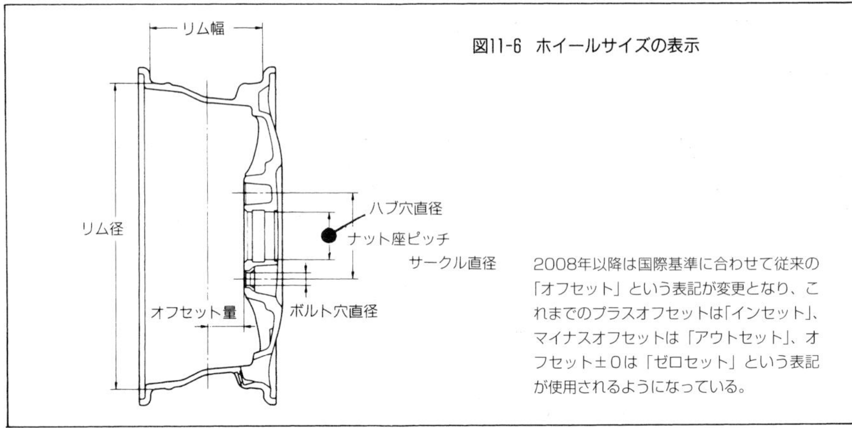

図11-6　ホイールサイズの表示

もうひとつ，ホイールを交換する場合にオフセットをチェックしなくてはならない。オフセットというのは図11-6に示すように，ディスクのハブへの取り付け面と，タイヤの中心面との間の距離のことである。タイヤをハブに対してどれだけ離して(オフ)取り付ける(セット)かを示す数値で，タイヤが奥に入るほど大きくなる。

幅の広いタイヤを付けたとき，それまで付けられていたホイールと同じオフセットだとタイヤがフェンダーからハミ出す場合には，オフセットの大きなホイールにしなくてはならない。ハンドルを一杯に切ったとき，タイヤの内側がサスペンションと接触するというのであれば，オフセットの小さいホイールがいる。

サスペンションの改造

タイヤ，ホイールを交換した場合には，必ずサスペンションがオリジナルのままでよ

図11-7　レンジローバーの車高調整

レンジローバーはエアサスペンションにより車高を5段階に調整できるようにし，荒路走破性とハイスピードクルージングにおける操縦性の両立をはかっている。
このシステムは80km/h以上の高速走行になると車高が自動的に20mm下がるローモードとなり，停車時にはスイッチ操作で更に40mmダウンして乗り降りが楽にできるようになっている。
また荒路走行時にはスイッチにより標準より40mm高いハイモードとすることができ，1輪でも脱輪すると自動的に更に30mm高くなる。

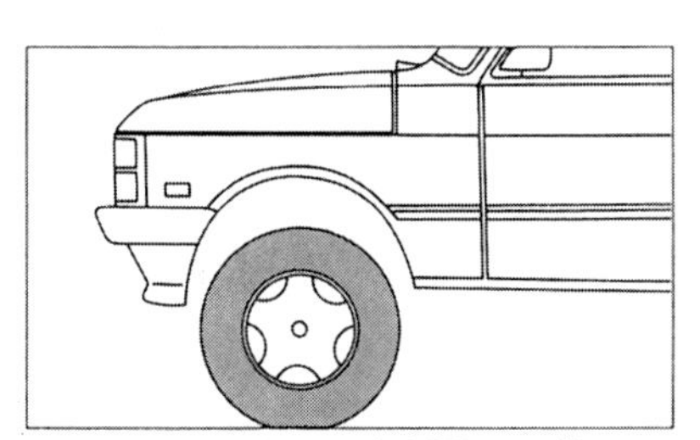

エクステンドモード(標準モードより70mmアップ)

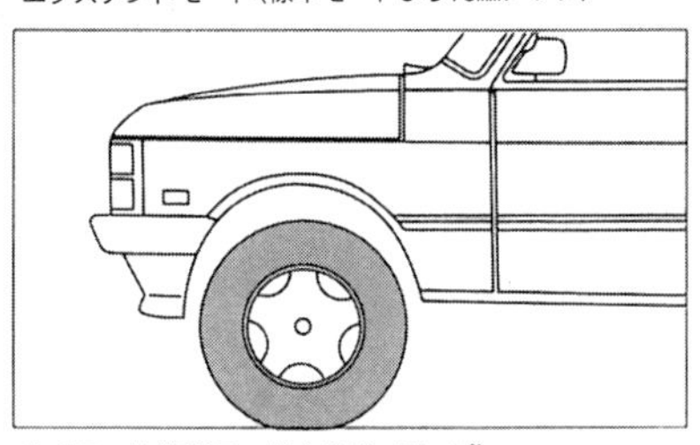

ハイモード(標準モードより40mmアップ)

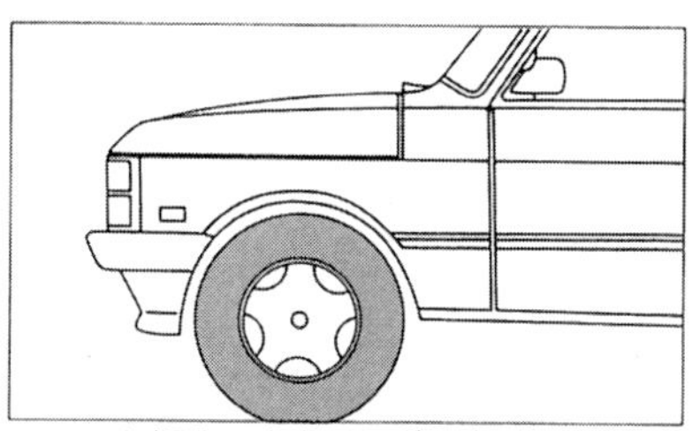

ローモード(標準モードより20mmダウン)

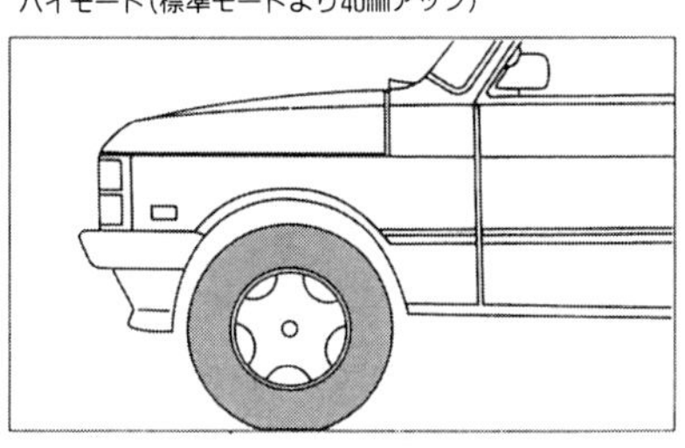

標準モード

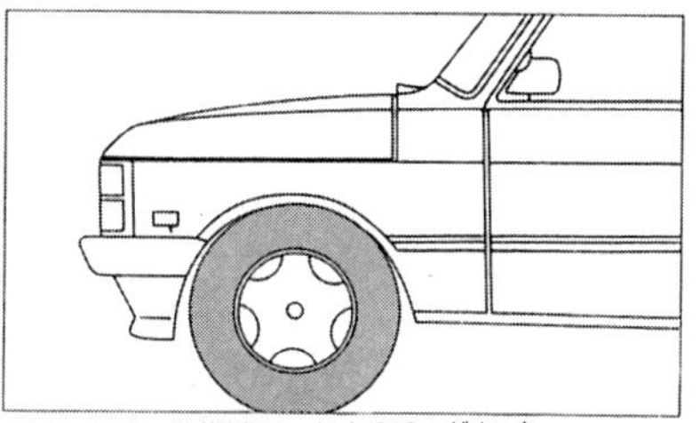

アクセスモード(標準モードより60mmダウン)

いかどうかの検討が必要である。タイヤを太くした場合には次に述べる問題点が大なり小なり発生するので，何らかの手を打っておかなくてはならない。

どこをどの程度改造するかは，その自動車の使われ方とオーナーの考え方次第であり，ケースバイケースにより千差万別で，車高が変わる場合にはホイールアライメントと，その走行中の変化(悪路でのタイヤの動きや，コーナリング時のロール対策など)，強度，耐久性など多項目にわたる検討がいる。必ず経験を積んだ先輩や4WDショップの人たちとの相談が必要である。

フローテーションタイヤの操縦性安定性

こうして，新車に装着されているタイヤよりも太いタイヤを履いた場合に覚悟しなくてはならない問題点をいくつかあげてみる。

はじめに述べたようにクロカン四駆といっても，ユーザーの多様化に対応して，ランドクルーザーやパジェロの上級車種などのように，もはやクロカンとは言えず，オンロードの高速クルージングを前提に作られた4WDもあり，このての自動車にそれなりのタイヤを装着して足を固めると，そこらのスポーツカー顔負けの性能を発揮する。

いずれはそのような自動車も増えるであろうが，ここではクロスカントリーにこだわる一般的なクロカンに話を限ると，太いタイヤを付けて舗装路を走って最初に気付くことは，直進安定性の悪さのはずである。

少し話がむずかしくなるが，この原因は主としてタイヤの接地幅が広くなったことによりキングピン軸まわりの回転トルクが大きくなったことと，オフセットの変更がこれを助長した結果によることが多い。

図11-9は自動車を前から見たときの図で，キングピン中心線が路面と交わる点と，タ

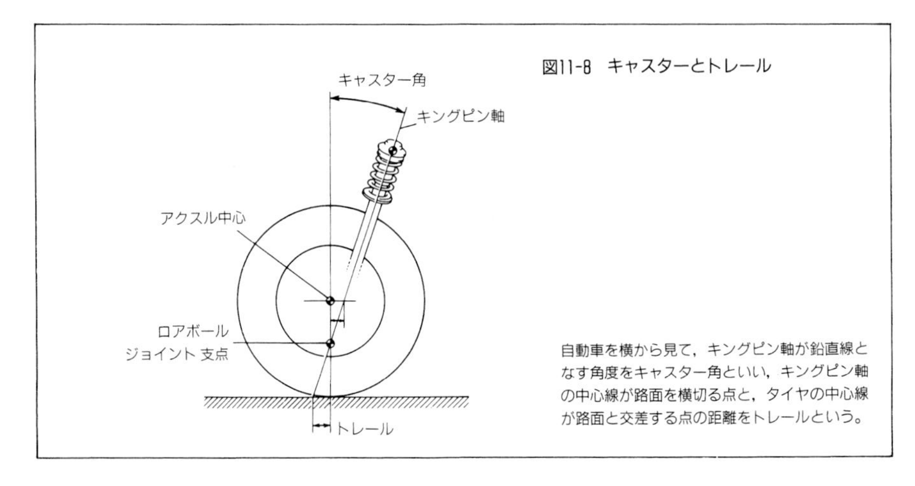

図11-8　キャスターとトレール

自動車を横から見て，キングピン軸が鉛直線となす角度をキャスター角といい，キングピン軸の中心線が路面を横切る点と，タイヤの中心線が路面と交差する点の距離をトレールという。

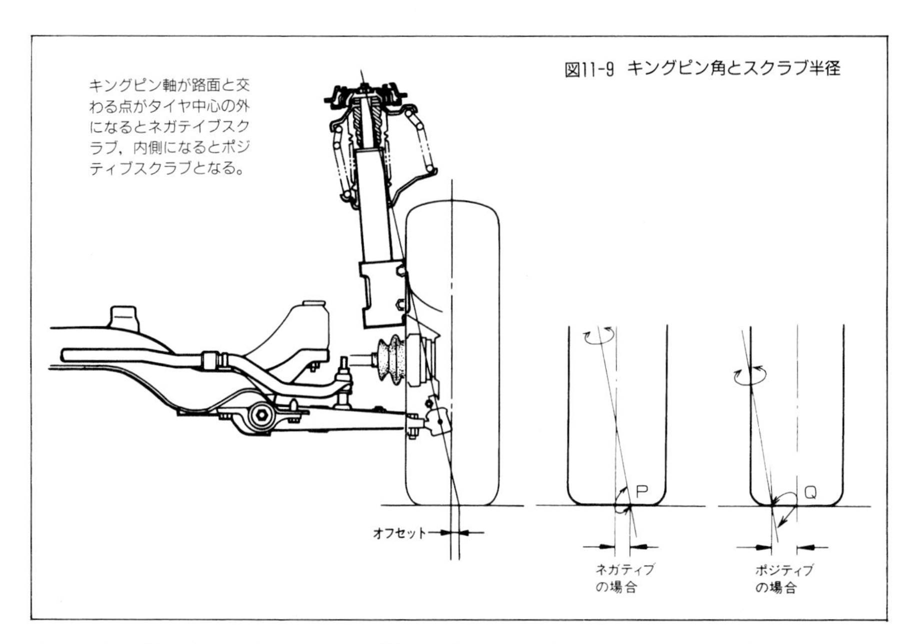

図11-9　キングピン角とスクラブ半径

イヤの中心線が路面に交わる点との間の距離をキングピンオフセットと呼んでいる。ハンドルを切ると，タイヤは図のキングピン軸まわりで回転するが，一般にキングピンオフセットが大きいとハンドルが路面の凹凸に対して敏感になったり重くなったりする。

これはタイヤに外から同じ大きさの力が加わっても，その力のかかる個所がキングピン中心線から遠くなるほどキングピンまわりに大きな回転力が生じるためで，たとえば図で点Pと点Qに力がかかる場合を比較すると，キングピンを回すトルクは点Qの方が大きいことが理解いただけると思う。

タイヤの接地幅が広くなったり，タイヤの高さが高くなるほどキングピン軸から離れた個所に力がかかる機会は増え，ホイールのオフセットが変わったためにキングピンオフセットが大きくなったとすれば，さらにキングピン軸を回そうとする力は大きくなるわけである。

ハンドルが重くなるのはパワーステアリングでカバーするにしても，ハンドルの遊びの部分でタイヤの向きが変わりやすくなるので自動車の直進性が悪くなる。ホイールベースの短いクロカンではこの傾向が一層ひどくなる。

直進安定性を良くする手法としてトレールを長くするという手がある。これは図11-8のようにキングピン軸を後ろに傾けるもので，トレールが長いとタイヤの向きが変わったときに，これを元に戻そうとする力が大きくなり自動車の直進性がよくなるというものである。キングピンオフセットにしても，このトレールにしてもキングピン軸の傾きによって決まるので，タイヤを換えたときに適当に変更すればよさそうなものだが，残念ながらキングピン角が可変式になっている4WDはない。今後もないだろう。

以上の話から推測いただけると思うが，自動車のキングピン角をどのように設定するかは極めて大切で，これによって，ステアリングの味がほとんど決まるといわれる。ゲレンデヴァーゲンやレンジローバーでなくても，ヨーロッパ製の自動車に乗ってだれでも気付くことは，なんとも表現不可能なステアリングの味の違いである。この毒に一度シビレてしまうと，気の毒なことにその人は一生その自動車に取りつかれてしまうのである。

日本車の性能はすでにヨーロッパ車を抜いたといわれるが，このステアリングの味ばかりはいかんともしがたい。欧米のメーカーが断固としてタイヤの勝手な変更を認めないのはPLのためばかりではないようだ。

タイヤのグリップ力

クロカン用タイヤを付けると新車用タイヤのときよりもグリップが悪くなる。〝良くなる〞の書きまちがいではない。もちろん自動車とのマッチングを充分に吟味したタイヤで，サスペンションセッティングをきちんとした自動車では良くなるに決まっているが，一般的にいうと悪くなることを覚悟すべきだと思う。スキー場の近くで事故を起こしている自動車の半分は乗用車も含めた4WDで，しかもクロカンが多いといわれるのはタイヤを過信しているからである。

タイヤのグリップ力は実用範囲で荷重が大きくなるほど大きく，ミクロスリップが適当なとき最大になることはすでに説明した。これらの条件が一定とすれば，タイヤと路面の間の摩擦力は，トレッドゴムの性質とパターンによってもたらされる下記の3つの要因によって決まるとされる。

①粘着摩擦力（ゴムと路面の分子間に働く凝着力）

②ヒステリシス摩擦力（ゴムの変形によるエネルギーロスによるもの）

③掘り起こし摩擦力（ゴムを引きちぎろうとする力に対する抵抗力）

①粘着摩擦力

粘着摩擦力はトレッドゴムが実際に路面と接触している部分のすべりに対する抵抗力で，これは一般に固体をこすりあわせたときに生じる摩擦力と同じく分子の間に働く凝着力（くっつこうとする力）によって生じる。ただし，物理の教科書に書いてある金属のような硬いもの同士の摩擦とはかなり様子が異なる。

摩擦に関する基本公式では，固体同士の間に生じる摩擦力は接触面積に関係なく荷重に比例する（クーロンの法則）となっている。これは，固体の表面はいくら平らに見えても，ミクロの目で見ると小さな凹凸があり，2つの平面を密着させてもほんとうに接触

図11-10　金属同士の摩擦と金属とゴムの摩擦の比較

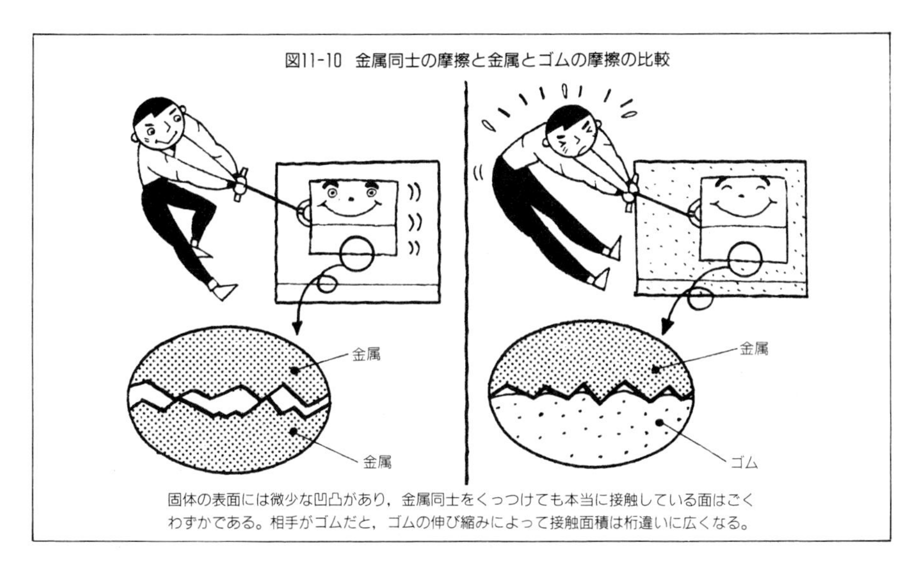

固体の表面には微少な凹凸があり，金属同士をくっつけても本当に接触している面はごくわずかである。相手がゴムだと，ゴムの伸び縮みによって接触面積は桁違いに広くなる。

しているのはほんの限られた点であることによる。この本当に接触している点の面積を合わせたものを真実接触面積と呼ぶ。

つまり見かけの接触面積を倍にしたとしても，単位面積あたりの荷重は半分になるので，ほんとうに接触している点は全体に広がるが，いままでかろうじて接触していた点は離れてしまう結果，真実接触面積はほとんど変わらない。実際に接触している面の広さが変わらなければ，分子間に働く凝着力も変わりようがない。つまり，固体同士の間に生じる摩擦力は見かけ上の接触面積に関係がないというわけである。

これが相手がゴムとなると話が変わる。ご存じのように伸びたり縮んだりできるゴムでは，この真実接触面積がけた違いに広いのである。だから，見かけの接触面積を広げると同じだけではないが真実接触面積も広くなる。ターマックのドライ路面のレースでトレッドに溝のないスリックタイヤが使われるのはこのためである。

また，一般に柔らかいゴムがグリップがよいといわれるのは，次に述べるヒステリシスも関係があるが，真実接触面積が広いことも大いに関係がある。

パリ・ダカールラリーなどでソフトサンドになるとタイヤの空気圧を低くするのは，タイヤの接地面を広くして単位面積あたりの荷重を小さくし，浮上性をよくすると同時にこの原理で摩擦力をかせぐためでもある。読者がベテランなら，スタックの脱出にこの方法を使われた経験が1度や2度はあるはずである。

②ヒステリシス摩擦力

次のヒステリシス摩擦だが，これはゴムのような粘弾性物質に特有の現象でちょっと理解がむずかしい。電気にくわしい人は磁気のヒステリシスと似たようなことがゴムに

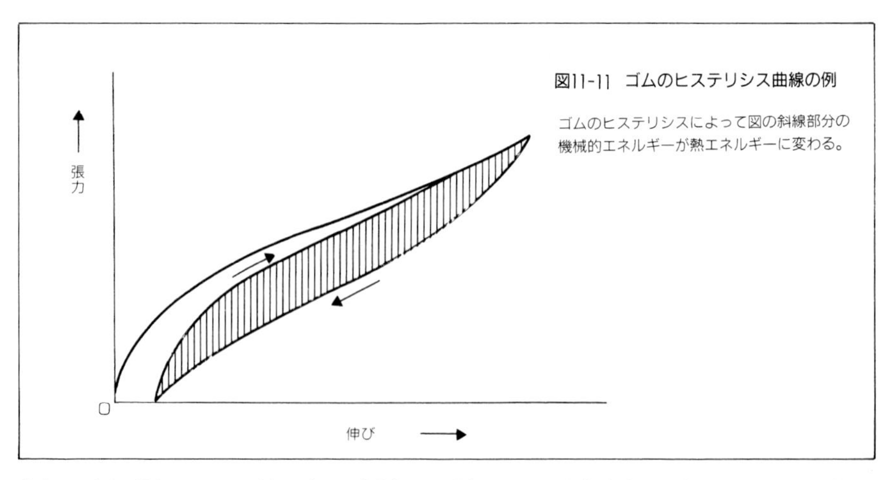

図11-11　ゴムのヒステリシス曲線の例

ゴムのヒステリシスによって図の斜線部分の機械的エネルギーが熱エネルギーに変わる。

も起こると考えていただけばよい。要するに図11-11に示すように，トレッドゴムに加えられた力(機械エネルギー)が，ゴムの性質によって熱エネルギーにかわり，これが摩擦抵抗力となるものである。ちょっと乱暴だが，この力は柔らかめの消しゴムを机に押しつけて動かしたときに，グニュグニュと感じられる抵抗力と考えて大きな間違いではないだろう。

実はこの正体のわかりにくいヒステリシス摩擦が，特に摩擦係数の低い路面で重要な役割をはたす。というのは，舗装，非舗装を問わず，濡れた路面ではトレッドゴムと路面の間の水膜がじゃまして粘着摩擦力が生じにくくなってしまうからである。特に0℃からマイナス5℃程度の氷の表面の極めて薄い水膜は，スキーがすべるのと同じで，ほとんど粘着摩擦力をゼロに近くしてしまう。

この状態のときにたよりになるのは次に述べる掘り起こし摩擦力と，このヒステリシス摩擦だけといってもよい。ヒステリシス摩擦力はゴムの性質と変形量によって決まり，ゴム質が同じなら変形量が大きいほど大きい。したがって，柔らかいゴムを使い，トレッドの溝の部分をできるだけ多く，深くしてゴムが動きやすいようにしたタイヤはヒステリシス摩擦力が大きい。お気付きのことと思うが，このような特性をもっと重視してつくられたタイヤが，実は冬の氷雪路用のスタッドレスタイヤなのである。

ここで大切なことは，このヒステリシス摩擦力がゴムの変形によって発生するということである。つまりタイヤが転がって，トレッドゴムが次々と路面に押しつけられて変形していく状態ではタイヤ全体からヒステリシス摩擦力が発生するが，タイヤがロックされてスキッドしている状態では路面の凹凸による変形によって，わずかにトレッド表面近くのゴムからしか摩擦力は発生していないということである。つるつるの氷の上をすべっていくタイヤにはヒステリシス摩擦力の生じようがないのである。

図11-12　掘り起こし摩擦力

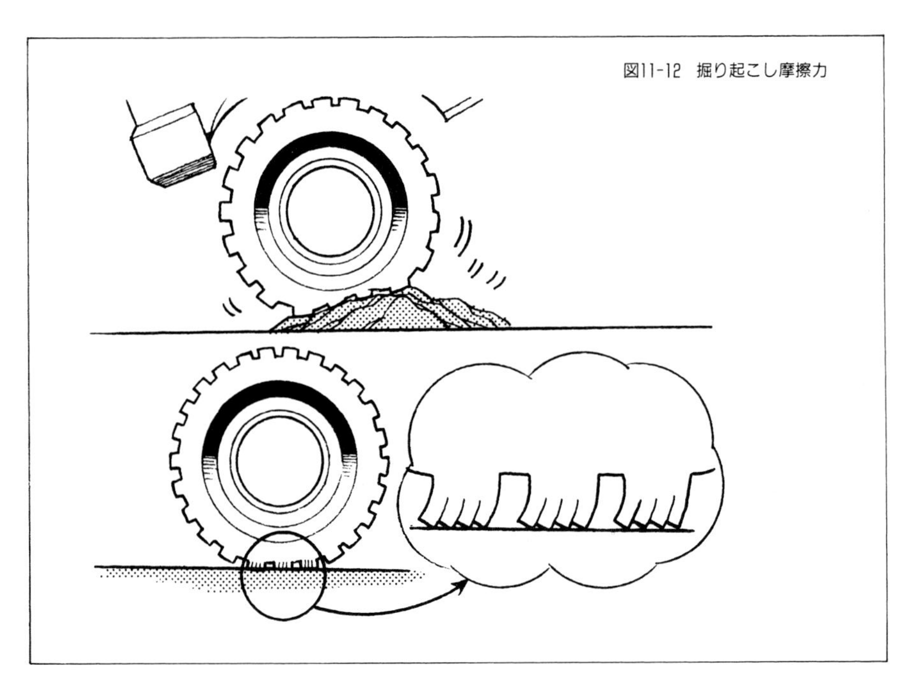

③掘り起こし摩擦力

掘り起こし摩擦力は，トレッドパターンが路面の突起を引っ掻いたり，路面に食い込んで歯車のように働くときのグリップ力である。堅い路面の悪路を走行するときにはこの力にたよるところが大きいが，舗装路やぬかるみではあまり期待できない摩擦力である。

スタッドレスタイヤは，粘着摩擦力やヒステリシス摩擦力の期待できない凍結した路面で唯一たよりになるこの掘り起こし摩擦力を少しでも大きくするために，トレッド表面に細かい切り込み(サイプ，カーフなどと呼ぶ)を入れてあるわけである。

ただし，このように溝の多いパターンのトレッドは，岩石の多い路面ではボロボロになってしまい，路面をグリップしない。タイヤの掘り起こし摩擦力を有効に使うには，路面にマッチしたパターンとゴム質のトレッドをもち，これらの特性を生かす内部構造のタイヤが必要なのである。

タイヤの選定

以上，主としてタイヤの性能特性を中心にタイヤを選ぶにあたって基本的に必要と思われることがらを説明したが，この他に燃費や，振動，騒音，乗り心地などの居住性に関係した項目も，タイヤを決める上での極めて大切な要素である。

図11-13　BFグッドリッチのマッドテレーン

マッド，サンド，ロックなどのオフロード路面用として本格クロカン派の高い支持を得ている。

タイヤを大きくすればバネ下重量がふえて自動車の運動性能が低下する，ただでさえ悩みの燃費が一層悪くなるなどといった問題は，クロカン四駆のオーナーにとっては常識であり，ここであらためて述べる必要はないと思うので，最後にタイヤのトレッドパターンを選ぶ上でのヒントを述べておこう。

まず何はさておき，タイヤは新車に装着されているタイヤを指定された空気圧で使用することが基本であることを念頭においてほしい。タイヤはその自動車が構想されると同時に検討がスタートし，量産試作車の入念なテストが終わっても，まだその自動車とのマッチングが議論されるといったことが珍しくないというほど重要な部品である。

特に4WDの新車用タイヤは，あくまでオフロード用としてのアグレッシブな外観をもちながら，ターマック路面の走行で問題のないレベルに仕上げられ，その自動車で考えられるあらゆる使用条件の路面を，そつなく走れなくてはならない。

自動車とタイヤの開発競争の結果，新車用タイヤはもちろん，タイヤ各社から販売されている代替用タイヤ（メーカーでは補修用，あるいはリプレース用タイヤと呼んでいる）も，カタログをくらべてみればわかるように，一見して見分けがつかない同じようなトレッドパターンになっている。

かつてはクロカン四駆用タイヤといえば，BFグッドリッチのラグ溝のマッドテレーンがその代表的なものだった。今日でもマッドテレーンでなければクロカンではないと信じ込んでいるオーナーもいるが，新車用タイヤに近いパターンのオールテレーンに主流が移っている。

逆にいうと，タイヤ間に以前ほどはっきりした個性の差がなくなり，路面の得手不得

図11-14　ダンロップのグラントレックPT1

オンロードの高速ツーリング用として開発されたもの。

手のないオールラウンドなタイヤばかりになっている。しかし，そうした中にも自動車とタイヤのマッチングの良い悪いは必ずある。自動車によっては十指に余るタイヤの中からベストマッチングのタイヤを選ぶのは，簡単な仕事ではない。結論を言ってしまうと，結局は自分の得た知識と経験を総動員して，自分で納得できるタイヤを選ぶしかないのである。

現在，自動車の多様化はほとんど極限に近いところまで進んでおり，自動車メーカーはあまりにも錯綜している車種体系の見直しを行っている。ユーザーも極論すれば１台１台違った自動車に乗っているわけで，その自動車に合ったタイヤの選定も一般論では片づけられない時代になってしまっているのである。

おわりに ―著者にかわって

庄野欣司さんは，東大機械科を卒業して当時の富士精密工業，のちのプリンス自動車に入り，鈴鹿サーキットで勇名をはせたスカイラインなどの，シャシー設計を手懸けられた。プリンス自動車が日産に併合されてからも，ひきつづき機構関係の設計に従事され，機構設計部長，開発システム部長などを経て，1989年，日産とアメリカのSDRCの合併で新しく設立された，エンジニアリング・コンサルティング会社〝エステック〟の社長に就任，そして1992年10月，わずか58年と9日の生涯を終えられた。未だにあどけなさの抜け切らない史子夫人と，成人された2人のご子息，そして90パーセントほど完成したこの本の原稿を残して。庄野さんは仕事一辺倒の猛烈社員には程遠く，仕事のかたわら人生を楽しむ，というタイプだったから，暇になってからの人生を楽しみにしておられたと思う。それにはまだ間があり，やりかけた仕事も残して世を去らなければならないとは，どれほど無念だったろうか。

1959年から2年ばかり，ぼくは庄野さんの下で設計の仕事をした。庄野さんはかなり気難しいところがあり，つき合いやすい先輩だったとはいえない。気にいらないことをいうと，〝いやだなあ〟なんて言って露骨に顔をしかめる。逆に庄野さん好みの話題になると，はずかしそうにぽっと頬を赤くして口をすぼめ，少し上目づかいの独特の表情で，実に楽しそうに話をした。そういうときには，まことに優しい兄貴といった感じであった。

庄野さんは自動車が好きだった。1960年代はじめ，マイカーなんて言葉もない時代から，仲間数人でたしかヒルマンのセコを買い込み，ドライブを楽しんでいた。若い読者には想像もつかないだろうが，〝高速道路なんか夢のまた夢，日本には道路はない。あるのは道路予定地だけだ〟といわれたころの話で，甲州街道でさえようやく府中あたりまで整備されたのが1964年，アベベの走った東京オリンピックのマラソンのためだったのである。会社でドライブの話をしていたとき，誰かがいった。〝富士五湖へ行ったんだけど，とても景色のいい道だったぜ。〟

庄野さんの返事が良かった。

〝なんだ，良かったって，景色か。〟

道路のこと，走ることしか頭になかったのである。この本にうかがえる4WDへの思い入れには，あるいはこのへんの事情が原体験になっているのかもしれない。

実をいうと，ぼくは庄野さんと共著で，自動車の歴史という本を出版する予定だった。K書房という，かたい出版社から持ちかけられた話である。その後二人とも本業が忙しくなってしまって，結局実をむすばず，同書房には迷惑をかけてしまったが，これには相当のエネルギーを傾注した。分担をきめて原稿を書き，庄野さんが新婚の頃住んでいた，吉祥寺駅の北のほうの三部屋のアパートだとか，あちこちの喫茶店で打ち合わせをした。庄野さんはその時の調子に流されず，冷静な判断を下せる人で，〝こんな書き出しじゃあ，だれも読んでくれないよ〟なんてことを，例のはずかしそうな口調ではあるが，平気で言った。二人とも日本の自動車の，その後の発展を予測できてはいなかったし，そういう意味で冷や汗をかかないですんだわけではあるけれど，もし上梓されていれば，マニアとしての情熱が技術者の論理に裏打ちされ，そしてユーモアがところどころ顔を出す庄野さんの文章が，読者はもう一冊楽しめたはずだった。

グランプリ出版の尾崎桂治さんのご好意で，この遺稿が出版されることになって，ぼくも大変うれしい。庄野さんはこの出版を相当楽しみにしていて，病床にもワープロを持込み，亡くなるひと月ほど前までキーをたたいておられたという。一応でき上がった原稿にも，いろいろ手書きのメモが入っていた。それらを手がかりに，同出版の馬庭孝司さんが編集の労をとって下さり，また，庄野さんが掲載を予定していた，膨大な数にのぼる図を準備して下さった，尾崎さんと馬庭さんのご尽力に，庄野さんに代わってというのは僭越だけれど，心からお礼を申上げたい。

上に書いたような前歴もあって，史子夫人から原稿の整理を手伝ってほしいという電話をもらい，ぼくも少しだけ手を入れさせていただいた。

〝いや，そうじゃないんだよ。〟

ときどき庄野さんの声が聞こえるような気がした。

東京大学教授(生産技術研究所)　木村好次

索　　引

著者紹介
庄野欣司（しょうの　きんじ）
1933年10月８日台湾省台北市に生まれる。終戦後日本に引揚げ，昭和31年３月東京大学工学部機械工学科を卒業。富士精密工業株式会社(後のプリンス自動車工業)に入社後，日産との合併により，日産自動車の主に開発設計部門で活躍する。1989年１月に事業開発室主管となった後，同年２月日産自動車と米国SDRCの合併により㈱エステックを設立し，代表取締役社長に就任。1992年10月逝去。

入門講座 **4WD車の研究**
2019年５月24日 新訂版 初版発行

著　者　**庄野欣司**
発行者　**小林謙一**

発行所　**株式会社グランプリ出版**
〒101-0051　東京都千代田区神田神保町1-32
電話 03-3295-0005㈹　FAX 03-3291-4418

印刷・製本　モリモト印刷株式会社

 ISBN-978-4-87687-364-7 C2053